Studium der Umweltwissenschaften

Hauptherausgeber: Edmund Brandt

Springer-Verlag Berlin Heidelberg GmbH

Studium der Umweltwissenschaften

Hauptherausgeber: Edmund Brandt

Werner Härdtle (Hrsg.)

Naturwissen-schaften

Mit 88 Abbildungen und 20 Tabellen

 Springer

Hauptherausgeber:
Prof. Dr. Edmund Brandt
Universität Lüneburg
Fachbereich Umweltwissenschaften
Institut für Umweltstrategien
Scharnhorststraße 1
21335 Lüneburg
E-mail: *brandt@uni-lueneburg.de*

Bandherausgeber:
Prof. Dr. Werner Härdtle
Universität Lüneburg
Institut für Ökologie und Umweltchemie
Scharnhorststraße 1
21335 Lüneburg
E-mail: *haerdtle@uni-lueneburg.de*

ISBN 978-3-540-41082-9   ISBN 978-3-642-56363-8 (eBook)
DOI 10.1007/978-3-642-56363-8

Die Deutsche Bibliothek - CIP-Einheitsaufnahme
Studium der Umweltwissenschaften: Naturwissenschaften/ Hrsg.: Edmund Brandt; Werner Härdtle. -
Berlin; Heidelberg; New York; Barcelona; Hongkong; London; Mailand; Paris; Tokio: Springer 2002

© Springer-Verlag Berlin Heidelberg 2002
Originally published by Springer Berlin Heidelberg New York in 2002

Umschlaggestaltung: *design & production*, Heidelberg
Satz: Reproduktionsfertige Vorlage von Heike Wagner und Andreas Thewes
SPIN: 10771221   30/3130xz   - 5 4 3 2 1 0 - Gedruckt auf säurefreiem Papier

Vorwort

Das Thema Umwelt wird mehr und mehr auch zum Gegenstand von Studiengängen an Universitäten. Für diejenigen, die ein solches Studium beginnen, sei es als Grund- oder als Weiterbildungsstudium, stellt sich allerdings sofort ein großes Problem: Es gibt kaum geeignete Literatur, mit deren Hilfe die erforderlichen Basisinformationen und darauf aufbauend die erforderliche Handlungskompetenz erlangt werden kann, die es ermöglicht, auf wissenschaftlicher Grundlage qualifiziert an die Analyse und Bewältigung von Umweltproblemen heranzugehen.

Geeignete Literatur zur Verfügung zu stellen, bereitet auch in der Tat erhebliche Schwierigkeiten:

- Zunächst kann noch nicht zuverlässig gesagt werden, was genau zum Themenfeld Umweltwissenschaften dazugehört, wo die unabdingbaren Kernbereiche liegen, wo demzufolge zwingend die Gegenstände beherrscht werden müssen und wo demgegenüber Bereiche einer Zusatzqualifizierung bzw. Spezialisierung vorbehalten werden können.
- Die wissenschaftliche Durchdringung der einzelnen Teilbereiche ist unterschiedlich weit gediehen. Dies hängt mit der Beachtung zusammen, die einzelnen Problemfeldern geschenkt worden ist, aber auch mit dem Stellenwert, den die einzelnen Wissenschaftsdisziplinen Umweltproblemen haben zukommen lassen. Dementsprechend ist das, was an gesicherten Basisinformationen und Erkenntnissen weitergegeben werden kann, nicht einheitlich.
- Schließlich ist zu bedenken, daß ertragreiche Beschäftigungen mit Umweltfragen nur interdisziplinär stattfinden können. Die heute arbeitenden Wissenschaftlerinnen/Wissenschaftler sind aber durchweg disziplinär ausgebildet und geprägt. Von daher fällt es ihnen schwer, über den Tellerrand der eigenen Disziplin hinauszuschauen, Befunde aus anderen Disziplinen angemessen zu verarbeiten und schließlich auch in verständlicher Form weiterzugeben.

Dies ist der Hintergrund, vor dem die Schriftenreihe „Studium der Umweltwissenschaften" konzipiert ist: Sie soll denjenigen Studierenden, die einen ersten, aber zugleich fundierten Einstieg in die Kernmaterien der Umweltwissenschaften erreichen wollen, als Basislektüre dienen können. Die einzelnen Bereiche wurden dabei so gewählt, daß sie zumindest in einer weitgehenden Annäherung das erfassen, was sich in den Curricula umweltwissenschaftlicher Studiengänge mehr und mehr herauskristallisiert hat. Es handelt sich nicht um populär-, sondern durchaus um fachwissenschaftliche Darstellungen. Diese sind aber so angelegt, daß sie ohne spezifische Voraussetzungen angegangen werden können. Zielgruppen sind also eher Studierende im Grund- als im Hauptstudium, was selbstverständlich nicht ausschließt, daß die Bände nicht auch gute Dienste zur raschen Wiederholung vor Prüfungen leisten können.

Als Autorinnen/Autoren konnten ausgewiesene Experten gewonnen werden, die zugleich über langjährige Lehrerfahrung in interdisziplinär angelegten Studiengängen verfügen. Damit ist sichergestellt, daß hinsichtlich der verwendeten Terminologie und der Art der Darstellung ein Zuschnitt erreicht worden ist, der einen Zugang auch zu komplizierten Fragestellungen ermöglicht.

Die Arbeit mit den einzelnen Bänden soll ferner dadurch erleichtert werden, daß die Grundstruktur jeweils weitgehend gleich ist, durch Übersichten, Abbildungen und Beispiele Wiedererkennungseffekte erzielt und Voraussetzungen dafür geschaffen werden, daß sich Sachverhalte und Zusammenhänge viel leichter einprägen, als dies durch eine lediglich an die jeweilige Fachsystematik orientierte Darstellung der Fall wäre.

Ganz großer Wert wird darauf gelegt, daß die einzelnen Beiträge nicht beziehungslos nebeneinander stehen. Vielmehr werden immerzu Querverbindungen hergestellt und Verweisungen vorgenommen, mit deren Hilfe die disziplinären Schranken, wenn sie schon nicht ganz verschwinden, jedenfalls deutlich niedriger werden.

An dieser Stelle möchte ich Frau *Heike Wagner*, Studentin der Umwelt- und Wirtschaftswissenschaften, und Herrn *Andreas Thewes*, Student der Umwelt- und Sozialwissenschaften, beide Studierende an den Universitäten Lüneburg und Hagen, für ihre wertvolle und sorgfältige Arbeit bei der Koordination der Beiträge und bei der druckfertigen Gestaltung der Manuskripte sehr herzlich danken. Ganz wesentlich ist es auf ihr beharrliches Bemühen zurückzuführen, daß auch in der Detailausformung die großen Linien erhalten blieben und die Materialfülle gebändigt werden konnte. Mein Dank gilt weiterhin auch den Teilherausgebern und Autorinnen/Autoren, die sich bereitwillig auf ein Experiment eingelassen haben, das in vielfältiger Hinsicht durchaus neuartige Anforderungen stellt.

Bei einem publizistischen Unternehmen wie dem, mit dem wir es hier zu tun haben, sind die Autorinnen und Autoren, die Teilherausgeber und bin ich als Gesamtherausgeber der Reihe in besonderem Maße auf Rückmeldungen und Hinweise durch die Leserinnen und Leser angewiesen. Nur über einen intensiven kommunikativen Prozeß, der sowohl die Inhalte als auch Gestaltungsaspekte einbezieht, lassen sich weitere Verbesserungen erreichen. Dazu, an diesem Prozeß aktiv mitzuwirken, lade ich alle Leserinnen und Leser der einzelnen Bände ausdrücklich ein.

Lüneburg, Oktober 2001   Edmund Brandt

Inhaltsverzeichnis

Autorenverzeichnis

Aßmann, Thorsten, Prof. Dr.
  Institut für Ökologie und Umweltchemie,
  Universität Lüneburg, Scharnhorststraße 1, 21335 Lüneburg

Härdtle, Werner, Prof. Dr.
  Institut für Ökologie und Umweltchemie,
  Universität Lüneburg, Scharnhorststraße 1, 21335 Lüneburg

Kallenrode, May-Britt, Prof. Dr.
  Fachbereich Physik,
  Universität Osnabrück, Barbarastraße 7, 49069 Osnabrück

Ruck, Wolfgang, Prof. Dr. Ing.
  Institut für Ökologie und Umweltchemie,
  Universität Lüneburg, Scharnhorststraße 1, 21335 Lüneburg

Abkürzungsverzeichnis

a	Jahr
AFLP	Amplified fragment length polymorphic DNA
BSB	Biochemischer Sauerstoffbedarf
ca.	circa
cd	Conservation Dependent
CITES	Convention on International Trade in Endangered Species
cm	Zentimeter
CR	Critically Endangered
CSB	Chemischer Sauerstoffbedarf
d	Tag
D	Daten defizitär
dd	Data Deficient
d.h.	das heißt
DNA	Desoxyribonukleinsäure
EGW	Einwohnergleichwert
EN	Endangered
EPA	Environmental Protection Agency
Es	Evenness
ESA	Endangered Species Act
ESU	Evolutionarily Significant Unit
EW	Extinct in the Wild
EX	Extinct
FA	Fluktuierende Asymmetrie
FFH	Flora-Fauna-Habitat
g	Gramm
G	Gefährdung anzunehmen, aber Status unbekannt
GLB	Geschützte Landschaftsbestandteile
i.d.R.	in der Regel
IUCN	International Union for the Conservation of Nature and Natural Resources
J	Joule
km	Kilometer
l	Liter
lc	Least Concern
LSG	Landschaftsschutzgebiet

MAB	Man and the Biosphere
MHC	Major histocompatibility complex
mg	Milligramm
µg	Mikrogramm
mm	Millimeter
Mrd	Milliarde
MU	Management Unit
MVP	Minimum viable population size
ND	Naturdenkmal
NE	Not Evaluated
ng	Nanogramm
NLP	Nationalpark
N.N.	Normalnull
NP	Nationalpark
NSG	Naturschutzgebiet
nt	Near Threatened
NTA	Nitrilotriessigsäure
o. g.	oben genannt
PBSM	Pflanzenbehandlungs- und Schädlingsbekämpfungsmittel
pg	Pikogramm
ppm	Parts per million
ppb	Parts per billion
ppt	Parts per trillion
ppq	Parts per quadrillion
PVA	Population viability analysis
RAPD	Random amplified polymorphic DNA
RFLP	Restriction fragment length polymorphism
TOC	Total Organic Carbon
UV	ultraviolett
u. U.	unter Umständen
v. a.	vor allem
V	Vorwarnliste
VU	Vulnerable
WA	Washingtoner Artenschutzabkommen
WEK	Windenergiekonverter
z. B.	zum Beispiel

Tabellenverzeichnis

Abbildungsverzeichnis

1 Wind, Wasser, Wellen: Umweltphysik exemplarisch

May-Britt Kallenrode
Fachbereich Physik
Universität Osnabrück

Zu Risiken und Nebenwirkungen:
Physik – und dann noch Gleichungen! Bevor Sie in Panik geraten: ich habe mich bemüht, die Zahl der Gleichungen gering zu halten und den Text so zu gestalten, daß Sie die Inhalte auch ohne Formeln erfassen können. Aber bevor Sie beschließen, einfach um die Gleichungen herum zu lesen, nehmen Sie lieber das Wagnis auf sich, die Gleichungen nachzuvollziehen: dann sollten Sie in der Lage sein, qualifiziert zu Themen folgender Art Stellung zu nehmen:

- Wie stark muß das Herz seine Pumpleistung erhöhen, wenn sich der Durchmesser der Arterien durch Arteriosklerose verringert?
- Ändert sich der Spritverbrauch von Autos, wenn man statt 130 km/h nur 90 km/h fährt? Und wenn ja, wie stark?
- Welche Leistung liefert eine 830 kW Windenergieanlage im Mittel?
- Wieviel Zeit habe ich z.B. bei einem Ölunfall auf dem Rhein, um eine Ölsperre auszubringen? Wann sollte ein Wasserwerk, das Trinkwasser aus Uferfiltrat gewinnt, aus Sicherheitsgründen abgeschaltet werden?

Und Sie können beurteilen, ob Statements wie „Wir arbeiten an einer Erhöhung des Wirkungsgrads von Windrotoren auf 85 %" sinnvoll sind.

Voraussetzungen sind Schulphysik und grundlegende mathematische Fähigkeiten. Wichtige physikalische und mathematische Grundbegriffe sind im Anhang erläutert und beim ersten Auftreten im Text mit einem * gekennzeichnet. Genauere Erläuterungen bieten allgemeine Physikbücher (Demtröder 1994, Hering et al. 1998, Vogel 1996), Umweltphysik in größerer Breite ist in Broeker und van Grondelle (1997) dargestellt.

1.1
Einführung: Wie arbeitet Umweltphysik?

Umweltphysik definiert sich als die Anwendung physikalischer Prinzipien auf die Umwelt. Ihr Ziel ist ein besseres Verständnis der physikalischen Umwelt: der Ozeane, der Atmosphäre, des festen Erdkörpers, deren Wechselwirkungen untereinander und mit der Anthroposphäre sowie ihrer natürlichen und durch menschliche Einflüsse bedingten Variabilität.

Physik, auch Umweltphysik, ist eine konzeptuelle Wissenschaft: Phänomene werden auf (wenige) allgemeine Konzepte zurückgeführt. Diese können ihrerseits in vielen unterschiedlichen Bereichen angewendet werden. Eine Welle z.B. bildet sich auf der Oberfläche eines Teichs um die Einschlagstelle eines Steins oder brandet gegen das Meeresufer. Schall und Licht sind ebenfalls Wellen. Licht ist ein Spezialfall elektromagnetischer Wellen, zu denen auch Radio- und Mikrowellen gehören. Gemeinsamkeit dieser so verschiedenartigen Erscheinungen ist die periodische Änderung einer physikalischen Größe, verbunden mit einem Transport von Information und Energie. Beispiele für diese Größe sind die Wasserhöhe (Wasserwelle), der Druck (Schallwelle) oder das elektrische und magnetische Feld (elektromagnetischen Welle). Andere Wellen geben die Aufenthaltswahrscheinlichkeit eines Teilchens (Materiewelle, Schrödingergleichung) oder Ladungsdichten (Plasmawellen). Die formale Beschreibung dieser Wellen ist identisch:

$$f(t, \boldsymbol{r}) = f_0 \cdot \exp\{\omega t - \mathrm{i}\boldsymbol{k}\boldsymbol{r}\} \tag{1.1}$$

mit f als der betrachteten physikalischen Größe, f_0 einem Wert dieser Größe zur Zeit $t = 0$, t als der Zeit, $\boldsymbol{r}$ als dem Ort,[1] $\boldsymbol{k}$ als dem Wellenvektor*, und ω als der Frequenz. Die Größe i ist die imaginäre Zahl: $i^2 = -1$.

Der konzeptuelle Ansatz wird auch hier verwendet: Grundkonzepte der Aerobzw. Hydrodynamik werden eingeführt und mit Anwendungen aus den Bereichen Biologie/Ökologie, Medizin, Sport, Technik und Umweltschutz illustriert. Dadurch wird auch der Ansatz von Umweltphysik veranschaulicht.

Wählt man einen alternativen Zugang zur Umweltphysik auf der Basis von Phänomenen oder Anwendungen, z.B. Atmosphäre, anthropogener Treibhauseffekt oder regenerative Energien, so müssen Grundlagen aus verschiedenen Teilbereichen der Physik in einem komplexen System zusammengeführt werden. Dieser Ansatz ist für die vorliegende Einführung nicht geeignet: zum einen müßten die Grundlagen vorausgesetzt werden, zum anderen wäre die Darstellung wesentlich formaler, da in einem komplexen System die Wechselwirkung der Komponenten untereinander zu berücksichtigen ist. Dies kann aber nur quantitativ erfolgen: wenn Sie mit vielen Seilen um den Bauch am Rand einer Klippe stehen (d.h. wenn viele verschiedene Einflüsse auf Sie einwirken), können Sie nur dann feststellen, ob Sie sicher sind oder abstürzen werden, wenn Sie (a) die Richtungen und Stärken der an den Seilen wirkenden Kräfte kennen und (b) diese „gegeneinander verrechnen" können.

Physik ist eine quantitative Wissenschaft, d.h. es gibt (Meß-)Größen, zwischen denen ein formaler, sprich mathematischer Zusammenhang besteht. Dies erscheint Ihnen vielleicht als eine abschreckende Eigenschaft der Physik – umgekehrt ist der formale Aspekt jedoch gerade bei komplexen Phänomenen wichtig: die formale Darstellung zwingt, die Annahmen und Randbedingungen deutlich herauszustellen. Gerade bei (numerischen) Modellen, d.h. vereinfachten Abbildungen der Natur im Rechner, müssen die Vereinfachungen im Modell deutlich herausgestellt werden, da die Ergebnisse des Modells nur dann gelten, wenn die Annahmen erfüllt sind.

---

[1] Das Symbol $\boldsymbol{r}$ im Fettdruck bezeichnet den Ortsvektor $\boldsymbol{r} = (x, y, z)$ vom Ursprung des Koordinatensystems zu einem Punkt $P(x, y, z)$. In allen folgenden Gleichungen sind Vektoren im Fettdruck dargestellt.

Modelle sind die Reduktion eines komplexen Phänomens auf entscheidende Parameter. Reduktionismus ist ein oft gegen die Naturwissenschaften angeführter Vorwurf. Reduktion ist jedoch sinnvoll: ein Ball fällt runter, egal, ob er rot oder blau ist; der Parameter „Farbe" ist unwesentlich. Reduktion ist überlebenswichtig: für den Naturwissenschaftler, um die wichtigen Parameter zu erkennen und die formale Beschreibung handhabbar zu machen. Für den Normalsterblichen ebenfalls; sie erfolgt meist sogar automatisch: das Gehirn filtert aus der Fülle von Schallwellen das relevante Signal heraus (Stimme des Partners in einer lauten Disco) und unterdrückt irrelevante Störungen (Rauschen auf gestörter Telefonleitung). Und sehe ich als Radfahrer ein Fahrzeug auf mich zu kommen, so sind ungefähre Geschwindigkeit und vielleicht Größe des Fahrzeugs wichtig, um eine Ausweichstrategie zu entwickeln. Die Farbe des Fahrzeugs ist dagegen unerheblich, obwohl sie in einem anderen Zusammenhang ein wichtiger Parameter sein kann, nämlich bei der ersten „Entdeckung" des Fahrzeugs. Der Parameter Farbe definiert also eine Situation (Zeit des Entdeckens und damit Zeit bis zum Aufprall), ist bei der Bewertung/Lösung dieser Situation jedoch irrelevant. Auch in physikalischen Szenarien kann ein Parameter für eine bestimmte Fragestellung von Bedeutung sein, für eine andere dagegen unwichtig. Zur Beschreibung einzelner Aspekte eines Phänomens kann es daher unterschiedliche Modelle mit verschiedenen Annahmen geben. So gibt es verschiedene Atmosphärenmodelle, je nachdem ob die Wechselwirkung zwischen Atmosphäre und Ozean, die Ozonschicht, der anthropogene Treibhauseffekt oder natürliche Klimavariabilität untersucht werden sollen. Das entspricht der menschlichen Wahrnehmungsfähigkeit, im Umgang mit der (physikalischen) Umwelt ebenso wie in sozialer Interaktion: das Gehirn verarbeitet bewußt nur Teilaspekte und ist nur begrenzt in der Lage, mehrere davon in ein komplexeres Bild zu integrieren. Das gilt auch für das Bild, das sich ein Gehirn von seinem Gesprächspartner macht: es nimmt nur den Teilaspekt des Anderen wahr, der zu dem jeweiligen Gesprächskontext gehört. Von den meisten Menschen, mit denen man wechselwirkt, kennt man auch nur diesen Aspekt. Lediglich bei sehr engen „Bezugspersonen" besteht überhaupt ein Bewußtsein über die vielen Teilaspekte – um den Preis, sich sehr intensiv mit dieser einen Person auseinander zu setzen. Reduktion auf Teilaspekte ist also eine Überlebensstrategie, um mit vertretbarem Aufwand mit der Umwelt in Wechselwirkung treten zu können. Die Reduktion, die die Physik macht, ist nichts anderes. Der einzige Unterschied besteht darin, daß sich ein Physiker die Reduktion und Annahmen bewußt macht und sie explizit darstellt. Der Ansatz zu reduzieren dagegen ist völlig natürlich und alltäglich. Dennoch wirkt er auf Nicht-Naturwissenschaftler häufig abschreckend: zum einen, da Reduktion darauf hinweist, daß das bereits komplexe und komplizierte Modell eine Vereinfachung einer noch komplexeren und noch schwerer faßbaren Realität ist, und zum anderen, da es häufig nicht offensichtlich ist, warum eine Annahme/Reduktion gerechtfertigt ist – insbesondere, wenn unmittelbar davor in einem anderen Modell gerade der hier vernachlässigte Parameter der entscheidende war. Das ist in Ordnung, so lange es unterschiedliche Fragen waren, die mit Hilfe der Modelle untersucht werden sollten.

Ich habe die Betrachtung zur Reduktion im Zusammenhang mit Modellen formuliert. Modelle können als mathematische Modelle (Computersimulation) verstanden werden oder als Labormodelle (Darstellung einer Situation unter bestimmten Bedingungen im Experiment, um Abhängigkeiten zwischen verschiedenen Größen zu untersuchen; Laborexperiment). In der Umweltphysik gibt es beide Ansätze: das mathematische Modell für den Zusammenhang verschiedener Phänomene (die Atmosphäre und der Treibhauseffekt lassen sich nicht als Laborexperiment nachbauen), das Laborexperiment für Detailfragen (z.B. welche Wellenlänge wird wie stark von einem bestimmten Spurengas wie CO_2 absorbiert; wie fördert ein bestimmtes Aerosol die Bildung von Wassertröpfchen als Vorstufe der Wolkenbildung). Laborexperimente liefern daher wichtige Details, die in die mathematischen Modelle Eingang finden und tragen gleichzeitig zu einem besseren Verständnis bzw. einer besseren formalen Beschreibung der grundlegenden physikalischen Prozesse bei.

Das Ergebnis eines physikalischen Modells alleine allerdings ist eine bedeutungslose Angabe. Sinnvoll wird die Aussage nur in der Form: „mein Modell liefert unter Annahmen a,b, c und d das Ergebnis e, das mit einem Fehler f behaftet ist." Idealerweise sollte auch ein Hinweis enthalten sein, welche Bedeutung die Annahmen haben (ist die Vernachlässigung eines Parameters zulässig?, in welche Richtung werden die Ergebnisse dadurch beeinflußt?). Die Annahmen, die der Aussage zugrunde liegen, bestimmen gleichzeitig, in welchem Zusammenhang das Ergebnis angewendet werden kann.

1.2
Ruhende Flüssigkeiten und Gase

Fluid-Mechanik ist die Beschreibung der Kräfte und Bewegungen in einem kontinuierlichen Medium, d.h. einem Gas oder einer Flüssigkeit. Unsere tägliche Erfahrung protestiert hier lauthals: Gase und Flüssigkeiten sind doch verschieden. Eine Flüssigkeit nimmt ein begrenztes Volumen ein: kippt mein Teebecher um, so gibt es eine lokal begrenzte Pfütze. Ein Gas dagegen füllt den zur Verfügung stehenden Raum: selbst wenn Sie den Raucher in die äußerste Ecke des Raumes verbannen, können Sie den Rauch überall im Raum riechen. Eine Flüssigkeit läßt sich nicht komprimieren, ein Gas dagegen schon. Dennoch lassen sich Gas und Flüssigkeit mit den gleichen Begriffen und mathematischen Formulierungen beschreiben; lediglich einige Konstanten in den Gleichungen nehmen andere Werte an. Darin zeigt sich der Vorteil von Konzepten und mathematischen Formulierungen: der Flug eines Vogels, die Lüftungsanlage im Bau eines Präriehundes und ein Windenergiekonverter werden alle durch den hydrodynamischen Auftrieb bestimmt, die grundlegende Formulierung ist die Bernoulli'sche Gleichung; lediglich die Zahlenwerte der in der Gleichung auftretenden Größen sind verschieden. Doch bevor wir uns diesen Anwendungen zuwenden können, müssen wir einige Grundbegriffe einführen, uns gleichsam einen gemeinsamen Wortschatz erarbeiten. Dazu betrachten wir Flüssigkeiten in Ruhe (Hydrostatik).

1.2.1
Grundgrößen

In der Mechanik beschreibt man die Bewegung $r(t)$ einer Masse m, bzw. in der idealisierten Form eines Massenpunktes*, unter der Einwirkung einer Kraft F. Der formale Zusammenhang zwischen diesen Größen ist durch das zweite Newton'sche Axiom* gegeben

$$F = m \cdot a = \frac{\mathrm{d}p}{\mathrm{d}t} = m\frac{\mathrm{d}v}{\mathrm{d}t} = m\frac{\mathrm{d}^2 r}{\mathrm{d}t^2} \tag{1.2}$$

Diese Bewegungsgleichung* ist in vektorieller Form gegeben, da gerade in kontinuierlichen Medien die Bewegungen in der Regel drei-dimensional sind: betrachten Sie nur einmal den Flug eines Vogels, den Fall eines Ahornsamens oder die Ausbreitung einer Rauchwolke.

In Gleichung 1.2 sind der Ort r, die Masse m und die Kraft* F die Grundgrößen. Welche Grundgrößen lassen sich im Falle eines kontinuierlichen Mediums wie z.B. der Atmosphäre oder eines Flusses verwenden? Die Gesamtmasse des Flusses ist sicherlich nicht sinnvoll: zum einen ist sie meßtechnisch kaum zu erfassen und, je nachdem, wieviel Wasser der Fluß führt, nicht konstant; zum anderen interessiert nicht die Bewegung des Flusses insgesamt (der sollte, außer bei Überschwemmungen, immer in seinem Bett bleiben), sondern die des Wassers im Fluß. Um diese zu beschreiben, können wir uns einen kleinen Würfel Wasser in der Nähe der Quelle auswählen und seine Bewegung verfolgen. Diesen Würfel bezeichnen wir als Flüssigkeitselement oder Volumenelement. Beide Begriffe werden auch bei gasförmigen Medien verwendet. Dieses Volumenelement V hat die Masse m, d.h. es läßt sich wieder eine Grundgröße Masse einführen, die aber von der Größe V des Volumenelements abhängt. Eine Unabhängigkeit von V kann man erreichen, indem man die Massendichte ϱ als Masse pro Volumen einführt:

$$\varrho = \frac{m}{V} \qquad \left[\frac{\mathrm{M}}{\mathrm{L}^3}\right] = \left[\frac{\mathrm{kg}}{\mathrm{m}^3}\right] \ . \tag{1.3}$$

Die erste eckige Klammer gibt die Dimension der Größe ϱ an: es ist eine Masse M geteilt durch die dritte Potenz einer Länge L. In SI-Einheiten* (zweite Klammer) ist dies kg/m^3. Die Verwendung von Dimensionen statt Einheiten hat einen Vorteil: Dimensionen sind universell und unabhängig vom Einheitensystem. Die Strecke zwischen zwei Orten hat stets die Dimension einer Länge, egal ob ich sie in Einheiten von Metern, Kilometern, Meilen, Seemeilen, Lichtjahren, Astronomischen Einheiten oder Angström angebe. Diese Vielzahl verschiedener Einheiten ist nicht nur historisch sondern auch situationsbedingt: der Meter ist die Längenskala, in der wir uns selbst und unsere Umgebung einordnen können; der Kilometer beschreibt die Längenskala von Entfernungen, die wir zurücklegen können; das Angström beschreibt Längenskalen im atomaren Bereich; astronomische Einheit und Lichtjahr beschreiben die Entfernungen im Sonnensystem und innerhalb der Galaxie. Alle diese Einheiten lassen sich ineinander umrechnen, man wählt i.d.R. die Einheit, die den Skalen der Fragestellung angemessen ist.

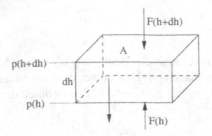

Abb. 1.1. Kräfte auf ein Volumenelement in einer Luft- oder Wassersäule

Doch zurück zu Gleichung 1.3. Die Massendichte ϱ gibt die auf ein Volumenelement bezogene Masse. Sie beschreibt eine Eigenschaft der Flüssigkeit. Die Masse eines Volumenelements läßt sich daraus durch Multiplikation mit der Größe des Volumenelements bestimmen. Analog lassen sich auch andere Dichten einführen. So läßt sich die im Volumenelement enthaltene kinetische Energie* E_{kin} als $mv^2/2$ bestimmen, was zu einer kinetischen Energiedichte der Flüssigkeit von $\epsilon_{kin} = E_{kin}/V = mv^2/(2V) = \varrho v^2/2$ führt. Entsprechend läßt sich eine Kraftdichte f einführen als die Kraft F pro Volumenelement V. Damit können wir die Bewegungsgleichung 1.2 umschreiben auf Dichten

$$f = \frac{F}{V} = \frac{m}{V} \cdot \frac{\mathrm{d}^2 r}{\mathrm{d}t^2} = \varrho \frac{\mathrm{d}^2 r}{\mathrm{d}t^2} \; . \tag{1.4}$$

1.2.2
Hydrostatische Grundgleichung

Beginnen wir mit einem einfachen Beispiel, um sowohl das Konzept des Volumenelements als auch die Gemeinsamkeiten (und Unterschiede) zwischen Flüssigkeiten und Gasen zu illustrieren. Der Druck* p ist definiert als die Kraft F, die senkrecht auf eine Fläche A wirkt: $p = F/A$. Der Luftdruck ist demnach die Gewichtskraft der Atmosphärensäule, die auf einer Einheitsfläche lastet. Geht man in der Atmosphäre ein Stückchen nach oben, so wird die Luftsäule über der Einheitsfläche geringer, der Luftdruck nimmt ab. Wir erwarten daher eine Funktion des Drucks in Abhängigkeit von der Höhe: $p = p(h)$. Die umgekehrte Situation begegnet uns beim Tauchen: dann lastet nicht nur die Luftsäule sondern auch die mit zunehmender Wassertiefe immer größere Wassersäule auf unseren Schultern, d.h. der Druck nimmt zu.

Betrachten wir ein Volumenelement innerhalb einer Luft- oder Wassersäule. Das Volumenelement habe die Grundfläche A, die Höhe $\mathrm{d}h$ und befinde sich in einer Höhe h in der Luftsäule in Ruhe, vergl. Abbildung 1.1. Sein Volumen ist $V = A \cdot \mathrm{d}h$. Dann wirken drei Kräfte: die Gewichtskraft auf das Volumenelement $F_g = mg = \varrho V g = \varrho A \, \mathrm{d}h \, g$ mit $g = 9.81$ m/s² als der Gravitationsbeschleunigung; die Gewichtskraft der darüberliegenden Luftsäule, die sich über den Luftdruck $p(h + \mathrm{d}h)$ an der Oberkante des Volumenelements schreiben läßt als $F_\downarrow = p(h + \mathrm{d}h) \cdot A$. Beide Kräfte wirken nach unten. Da sich das Volumenelement nicht bewegen soll, muß es von der darunterliegenden Luftsäule gestützt werden, d.h. es wirkt eine Kraft $F_\uparrow = p(h) \cdot A$ nach oben. Die Kräftebilanz läßt sich schreiben als

$$F_g + F_\downarrow = F_\uparrow \quad \Rightarrow \quad p(h + dh) \cdot A + \varrho A\, dh\, g = p(h) \cdot A \tag{1.5}$$

Umformen und Einführung von $dp = p(h + dh) - p(h)$ liefert

$$dp = -\varrho g \cdot dh \,. \tag{1.6}$$

Diese Differentialgleichung* beschreibt den allgemeinen Zusammenhang zwischen einer Druckänderung dp und einer Höhenänderung dh. Sie ist eine Bestimmungsgleichung für die gesuchte Funktion $p(h)$, die die Abhängigkeit des Drucks von der Höhe beschreibt. Hergeleitet haben wir sie unter der Annahme, daß sich das Volumenelement nicht bewegt (Kräftegleichgewicht), d.h. wir betrachten den hydrostatischen Fall.

Die von uns gesuchte Druckschichtung $p(h)$ ergibt sich aus 1.6 durch Integration. Wenn wir die rechte Seite integrieren wollen, müssen wir uns überlegen, ob ϱ und g von der Höhe abhängen oder nicht: im ersten Fall bleiben sie unter dem Integral stehen, im zweiten können sie als Konstanten vor das Integral gezogen werden. Diese Frage beantworten wir dadurch, daß wir uns eine Situation vorstellen, die wir beschreiben wollen. Betrachten wir z.B. einen See oder einen Ozean, d.h. eine Flüssigkeit. Aus der Differentialgleichung 1.6 wollen wir bestimmen, wie der Druck mit der Wassertiefe zunimmt. Die typischen Längenskalen sind einige Meter bis maximal 10 km, d.h. der Höhenbereich ist insgesamt so klein, daß die Gravitationsbeschleunigung g konstant ist (korrekterweise würde sie sich bei einer Höhendifferenz von 10 km gegenüber dem Erdboden um 0.3 % ändern). Außerdem ist Wasser praktisch inkompressibel, d.h. auch die Dichte ϱ ist konstant (korrekterweise nimmt sie geringfügig mit der Tiefe zu: in einer Tiefe von 1 km ist die Dichte jedoch nur um 0.5 % größer als an der Oberfläche; am tiefsten Punkt des Ozeans, im Marianengraben, um 6 %). Beide Größen können daher vor das Integral gezogen werden. Jetzt müssen wir uns noch ein geeignetes Koordinatensystem suchen, um die Integration auszuführen. Nehmen wir die Wasseroberfläche $h = 0$ als Referenzhöhe, auf der der Druck p_0 herrscht und integrieren bis zu einer Tiefe $-h$ (negatives Vorzeichen, da wir nach unten gehen), in der der Druck $p(h)$ herrschen soll. Damit wird 1.6 zu

$$\int_{p_0}^{p} dp = -\varrho g \int_{0}^{-h} dh \tag{1.7}$$

bzw. nach Ausführen der Integration[2]

$$p(h) - p_0 = \varrho g h - \varrho g \cdot 0 \quad \Rightarrow \quad p(h) = p_0 + \varrho g h \,. \tag{1.8}$$

---

[2] Mathematischer Hinweis: falls Ihnen ein Integral der Form $\int dp$ bzw. $\int dx$ unheimlich ist, lesen Sie dieses Integral als $\int 1 \cdot dx$. Dann sehen Sie, daß Sie über eine Konstante integrieren müssen, d.h. es wird

$$\int dx = \int 1 \cdot dx = 1 \cdot x + c = x + c$$

Diese Gleichung ist die hydrostatische Grundgleichung. Sie beschreibt, wie der Druck p mit der Tiefe h zunimmt. Der Zusammenhang ist linear: $p \sim h$; der Gesamtdruck p auf einen Fisch/Taucher in einer Tiefe h setzt sich zusammen aus dem äußeren Druck p_0 und dem von der Wassersäule in der Tiefe h ausgeübten Druck $\varrho g h$. Taucht der Fisch um eine Höhe Δh ab, so nimmt der Druck um $\varrho g \Delta h$ zu, unabhängig davon, von welcher Ausgangshöhe h der Fisch abtaucht. Ob man also von der Wasseroberfläche oder von 100 m Tiefe aus um dieses Δh abtaucht, die Druckzunahme ist gleich, auch wenn der Gesamtdruck sehr unterschiedlich ist.

Aufgabe 1: Welcher Druck wirkt auf eine Seegurke, die in 4800 m Wassertiefe schwimmt? Angenommen, die Seegurke habe eine Fläche von 200 cm^2. Wieviele Kilo müßten Sie dem Tier aufbürden, damit es dem gleichen Druck ausgesetzt ist? Wenn Sie dieses Gewicht auf die Seegurke auflegen, empfindet diese es dann genauso wie den Wasserdruck in ihrer normalen Lebensumwelt?

Aufgabe 2: Wenn die Seegurke fast 5 km Wassersäule auf ihren Schultern hat, kann sie dann überhaupt schwimmen oder wird sie flach auf den Meeresboden gepreßt?

1.2.3
Barometrische Höhenformel

Kann man Gleichung 1.8 auch auf die Druckschichtung in der Atmosphäre anwenden? Wenn alle Annahmen, die in 1.8 eingehen auch in der Atmosphäre gültig sind, ja. Das ist jedoch nicht der Fall: ein Gas ist kompressibel, d.h. seine Dichte ϱ ist von der Höhe abhängig: $\varrho(h)$. Damit ist die allgemeine Gleichung 1.6 anders zu behandeln, ϱ kann nicht vor das Integral gezogen werden. Die Thermodynamik liefert für den Fall konstanter Temperatur $\varrho/\varrho_0 = p/p_0$. Setzen wir dies in 1.6 ein, so ergibt sich nach Umstellen

$$\frac{dp}{p} = -\frac{\varrho_0}{p_0} g dh . \tag{1.9}$$

Rechts stehen jetzt Konstanten, die vor das Integral gezogen werden:

$$\int_{p_0}^{p} \frac{1}{p} dp = -\frac{\varrho_0}{p_0} g \int_0^h dh . \tag{1.10}$$

Als Koordinatensystem haben wir wieder den Boden als $h = 0$ mit einem Druck p_0 gewählt und suchen nun den Druck p in einer Höhe h (positiv, da wir vom Erdboden aus nach oben gehen). Ausführen der Integration liefert

$$\ln p - \ln p_0 = -\frac{\varrho_0}{p_0} g h \quad \Rightarrow \quad \ln p = \ln p_0 - \frac{\varrho_0}{p_0} g h . \tag{1.11}$$

---

für das unbestimmte Integral. Das bestimmte Integral ergibt sich für den obigen Fall schrittweise zu

$$\int_{p_0}^{p} dp = \int_{p_0}^{p} 1 \cdot dp = [1 \cdot p]_{p_0}^{p} = [p]_{p_0}^{p} = p - p_0 .$$

Um den Logarithmus los zu werden, wenden wir auf beide Seiten der Gleichung seine Umkehrfunktion, die Exponentialfunktion, an und erhalten die barometrische Höhenformel

$$p = p_0 \exp\left\{-\frac{g\varrho_0 h}{p_0}\right\} = p_0 \exp\left\{-\frac{h}{H}\right\} . \tag{1.12}$$

Diese Gleichung sagt aus, daß der Druck exponentiell mit der Höhe abnimmt: wenn sich die Höhe um den gleichen Wert ändert, ändert sich der Druck jeweils um den gleichen Faktor. Daher wird die Skalenhöhe* H eingeführt

$$H = \frac{p_0}{g\rho_0} . \tag{1.13}$$

Sie gibt die Höhe, über die der Druck auf einen Faktor $1/e \approx 0.37$ abnimmt. Für die oben betrachtete Atmosphäre ist $H \approx 8.63$ km.

Wenn Sie in verschiedene Bücher zur Atmosphärenphysik schauen, werden Sie feststellen, daß die barometrische Höhenformel nicht nur in der in Gleichung 1.12 gegebenen Form auftritt, sondern auch in Formen, die im Exponenten der e-Funktion ein Integral enthalten. Diesen unterschiedlichen Formulierungen liegen verschiedene Annahmen zu Grunde. Gleichung 1.12 wurde unter der Annahme konstanter Temperatur hergeleitet. Beobachtungen zeigen, daß in der Atmosphäre die Temperatur mit zunehmender Höhe um -6.5 K/km abnimmt. Berücksichtigt man diesen Effekt, so hat die zu integrierende Differentialgleichung eine etwas andere Form und liefert dementsprechend eine andere Version der barometrischen Höhenformel. Mit der hier hergeleiteten Gleichung können wir entsprechend der Voraussetzungen nur dann arbeiten, wenn die Temperaturänderung gering ist. Das ist z.B. dann der Fall, wenn wir uns auf geringe Höhenbereiche beschränken oder die Atmosphäre in großen Höhen betrachtet, da dort die Temperatur konstant ist.

1.2.4
Schwimmen und Auftrieb

Das Archimedische Prinzip können wir uns ebenfalls anhand der Kräftebilanz in Abbildung 1.1 herleiten. Dort hatten wir uns klar gemacht, daß auf ein Volumenelement in einer Flüssigkeitssäule im stationären Zustand drei Kräfte wirken. Wir haben diese Gleichung in 1.6 so umformuliert, daß die Druckdifferenz Δp genau so groß sein muß, daß sie die auf die Grundfläche bezogene Gewichtskraft $F_g/A = \varrho V g/A$ des Volumens kompensiert. Dann bleibt das Volumen in Ruhe, es schwebt in der Flüssigkeit. Ersetzen wir das Volumenelement durch einen Körper der Dichte ϱ_K, so kann der Körper aufsteigen, absinken oder schweben. Welcher dieser drei Prozesse eintritt, hängt von der Kräftebilanz ab: ist die Gewichtskraft auf den Körper größer als die durch die Druckdifferenz bewirkte Kraft ($F_g > F_A$), so sinkt der Körper. Das ist offensichtlich dann der Fall, wenn die Dichte des Körpers größer ist als die der verdrängten Flüssigkeit: $\varrho_K > \varrho_{Fl}$. Entspricht die Gewichtskraft auf den Körper der durch die Druckdifferenz bewirkten Kraft ($F_g = F_A$), so schwebt der Körper und die Dichten von Körper und Flüssigkeit sind gleich: $\varrho_K = \varrho_{Fl}$. Ist sie geringer ($F_g < F_A$), so steigt der Körper auf. In diesem Fall ist die Dichte des Körpers geringer als die der umgebenden Flüssigkeit: $\varrho_K < \varrho_{Fl}$.

Anhand dieser Kräftebilanz läßt sich die oft verwendete Formulierung des Archimedischen Prinzips verstehen: Der Betrag des Auftriebs, den ein in eine Flüssigkeit eingetauchter Körper erfährt, ist gleich der Gewichtskraft der von dem Körper verdrängten Flüssigkeitsmenge.

Aufgabe 3: Eis hat eine Dichte $\varrho_{Eis} = 0.92 \cdot 10^3$ kg/m^3, Wasser hat $\varrho_{wasser} = 1.03 \cdot 10^3$ kg/m^3. Wieviele Prozent eines Eisbergs tauchen ein?

Aufgabe 4: Ein Holzklotz der Masse $m = 3.67$ kg und der relativen Dichte 0.6 soll so mit Blei behaftet werden, daß er zu 90 % in Wasser eintaucht. Wieviel Blei ($\varrho_{Blei} = 14.2 \cdot 10^3$ kg/m^3) ist erforderlich, wenn (a) das Metall auf dem Holzklotz und (b) das Metall unter dem Holzklotz befestigt ist?

Aufgabe 5: Ein 4 cm hoher Holzquader sinkt in Benzin ($\varrho_{Benzin} = 0.7$ g/cm^3) um $h = 0.8$ cm tiefer als in Wasser. Welche Dichte ϱ_{Holz} hat das Holz?

1.3
Strömende Flüssigkeiten: Hydrodynamik

Bisher haben wir Flüssigkeiten nur in Ruhe betrachtet. Die Beschreibung einer Strömung, d.h. der Bewegung eines kontinuierlichen Mediums, erfolgt durch die Hydrodynamik. Die wichtigsten Konzepte sind die Erhaltung der Masse, formuliert durch die Kontinuitätsgleichung, und die Erhaltung der Energie, formuliert durch die Bernoulli Gleichung. Diese Gleichungen sind anwendbar auf alle Formen von Strömungen, z.B. in Gewässern, Gasen, Flüssigkeiten, die Strömung des Blutes im Kreislauf (Stackee u. Westerhof 1993) oder die des Verkehrs in einem Straßensystem (de Ortuzae u. Willumsen 1994). Sie sind auch anwendbar auf Strömungen um Körper wie sie beim Fliegen, Schwimmen, Segeln, und an Windenergiekonvertern auftreten. Für die folgenden Betrachtungen gelten einige Grundannahmen:

- Fluide sind *Kontinua*. Sie bestehen nicht aus Teilchen sondern können beliebig in kleinere Ströme unterteilt werden. Diese Annahme ist für praktische Leitungssysteme hinreichend, in den Kapillaren des Blutkreislaufs dagegen problematisch (Stackee u. Westerhof 1993).
- Fluide sind *inkompressibel*. Für Flüssigkeiten ist diese Annahme sinnvoll, für Gase scheint sie unserer Erfahrung zu widersprechen: in der Luftpumpe läßt sich Luft komprimieren. Kompression von Gasen ist jedoch nur im statischen Zustand einfach; in bewegten Gasen findet nennenswerte Kompression erst statt, wenn die Strömungsgeschwindigkeit im Bereich der Schallgeschwindigkeit liegt (Luft ca. 340 m/s; Wasser ca. 1500 m/s). Wenn ein Luftstrom durch ein Hindernis abgebremst wird, ergibt sich bei realistischen Geschwindigkeiten von $v = 10$ m/s (20 m/s, 30 m/s=108 km/h) eine Kompression um 0.06 % (0.24 %, 0.52 %).

Abb. 1.2. Ablösung eines Löwenzahnsamens von der Pflanze

- Strömungen sind *stationär*: an jedem Punkt im Raum ist die Strömungsgeschwindigkeit zeitlich konstant, auch wenn die Geschwindigkeiten in den einzelnen Punkten unterschiedlich sind, d.h. ein Flüssigkeitselement während seiner Bewegung schneller oder langsamer werden kann.
- An Grenzflächen zwischen Fluid und Festkörper gilt die *no-slip* Bedingung: das Fluid haftet aufgrund der Reibung am Körper, so daß die Fluidgeschwindigkeit an der Körperoberfläche Null ist. Daraus erklärt sich, warum sich auf Ventilatorblättern Staub ablagert und warum Leitungen ebenso wie Blutgefäße eher durch Ablagerungen als durch Dünnreiben durch die Strömung gefährdet werden.

1.3.1
Bezugssysteme

Bei der Betrachtung von Bewegungen ist die Angabe eines Bezugssystems unerläßlich: was bewegt sich relativ wozu wie schnell. Oder aus Sicht des Bahnbenutzers: wie schnell werden die Bäume, Häuser und Kühe an mir vorbeigetragen. In der klassischen Mechanik betrachten wir Bewegung gegenüber dem Boden. Wasser und Luft sind in der Regel selbst in Bewegung. Beim Segeln bzw. Fliegen wird einem die Existenz unterschiedlicher Bezugssysteme bei der Angabe von Geschwindigkeiten deutlich: die Geschwindigkeit über Grund gibt die Geschwindigkeit relativ zum Erd- bzw. Meeresboden an und ist wichtig, um die Position abzuschätzen oder die Zeit, die zum Zurücklegen einer bestimmten Strecke benötigt wird. Andererseits kann auch die Geschwindigkeit gegenüber dem Medium, oder die Relativgeschwindigkeit, angegeben werden. Letztere bestimmt die dynamischen Eigenschaften des umströmten Körpers, d.h. seine Segel- oder Flugeigenschaften, und ist normalerweise die Geschwindigkeit, die bei Schiffen mit dem Log oder bei Flugzeugen mit dem Prandtl'schen Staurohr gemessen wird.

Die Wahl des geeigneten Bezugssystems wird durch die physikalische Situation nahegelegt. Manchmal kann es sogar sinnvoll sein, daß Bezugssystem im Laufe der Betrachtung zu verändern. Betrachten wir dazu einen Löwenzahnsamen, vergl. Abbildung 1.2. Ist dieser noch mit der Pflanze verbunden, so ist die Betrachtung in einem ortsfesten Bezugssystem sinnvoll. Dann erkennen wir die beiden auf den Samen wirkenden Kräfte: die mechanische Verbindung zwischen Samen und Pflanze hält dessen Stiel an der Pflanze fest. Der angreifende Wind dagegen übt auf das fedrige Ende des Samens eine Kraft aus, so daß sich der Samen in den Wind neigt. Diese Orientierung wird während des Ablösevorgangs beibehalten. Ist der Samen jedoch einmal abgelöst, so wirken nur die Schwerkraft, die den Samen nach unten zieht, und die durch den anströmenden Wind ausgeübte Kraft, die auf den ganzen Samen wirkt und diesen beschleunigt – bis er Windgeschwindigkeit erreicht hat und der Wind keine Kraft mehr auf ihn ausübt. Als Konsequenz richtet sich der Samen vertikal aus. In größerem Maßstab läßt sich diese Ausrichtung beim Heißluftballon beobachten.

Aufgabe 6: Sie sind in einen Schwarm Killerbienen geraten. Killerbienen können mit einer Geschwindigkeit von 7.5 m/s (gegenüber dem Wind) fliegen. Der Wind weht mit 4.5 m/s. Ist es besser, mit dem Wind oder gegen den Wind zu laufen? Was machen Sie, wenn sich die Killerbienen noch im Bereich gegen den Wind befinden aber in ihre Richtung fliegen: laufen Sie auf den Schwarm zu oder von ihm weg?
Aufgabe 7: Werden einem mit dem Wind fliegenden Vogel die Schwanzfedern durcheinander geweht?
Aufgabe 8: Warum kann ein Vogel (z.B. eine Möve) in starkem Wind über einem festen Punkt schweben ohne herunterzufallen?
Aufgabe 9: Ein Heißluftballon fährt in Höhen von wenigen hundert Metern, d.h. in einem Bereich, in dem die Windgeschwindigkeiten größer sind als am Boden. Wie schützen Sie sich als Passagier vor dem Wind?
Aufgabe 10: Touren mit dem Heißluftballon werden in der Regel nur bei geringem Wind unternommen. Warum?

1.3.2
Stromlinien und Strömungsfeld

Zur Beschreibung einer Strömung verwenden wir das Konzept des Strömungsfeldes. Ein Feld ist ein drei-dimensionaler Raum, in dem für jeden Raumpunkt r bestimmte Eigenschaften angegeben werden. Beim Strömungsfeld sind dies die Dichte $\varrho(r,t)$ und die Geschwindigkeit $v(r,t)$. Bei der stationären Strömung sind die Parameter $\varrho(r)$ und $v(r)$, d.h. weder Dichte noch Geschwindigkeit hängen von der Zeit ab.

Ein wichtiges Konzept zur Beschreibung eines Strömungsfeldes sind die Stromlinien. Sie werden dadurch bestimmt, daß die Geschwindigkeit für eine große Anzahl von Raumpunkten aufgetragen wird. Ist eine hinreichend große Zahl von Geschwindigkeitsvektoren gegeben, so schließen sie sich zu Stromlinien zusammen. Formal ist der Geschwindigkeitsvektor in einem bestimmten Raumpunkt die Tangente an die Stromlinie in diesem Punkt. Anschaulich sind die Stromlinien die Bahnen von Testelementen in einer stationären Strömung. Die Tangenten geben die Richtung der Stömungsgeschwindigkeit, die Dichte der Stromlinien ist ein Maß für die Geschwindigkeit. Mehrere Stromlinien bilden eine Stromröhre bzw. einen Stromfaden. Da der Geschwindigkeitsvektor die Tangente an eine Stromlinie ist, hat die Geschwindigkeit v keine Komponente senkrecht zur Stromlinie, d.h. alle Teilchen bleiben innerhalb einer Stromröhre, selbst wenn sich der Querschnitt oder die Form der Stromröhre verändert. Eine Stromröhre wird daher auch als Flußröhre bezeichnet, da der Fluß durch sie hindurch eine Konstante ist.

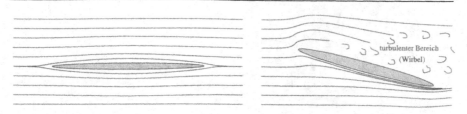

Abb. 1.3. Stromlinien bei laminarer (links) und turbulenter Strömung (rechts)

Mit Hilfe des Konzeptes der Stromlinie lassen sich die Unterschiede zwischen laminarer Strömung und turbulenter Strömung verdeutlichen: in einer laminaren Strömung liegen die Stromlinien nebeneinander ohne sich zu durchmischen. Diese Strömung wird als Schichtströmung bezeichnet. In einer turbulenten Strömung dagegen bewirkt die Reibung zwischen der Flüssigkeit und den Randschichten oder zwischen verschiedenen Flüssigkeitsschichten unterschiedlicher Geschwindigkeit die Bildung von Wirbeln, so daß sich kein geschlossenes Stromlinienbild mehr ergibt, vergl. Abbildung 1.3. Für den Rest dieses Kapitels werden wir uns auf laminare Strömungen beschränken.

1.3.3
Kontinuitätsgleichung

Die Kontinuitätsgleichung läßt sich mit Hilfe des Konzepts der Flußröhre herleiten, vergl. Abbildung 1.4: pro Zeiteinheit muß die gleiche Masse durch den Querschnitt einer Flußröhre fließen, unabhängig davon, wie weit diese ist. Damit ist die Kontinuitätsgleichung die Übertragung des Konzeptes der Massenerhaltung auf die Hydrodynamik: die Masse bzw. die Volumenelemente, die links in die Flußröhre eintreten, müssen rechts auch wieder herauskommen. Masse m ist Dichte ϱ mal Volumen V; das Volumen kann als Produkt aus Querschnittsfläche A und dem im Zeitintervall Δt von der Strömung zurückgelegtem Weg $s = v \cdot \Delta t$ geschrieben werden:

$$\Delta m = \varrho \cdot V = \varrho \cdot A \cdot s = \varrho \cdot A \cdot v \cdot \Delta t \,. \tag{1.14}$$

Division durch Δt liefert den Massenstrom:

$$\dot{m} = \frac{\Delta m}{\Delta t} = \varrho_1 A_1 v_1 = \varrho_2 A_2 v_2 \tag{1.15}$$

und damit die Kontinuitätsgleichung

$$\varrho A v = \text{const} \,. \tag{1.16}$$

Betrachtet man ein inkompressibles Medium, so ist ϱ konstant und es ergibt sich die Kontinuitätsgleichung für ein inkompressibles Medium:

$$v A = \text{const} \,. \tag{1.17}$$

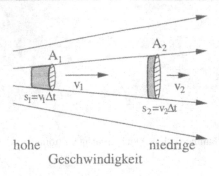

hohe   niedrige
            Geschwindigkeit

Abb. 1.4. Zur Herleitung der Kontinuitätsgleichung

Die Größe $\dot{V} = Av$ ist der Volumenstrom, d.h. das Volumen, das pro Zeiteinheit durch einen Querschnitt A strömt.

Die physikalische Bedeutung der Kontinuitätsgleichung für eine inkompressible Strömung ist einfach: bei einer Verkleinerung der Querschnittsfläche wird die Geschwindigkeit größer, d.h. die Stromlinien rücken, wie auch anschaulich zu erwarten, dichter zusammen. Umgekehrt bewirkt eine Vergrößerung des Querschnitts eine Verringerung der Strömungsgeschwindigkeit. Ein Beispiel ist die stärkere Strömung eines Flusses unter dem Engpaß Brücke, ein anderes Beispiel ist das Dünnerwerden eines Wasserstrahls mit zunehmendem Abstand vom Wasserhahn. Eine Halbierung der Querschnittsfläche verdoppelt die Strömungsgeschwindigkeit, eine Halbierung des Rohrdurchmessers vervierfacht sie. Dadurch erhöht sich die Gefahr der Wirbelbildung ebenso wie der Erosion. Bedeutsam ist dieser Zusammenhang z.B. bei der Arteriosklerose: eine Abnahme des Gefäßdurchmessers um 30 % durch Ablagerung an den Gefäßwänden bewirkt eine Verdopplung der Strömungsgeschwindigkeit. Dadurch können die Ablagerungen losgerissen werden und kleine Gefäße (z.B. Herzkranzgefäße) verstopfen.

Aufgabe 11: Blut fließt mit einer Geschwindigkeit von 30 cm/s durch eine Aorta mit Radius 1.0 cm. Wie groß ist der Volumenstrom (Durchflußmenge)?

Aufgabe 12: Blut fließe in einer Arterie mit Radius 0.3 cm und Strömungsgeschwindigkeit 10 cm/s. Durch Arteriosklerose verringert sich der Radius auf 0.2 cm. Wie groß ist hier die Strömungsgeschwindigkeit?

Aufgabe 13: Warum verringert sich der Querschnitt des Wasserstrahls mit zunehmendem Abstand vom Wasserhahn? Entwickeln Sie ein Verfahren, wie Sie aus dem in zwei verschiedenen Abständen vom Wasserhahn gemessenen Durchmesser die Ausflußgeschwindigkeit am Wasserhahn bestimmen können.

Aufgabe 14: In einem Warmwasserrohr verringert sich infolge von Kalkablagerungen der Rohrdurchmesser um 20 %. Berechnet werden soll die prozentuale Änderung des Massenstroms $\dot{m}$.

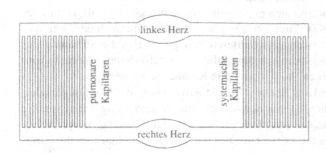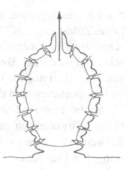

Abb. 1.5. Kontinuitätsgleichung in verzweigten Röhren
Links: schematische Darstellung des Kreislaufsystems eines Vogels oder Säugetiers. Geringere Strömungsgeschwindigkeiten in den Kapillaren als in der Nähe des Herzens sind nur deshalb möglich, weil die gesamte Querschnittsfläche der Kapillaren die jeder Herzkammer übersteigt. Rechts: Strömung in einem Schwamm; hohe Ausstromgeschwindigkeiten können durch eine große Zahl von Einströmöffnungen mit niedriger Strömungsgeschwindigkeit erreicht werden

1.3.4
Kontinuitätsgleichung in biologischen Systemen

Die Kontinuitätsgleichung gilt auch, wenn sich der Querschnitt des Strömungssystems durch Aufspaltung auf verschiedene Röhren verändert. Dann bestimmt man die für die Strömung zur Verfügung stehende Querschnittsfläche A durch Summation über die Flächen A_i der einzelnen Röhren: $A = \Sigma A_i$. Diese Summe ist die in der Kontinuitätsgleichung zu verwendende Fläche.

Typische Beispiele für natürliche, sich verzweigende Systeme sind der Kreislauf und die Lunge, schematisch dargestellt im linken Teil von Abbildung 1.5. In beiden Fällen werden an das System zwei sich scheinbar widersprechende Anforderungen gestellt: (1) es müssen weite Röhren für den Transport über große Entfernungen vorhanden sein,[3] und (2) es müssen sehr enge Röhren für einen effizienten Austausch mit dem umgebenden Gewebe vorhanden sein, um dessen Nährstoffversorgung zu gewährleisten. Auf der Basis der Kontinuitätsgleichung ließe sich letzteres alleine durch Verengung des Querschnitts erreichen. Dann wäre jedoch die Strömungsgeschwindigkeit in der Kapillare so groß, daß kein Austausch mit der Umgebung erfolgen könnte: im menschlichen Kreislauf beträgt die Pumpleistung (Volumenstrom) ca. 6 l/min, die Aorta hat einen Durchmesser von 2.5 cm. Damit ergibt sich eine Strömungsgeschwindigkeit von 0.2 m/s.[4] Im Gegensatz dazu hat der engste Bereich

---

[3] In einer realen Röhre sind die Verluste durch Reibung um so größer, je enger der Querschnitt der Röhre wird. Gerade bei langen Röhren würden kleine Querschnitte zu großen Reibungsverlusten führen und damit zur Sicherstellung der Gefäßversorgung eine hohe Pumpleistung erfordern, vergl. Abschnitt 1.4.2.

[4] Dies ist eine typische Strömungsgeschwindigkeit, die in den Kreislaufsystemen der meisten größeren Säugetiere beobachtet werden kann. Auch der Luftstrom in der menschlichen

des Kreislaufsystems, die Kapillare, einen Durchmesser von nur ungefähr 6 μm. Ohne Zulassung von Verzweigungen müsste die Strömungsgeschwindigkeit in der Kapillare 833.3 m/s oder 3000 km/h betragen, was deutlich oberhalb der Schallgeschwindigkeit liegt. Bei verzweigten Kapillaren dagegen beträgt die Strömungsgeschwindigkeit nur ca. 1 mm/s. Um den durch die Aorta geförderten Volumenstrom zu transportieren sind daher ca. $3 \cdot 10^9$ parallele Kapillaren notwendig.

Schwämme sind ein anderes Beispiel für die Anwendung der Kontinuitätsgleichung. Physikalisch gesehen ist ein Schwamm eine Ansammlung vieler kleiner Röhren mit kleinen Öffnungen und einer großen apicalen Öffnung, vergl. Abbildung 1.5. Der Ausstoß aus dieser weiten Öffnung erfolgt mit einer Geschwindigkeit von ca. 0.2 cm/s, dabei wird ein dem Gesamtvolumen des Schwamms[5] entsprechendes Volumen innerhalb eines Zeitraums von ca. 15 sec gefördert; das entspricht dem 100 fachen der Förderleistung des menschlichen Herzens. Die hohe Ausstoßgeschwindigkeit ist erforderlich, da der Schwamm bereits alle Nährstoffe aus dem Wasser herausgefiltert hat und dieses Wasser nicht noch einmal durch seine Poren einsaugen soll. Wie aber funktioniert nun dieser Einsaugmechanismus, der gleichzeitig der Motor des schnellen Ausstoßes sein muß? Das Wasser wird durch ca. 25 μm lange Flagellen mit einer Geschwindigkeit von 50 μm/s, das ist 1/4000 der Ausstoßgeschwindigkeit, durch die Poren gefördert. Diese geringe Geschwindigkeit erlaubt es dem Schwamm, die Nährstoffe aus dem Wasser aufzunehmen. Die hohe Ausstoßgeschwindigkeit kann von den Flagellen erreicht werden, da eine sehr große Zahl von ihnen parallel arbeitet.

Die Kontinuitätsgleichung wird von verschiedenen Tieren, wie z.B. Tintenfisch, Qualle oder Kammuschel, auch zur Fortbewegung eingesetzt. Gemäß Kontinuitätsgleichung ist eine enge Ausstoßöffnung gleichbedeutend mit einer hohen Ausströmgeschwindigkeit, d.h. einem hohen Impuls des ausströmenden Wassers. Aufgrund der Impulserhaltung bedeutet das auch einen effizienten Antrieb für das Tier. Der dabei erzeugte Schub* T ergibt sich als das Produkt aus Massenstrom und der Differenz zwischen der Geschwindigkeit u_2 des Strahls und der Geschwindigkeit u_1 des ungestörten Wassers

$$T = \frac{m}{t}(u_2 - u_1) \,. \tag{1.18}$$

Die Leistung* ergibt sich als das Produkt aus Schub T und Reisegeschwindigkeit bzw. Geschwindigkeit u_1 der ungestörten Strömung zu

$$P_{\text{out}} = \frac{mu_1}{t}(u_2 - u_1) \,. \tag{1.19}$$

Luftröhre hat ungefähr diese Geschwindigkeit. Im Gegensatz dazu sind die Strömungsgeschwindigkeiten in Pflanzen deutlich geringer, da dort keine Pumpe als Antrieb zur Verfügung steht sondern der Transport alleine durch die Kapillarkräfte bewirkt wird. In einer Eiche z.B. beträgt die Strömungsgeschwindigkeit ungefähr 10 mm/s.

[5] Bei einem kleinen Schwamm beträgt das Volumen ungefähr 100 000 mm^3, die Ausfluß-Öffnung hat einem Querschnitt von 100 mm^2.

Die hineingesteckte Leistung ergibt sich aus der kinetischen Energie pro Zeit

$$P_{\text{in}} = \frac{m}{2t}(u_2^2 - u_1^2) \ . \tag{1.20}$$

Die Effizienz läßt sich als Quotient von Output zu Input bestimmen:

$$\eta_f = \frac{2u_1}{u_2 + u_1} \tag{1.21}$$

und wird als Froude'sche Vortriebs-Effizienz bezeichnet. Die Effizienz wird maximal, wenn die Ausströmgeschwindigkeit nur etwas größer ist als die Reisegeschwindigkeit, da dann Zähler und Nenner ungefähr gleich sind. Strahlantrieb bei im Wasser lebenden Organismen ist nicht besonders effizient im Vergleich zum Antrieb mit Finnen, läßt sich aber dafür recht einfach realisieren. Realistische Wirkungsgrade liegen bei ungefähr 30 %.

Aufgabe 15: Erklären Sie die Funktionsweise von Düsen am Beispiel der Reichweite des Wasserstrahls bei einem Gartenschlauch mit und ohne aufgesetzte Düse und am Beispiel des Rakentenentriebwerks.

1.3.5
Bernoulli Gleichung

In idealen Flüssigkeiten wirken keine Reibungskräfte. Daher muß jede Druckarbeit, die auf ein Volumen ausgeübt wird, als vermehrte kinetische Energie dieses Volumens wieder auftauchen. Betrachten wir dazu ein Rohr mit variablem Querschnitt, vergl. Abbildung 1.6. Um ein Volumenelement $V_1 = A_1 \cdot \Delta x_1$ im weiten Teil durch die Fäche A_1 zu befördern, muß man es um ein Stück Δx_1 verschieben, d.h. es ist gegen den Druck p_1 der Flüssigkeit eine Arbeit*

$$\Delta W_1 = F_1 \cdot \Delta x_1 = p_1 \cdot A_1 \cdot \Delta x_1 = p_1 \cdot V_1 \tag{1.22}$$

zu verrichten. Im engen Teil der Röhre gilt entsprechend

$$\Delta W_2 = F_2 \cdot \Delta x_2 = p_2 \cdot A_2 \cdot \Delta x_2 = p_2 \cdot V_2 \ . \tag{1.23}$$

Diese Arbeit bewirkt eine Veränderung der potentiellen Energie des Volumenelements. Dessen kinetische Energie ist gegeben als

$$E_{\text{kin}} = \tfrac{1}{2}\Delta m \cdot v^2 = \tfrac{1}{2}\varrho \cdot v^2 \cdot \Delta V \tag{1.24}$$

oder als kinetische Energiedichte ϵ_{kin}

$$\epsilon_{\text{kin}} = \frac{E_{\text{kin}}}{V} = \frac{1}{2}\varrho v^2 \ . \tag{1.25}$$

In einer idealen Flüssigkeit gilt die Energieerhaltung, d.h. die Summe aus potentieller und kinetischer Energie ist konstant:

$$p_1\Delta V_1 + \tfrac{1}{2}\varrho_1 v_1^2 \Delta V_1 = p_2\Delta V_2 + \tfrac{1}{2}\varrho_2 v_2^2 \Delta V_2 \ . \tag{1.26}$$

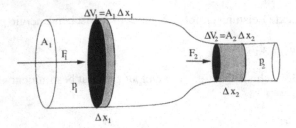

Abb. 1.6. Zur Herleitung der Bernoulli-Gleichung.

In einer inkompressiblen Flüssigkeit ist ϱ konstant und daher $\Delta V_1 = \Delta V_2 = \Delta V$. Damit folgt aus der Energieerhaltung

$$p_1 + \tfrac{1}{2}\varrho v_1^2 = p_2 + \tfrac{1}{2}\varrho v_2^2 \, . \tag{1.27}$$

Für eine inkompressible, reibungsfreie Flüssigkeit, die in einem waagerechten Rohr fließt, gilt daher die Bernoulli Gleichung

$$p + \tfrac{1}{2}\varrho v^2 = p_0 = \text{const} \, . \tag{1.28}$$

Die Konstante p_0 ist der Gesamtdruck, der an der Stelle mit $v = 0$ als der Druck der Flüssigkeit erreicht wird. Die Größe $p_s = p_0 - p = \tfrac{1}{2}\varrho v^2$ ist der Staudruck, der beim Auftreffen der bewegten Materie auf eine Fläche erzeugt würde. Diese Grösse wird auch als dynamischer Druck oder Strömungsdruck bezeichnet. Die Größe $p = p_0 - p_s$ ist der statische Druck der strömenden Flüssigkeit.

Erweiterte Bernoulli Gleichung und Gesetz von Toricelli: Betrachtet man kein waagerechtes sondern ein schräggestelltes Rohr, so ist neben der Druckarbeit und der kinetischen Energie auch die potentielle Energie* in der Energiebilanz zu berücksichtigen:

$$p + \tfrac{1}{2}\varrho v^2 + \varrho g h = \text{const} = p_0 \, . \tag{1.29}$$

Auch diese Gleichung beschreibt eine Energieerhaltung und wird als Bernoulli-Gleichung bezeichnet. Für den Spezialfall einer Flüssigkeit in Ruhe verschwinden die Terme, die die Geschwindigkeit enthalten, und es ist

$$p_1 - p_2 = \varrho g(h_1 - h_2) \quad \Rightarrow \quad \mathrm{d}p = \varrho g \mathrm{d}h \, . \tag{1.30}$$

Diese Gleichung haben wir bereits im Zusammenhang mit der hydrostatischen Grundgleichung kennengelernt, dort wurde sie auch anschaulich hergeleitet.

Die erweiterte Bernoulli-Gleichung erklärt z.B. das Gesetz von Toricelli: Die Ausflußgeschwindigkeit einer reibungslosen Flüssigkeit durch ein Loch in der Seitenwand eines mit dieser Flüssigkeit gefüllten Behälters ist gleich der Geschwindigkeit, die ein Körper erreichen würde, wenn er die Strecke vom Spiegel der Flüssigkeit zur Ausflußöffnung frei fallen würde.

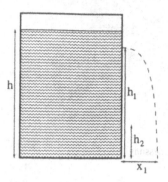

Abb. 1.7. Zu Aufgabe 17, Chemie-Unfall

Aufgabe 16: Eine Wasserleitung (Querschnitt $A_1 = 100\,\mathrm{cm}^2$) weist eine Einschnürung (Querschnitt $A_2 = 20\,\mathrm{cm}^2$) auf. Der Druck ist an der Verengung $0.51 \cdot 10^5$ Pa niedriger als davor. Mit welcher Geschwindigkeit strömt das Wasser durch die Leitung?

Aufgabe 17: In einem Chemikalientank, der bis zur Höhe $h = 25$ m mit einer ätzenden Flüssigkeit der Dichte $\varrho = 10^3$ kg/m^3 gefüllt ist, strömt aus einem kleinen Leck in einer Höhe $h_1 = 24.5$ m Flüssigkeit aus und trifft im Abstand x_1 auf den Boden. Sie haben Ihren Werkschutz so positioniert, daß die Leute die Flüssigkeit sofort durch Aufschaufeln eines Bindemittels neutralisieren können. Begründen Sie, warum die Flüssigkeit bei x_1 auf den Boden trifft und nicht einfach am Behälter herunter rinnt. Bestimmen Sie x_1. Da bildet sich in einer Höhe von $h_2 = 2$ m über dem Boden ein zweites Leck. Müssen Sie die Werkschutzleute jetzt weiter zurückziehen, dichter an den Tank schicken oder an ihrer momentanen Position lassen?

Aufgabe 18: Ein zylindrisches Gefäß hat in den Höhen $h_1 = 10$ m und $h_2 = 5$ m übereinanderliegende Öffnungen. In welcher Höhe H über dem Gefäßboden muß sein Flüssigkeitsspiegel liegen, damit die ausströmende Flüssigkeit aus beiden Öffnungen gleich weit auf die Waagerechte in der Höhe des Gefäßbodens auftrifft?

1.3.6
Pitot–Rohre: Druckmessung und Nahrungsaufnahme

Alle drei der in der Bernoulli Gleichung vorkommenden Drucke lassen sich an beliebiger Stelle in der Strömung messen. Der statische Druck p wird mit der Drucksonde gemessen: die Stromlinien gehen an der Drucksonde vorbei, durch seitliche Öffnungen wird der statische Druck p in der Flüssigkeit auf das Manometer geleitet und dort gemessen, vergl. Abbildung 1.8. Der Gesamtdruck läßt sich mit dem Pitot–Rohr oder einem Steigrohr messen. Wird das Rohr parallel zu den Stromlinien in die Strömung eingebracht, so gilt am Kopf des Rohres $v = 0$ und es wird der Gesamtdruck gemessen. Der Staudruck p_s wird mit dem Prandtl'schen Staurohr, einer Kombination aus Drucksonde und Pitotrohr, als die Differenz von Gesamtdruck und statischem Druck gemessen. Für kleine Strömungsgeschwindigkeiten ist das

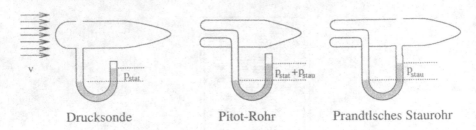

Drucksonde   Pitot-Rohr   Prandtlsches Staurohr

Abb. 1.8. Verfahren zur Druckmessung

Prandtl'sche Staurohr ungeeignet, da es, wie das Pitot–Rohr, sehr empfindlich auf kleine Abweichungen seiner Ausrichtung relativ zur Strömungsrichtung reagiert. Daher wird das Prandtl'sche Staurohr nicht zur Messung von Windgeschwindigkeiten verwendet, es ist jedoch als Geschwindigkeitsmesser in Flugzeugen zur Messung der Relativgeschwindigkeit Flugzeug gegen Luft im Einsatz.

Pitot–Rohre kommen auch in der Natur vor. Abbildung 1.9 zeigt zwei Beispiele. Die Larven von Macronema z.B. formen ein Pitot–Rohr, in dessen Mitte sie ein Netz zum Filtern von Nährstoffen spannen: eine Öffnung ist stromaufwärts gerichtet und ist nahezu dem vollen statischen plus dynamischen Druck ausgesetzt; ein kleiner Teil geht durch die Strömung durch den Körper verloren, d.h. das Wasser kommt nicht vollständig zum Stillstand. Die andere Öffnung ist nahezu parallel zur Strömung und erfährt daher nur den statischen Druck. Diese Druckdifferenz treibt den Strom durch den Körper und den darin befindlichen Nahrungsfilter. Styela Montereyenis hat eine komplexere Strategie entwickelt, da sie sich im flachen Wasser mit periodisch wechselnder Strömungsrichtung befindet. Der Wechsel in der Strömungsrichtung wird durch einen flexiblen, am Boden verankerten Fuß ausgeglichen, von dem ausgehend sich Styela wie eine Wetterfahne an die Strömung anpaßt, so daß die Einstromöffnung stehts in die Strömung weist.

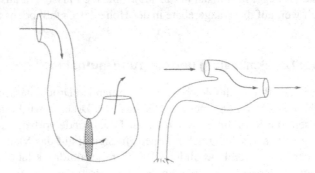

Abb. 1.9. Zwei natürliche Pitot–Rohre
Hülle und Fangnetz der Larve einer Macronema (links) und Einstrom- und Ausstrom Siphone bei Styela Montereyenis (rechts)

1.3.7
Hydrodynamisches Paradoxon und hydrodynamischer Auftrieb

Das hydrodynamische Paradoxon beschreibt ein unerwartetes Phänomen, daß sich durch das Bernoullische Prinzip erklären läßt: eine hohe Strömungsgeschwindigkeit bedeutet einen geringeren statischen Druck als in der Umgebungsluft und diese Druckdifferenz kann verwendet werden, um Körper gegen die Schwerkraft zu halten (hydrodynamischer Auftrieb) Ein Beispiel läßt sich wie folgt realisieren: Läßt man Luft durch einen Trichter nach unten strömen, so kann diese Luft einen Tischtennisball im Trichter gegen die Gravitation halten anstelle ihn, wie erwartet, wegzupusten.

Um einen Gegenstand anzuheben, muß die Schwerkraft mg auf den betreffenden Gegenstand überwunden oder zumindest kompensiert werden. Dazu muß der „Unterdruck" über dem Gegenstand dem Staudruck der Strömung entsprechen, d.h. es muß gelten

$$\tfrac{1}{2}\varrho_{\mathrm{Luft}}v^2 \cdot A > mg \, . \tag{1.31}$$

Ein störendes natürliches Auftreten des hydrodynamischen Auftriebs ist das Abheben von Dächern bei Sturm: ein Dach wird nicht durch den Winddruck weggedrückt, sondern durch die über dem Dach komprimierten Stromlinien und die damit verbundene Erhöhung der Strömungsgeschwindigkeit bzw. die Verringerung des statischen Drucks angehoben. Daher findet die Abdeckung auf der dem Wind abgewandten Seite, der Lee-Seite, statt.

Auch natürliche Objekte haben mit dem durch das Bernoulli Prinzip bedingten Auftrieb zu kämpfen. Beispiele aus dem Tierreich sind die Flunder und der Sanddollar. Einige Arten Sanddollar sind perforiert, so daß der durch Bernoulli vermittelte Sog nicht den Sanddollar anhebt sondern Wasser durch dessen Öffnungen saugt, was auch der Nahrungsaufnahme dienen kann.

Andere Paradoxa lassen sich ebenfalls durch das Bernoullische Prinzip erklären: (1) Ein schneller Luftstrom zwischen zwei vertikalen Metallplatten oder Blättern Papier bewirkt, daß sich diese anziehen. In der freien Natur beobachten wir dieses Phänomen als den Sog eines uns überholenden Lastwagens, den Sog zwischen einem Schiff und der Kanalböschung oder den Sog zwischen zwei Schiffen, die sich in geringem Abstand passieren. (2) Eine drehbar gelagerte Scheibe stellt sich in einer Strömung quer zur Strömung ein und nicht etwa senkrecht dazu: die Platte liege ursprünglich parallel zur Strömung. Wird sie nur etwas ausgelenkt, so werden an den umströmten Rändern die Stromlinien zusammengepreßt und es entsteht ein Unterdruck, der die Platte vollends in die Strömung dreht. Eine etwas kompliziertere Anwendung dieses Prinzips ist die im Wind flatternde Fahne (Aufgabe 25).

Aufgabe 19: Auf einem aufwärts gerichteten Luftstrom (oder Wasserstrahl) kann ein leichter Ball tanzen. Er läßt sich auch durch einen Schlag oder sehr schräg gerichteten Luftstrom nicht von diesem trennen. Warum?

Aufgabe 20: Schnellzüge, die sich auf offener Strecke begegnen, müssen mit der

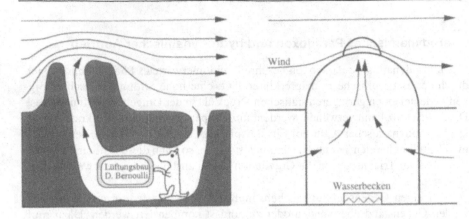

Abb. 1.10. Bernoulli–Effekt und Lüftung
Präriehunde verwenden den Bernoulli–Effekt über einem höher gelegenen Eingang ihrer Höhle, so
daß unabhängig von der Windrichtung stets eine Belüftung gewährleistet ist. Menschen verwenden
ähnliche Methoden

Geschwindigkeit herunter gehen oder es besteht die Gefahr, daß ihre Fensterscheiben zerbrechen. Warum? Werden die Scheiben in den Zug hineingedrückt oder herausgezogen? Kann das auch geschehen, wenn ein Zug den anderen überholt? Werden Sie von einem Schnellzug, der nahe an Ihnen vorüberfährt, angezogen oder abgestoßen – oder vielleicht beides zugleich?

Aufgabe 21: Zwei nahe beieinander liegende Schiffe haben die Tendenz, zusammenzutreiben. Ähnlich treibt ein Schiff gegen die Kaimauer. Gilt das auch für zwei Boote, die einen Fluß hinunter treiben? Wenn ein LKW Ihr Wohnwagengespann überholt, wird dieses kräftig nach links gezogen. Warum?

Aufgabe 22: Verneigendes Schilf: Wenn Sie mit dem Boot einen relativ engen schilfbestandenen Fluß entlang fahren, wie bewegen sich die Halme?

1.3.8
Lüftende Präriehunde und Menschen

Präriehunde verwenden den Bernoulli–Effekt und die Kontinuitätsgleichung zur Belüftung ihrer Bauten. Einer der beiden Eingänge liegt bis zu 3 m höher, so daß über ihm aufgrund der Kontinuitätsgleichung die Strömungsgeschwindigkeit erhöht ist. Dadurch ist der statische Druck geringer als über dem anderen Eingang und es entsteht ein Druckgefälle, das eine Luftströmung durch den Bau treibt, vergl. Abbildung 1.10. Menschen haben dieses System in verschiedenen Gebäudetypen dadurch kopiert, daß in der Kuppel/im Dach durch einen offenen Bereich Luft abgesaugt wird (die durch das Dach abgelenkte Luft überströmt selbiges schnell genug, um einen Unterdruck zu erzeugen) und damit ebenfalls Belüftung und Kühlung entstehen. Ventilatorhauben arbeiten nach diesem Prinzip, ebenso wie Bunsenbrenner, Zerstäuber und Wasserstrahlpumpen.

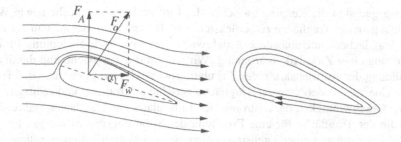

Abb. 1.11. Strömung um eine Tragfläche; der Anstellwinkel α bestimmt, wie sich die Stromlinien um die Tragfläche verteilen und damit wie groß der Auftrieb ist

1.3.9
Fliegen und Segeln

Während der hydrodynamische Auftrieb bei einem Hausdach im Sturm eher störend ist, wird er beim Fliegen ausgenutzt: in der Natur durch die Flügel der Vögel, technisch durch die Tragflächen der Flugzeuge. Auch der Propeller bzw. der Rotor eines Hubschraubers verwenden diese Druckdifferenz, wobei beim Propeller der „Auftrieb" zum Vortrieb genutzt wird (Propeller als waagerecht gestellter Rotor). Ebenso läßt sich das Segeln am Wind durch eine hochgestellte Tragfläche interpretieren – es gibt Rennyachten, die mit einer senkrecht gestellten Tragfläche segeln.

Ein einfaches „hands on" Experiment können Sie selbst durchführen, wenn Sie die Hand aus dem Fenster eines fahrenden Autos oder Zuges halten: eine flach gehaltene Hand (Handfläche ungefähr parallel zum Boden) erfährt einen Auftrieb; die senkrecht zum Wind gehaltene Hand dagegen spürt den Druck der anströmenden Luft und läßt sich nur schwer in die Strömung drehen (vergl. die bereits beim hydrodynamischen Paradoxon erwähnte Platte, die sich quer in die Strömung stellt).

Experimentell läßt sich der aerodynamische Auftrieb anhand eines an einer Waage befestigten Profils in einer Strömung bestimmen. Betrachtet man die Stromlinien um ein derartiges Profil, so wird der Grund für den Auftrieb offensichtlich, vergl. Abbildung 1.11: die Stromlinien werden durch das Profil in einer Weise geteilt, daß sie sich oberhalb des Profils zusammendrängen (hohe Strömungsgeschwindigkeit) und unterhalb relativ weit separiert sind (geringe Strömungsgeschwindigkeit). Diese Geschwindigkeitsdifferenz entspricht nach Bernoulli einer Differenz im statischen Druck. Die sich daraus ergebende Auftriebskraft berechnet sich über die Differenz der beiden statischen Drucke und die Fläche A des Profils zu

$$F_{\mathrm{A}} \approx \tfrac{1}{2}\varrho \cdot (v_1^2 - v_2^2) \cdot A \,. \tag{1.32}$$

Das $\approx$ in der Gleichung entsteht, weil die Geschwindigkeitsdifferenz nicht über die gesamte Fläche konstant ist. Eine korrektere Formulierung der Auftriebskraft ist in Gleichung 1.36 gegeben.

Bei der Herleitung von Gleichung 1.32 sind wir davon ausgegangen, daß das Medium inkompressibel ist und die Reibung vernachlässigt werden kann. Im realen

Fall dagegen sind die Reibung zwischen der Luft und der Tragfläche sowie Wirbelbildung an der Tragfläche zu berücksichtigen. Insbesondere der sich an der hinteren Tragflächenkante ablösende Anfahrwirbel hat eine große Bedeutung für die Entstehung einer Zirkulationsströmung (Wirbel) um die Tragfläche und damit die Ausbildung der Auftriebskraft: der Zirkulationswirbel bewirkt unterhalb der Tragfläche eine zur Vorderkante der Tragfläche gerichtete Strömung und reduziert damit die Geschwindigkeit der anströmenden Luft relativ zur Tragfläche, während er oberhalb der Tragfläche für eine Erhöhung der Strömungsgeschwindigkeit sorgt. Der Wirbel hat damit einen Drehsinn ähnlich wie der Wirbel um einen rotierenden Zylinder beim Magnus–Effekt (siehe unten). Theoretisch läßt sich dieser Wirbel und das sich daraus ergebende Gesamtströmungsmuster in der Kutta–Joukowsky–Theorie beschreiben, wobei der Auftrieb um einen Tragflügel der Spannweite S in einer Strömung mit der Geschwindigkeit v durch eine Auftriebskraft

$$F_{\mathrm{A}} = \varrho v S \Gamma \tag{1.33}$$

beschrieben werden kann mit

$$\Gamma = \oint v\,\mathrm{d}S = \int \mathrm{rot}v\,\mathrm{d}A = \int \nabla \times v \cdot \mathrm{d}A \tag{1.34}$$

als der Zirkulation um die Tragfläche.

Der Auftrieb um die Flügel von Vögeln entsteht ebenfalls durch den Druckunterschied zwischen der Ober- und der Unterseite des Flügels.[6] Allerdings hat ein Vogel einem Flugzeug gegenüber bessere Variationsmöglichkeiten: in Abhängigkeit von der Geschwindigkeit gegen Luft, variiert der Vogel sein Flügelprofil um die Druckdifferenz und damit den benötigten Auftrieb konstant zu halten: spreizen der Federn erhöht die Fläche A in Gleichung 1.32, so daß sich der Auftrieb erhöht bzw. bei geringen Fluggeschwindigkeiten, z.B. bei Start oder Landung, noch ein hinreichender Auftrieb zur Verfügung steht. Die Landeklappen eines Flugzeuges dienen dem gleichen Zweck.

Ein weiteres Anwendungsbeispiel für den aerodynamischen Auftrieb ist das Am–Wind–Segeln, d.h. das Segeln in Richtung des Windes. Moderne Schiffe können bis zu 45° an den Wind herangehen (zu Columbus Zeiten waren nur 90°, d.h. quer zum Wind, zu erreichen), Rennyachten sogar bis zu 30°. Im Gegensatz zum Flugzeug wird kein starres Anströmungsprofil verwendet, sondern der Wind selbst bläht das Segel in ein aerodynamisches Profil, vergl. Abbildung 1.12; durch Fieren der Schoten läßt sich dieses Profil modifizieren und der Windgeschwindigkeit und -richtung anpassen. Dieses Profil wird derart umströmt, daß einerseits ein Druck zur Seite erfolgt (der durch Kiel oder Schwert aufgefangen werden muß; Krängungskraft) und andererseits ein Vortrieb. Abbildung 1.12 zeigt, daß der Vortrieb im wesentlichen vom Vorderteil des Segels kommt, da die Druckkraft dort eine Komponente in Vorwärtsrichtung hat, während der hintere Teil des Segels zur Krängungs-

---

[6] Genaugenommen betrachten wir hier nicht das Fliegen eines Vogels sondern das Gleiten, d.h. die Bewegung der Flügel wird nicht berücksichtigt.

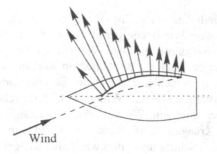

Abb. 1.12. Am–Wind–Segeln
Nutzung des aerodynamischen Auftriebs als Vortrieb. Pfeile geben die Druckkräfte, die in Komponenten parallel und senkrecht zur Windrichtung zerlegt werden können

kraft und zum Widerstand beitragen und vom Unterwasserschiff abgefangen werden muß, um eine Querversetzung des Bootes zu vermeiden.

Abbildung 1.13 zeigt die mit einem Segelboot erreichbaren Geschwindigkeiten in Abhängigkeit von Windgeschwindigkeit und -richtung. Die größten Geschwindigkeiten erreicht ein Boot bei Kursen ungefähr quer zum Wind, bei Vor–dem–Wind

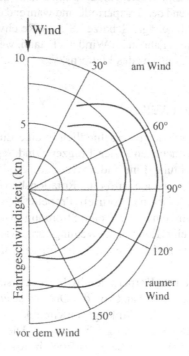

Abb. 1.13. Segelboot: Geschwindigkeit in Abhängigkeit von der Anströmrichtung des Windes
Die höchsten Geschwindigkeiten werden nicht etwa bei Vor–dem–Wind Kursen erzielt sondern beim Segeln am Wind oder ungefähr quer zum Wind

Kursen ist die Geschwindigkeit nur gering. Das gibt einen ersten Hinweis, daß die Druckkräfte (Kurse vor dem Wind) weniger effizient sind als die Auftriebskräfte.

Die geringere Geschwindigkeit bei Am–Wind Kursen im Vergleich zu Kursen quer zum Wind erklärt sich durch die Kombination von Auftriebskraft und Widerstandskraft des Segels. In beiden Kursen ist die Segelstellung relativ zum Wind ähnlich, d.h. auch Auftriebskräfte und Widerstandskräfte relativ zum Segel sind vergleichbar. Bei Kursen quer zum Wind ist die Widerstandskraft quer zum Boot gerichtet und wirkt als Krängungskraft. Beim Am–Wind Kurs dagegen hat sie eine Komponente parallel zum Schiffsrumpf und wirkt als verzögernde Kraft.

Aufgabe 23: Ein Blatt fällt nicht senkrecht vom Baum, gleitet auch nicht auf einer schiefen Ebene wie ein Segelflugzeug sondern pendelt mehrmals beim Fallen hin und her. Warum? Probieren Sie mit Papier- und Kartonblättern verschiedener Größe und Stärke. Wie hängen Pendelamplitude und -periode von den Blatteigenschaften und dem Anfangs-Anstellwinkel ab? Verhalten sich Samen von Ahorn, Linde und Ulme anders? Wenn ja, warum?

Aufgabe 24: Bei einer DC-8 strömt die Luft 10 % schneller an der Oberseite der Tragfläche vorbei als an der Unterseite. Welche Startgeschwindigkeit braucht die Maschine (Startgewicht 130 t, Spannweite 42.5 m, Tragflächenbreite 7 m)? Wie lang muß die Startbahn sein, wenn die Beschleunigung 3 m/s^2 beträgt? Wie hoch ist der Treibstoffverbrauch während der Startperiode und während der Reise, wo der Schub etwa 10 % vom Startschub beträgt? Schätzen Sie die Reichweite der Maschine.

Aufgabe 25: Warum flattern Fahnen im Wind auch dann, wenn er ganz gleichmäßig weht? Was bestimmt die Frequenz des Flatterns?

1.3.10
Windenergiekonverter (WEK)

Aerodynamische Profile können unterschiedlich in eine Luftströmung eingebracht werden. In den bisher betrachteten Fällen Flugzeug und Segelschiff stand das Profil starr zur Strömungsrichtung. Eine andere Situation ergibt sich bei Propeller und Rotor: durch mechanische Energie wird eine Rotationsbewegung erzeugt, die beim „Durchschneiden" der Luft für einen Vortrieb (Propeller) oder Auftrieb (Hubschrauberrotor) sorgt, oder es wird ein Profil in eine Strömung so eingebracht, daß es einen Auftrieb erfährt, der in eine Rotationsbewegung umgewandelt werden kann. Die Rotationsenergie wiederum wird in elektrische Energie umgewandelt (Windenergiekonverter, WEK).

Nutzt man mit rotierenden Körpern den hydrodynamischen Auftrieb, so ist eine Variation des Profils mit dem Abstand von der Drehachse erforderlich: da der Rotor als starrer Körper rotiert, ist seine Winkelgeschwindigkeit ω unabhängig vom Radius r, nicht jedoch die Bahngeschwindigkeit $v = \omega \cdot r$. Diese nimmt von innen nach außen zu, d.h. es muß außen ein größerer Auftrieb in Rotationsrichtung vorhanden sein. Die erforderliche Anpassung des Profils erfolgt durch Veränderung des Profilquerschnitts oder durch Verwindung eines konstanten Profils, wie in Abbildung 1.14 für einen WEK dargestellt.

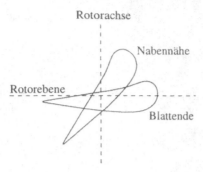

Abb. 1.14. Radiale Variation des Flügelprofils eines Windenergiekonverters

Auftriebs- und Widerstandskraft, Gleitzahl: Im Folgenden wollen wir die Dynamik eines Windenergiekonverters etwas genauer betrachten. Dazu gehen wir wieder von einem Tragflächenprofil aus, vergl. Abbildung 1.11. Auf dieses Profil wirken zwei Kräfte, die Auftriebskraft F_A senkrecht zur Strömungsrichtung und die Widerstandskraft F_W parallel zur Anströmung. Das Profil ist um einen Anstellwinkel oder Pitch α gegen die Strömung gestellt. Die Widerstandskraft F_W, die von der Luftreibung an der Profiloberfläche verursacht wird, ist gegeben durch (vergl. Herleitung zu Gleichung 1.66)

$$F_W = c_W \tfrac{1}{2} \varrho_L v^2 A \tag{1.35}$$

mit c_W als dem Widerstandsbeiwert, ϱ_L als der Dichte der Luft, v als der Anströmgeschwindigkeit und A als der Gesamtfläche aller Blätter des Rotors. Letztere ist bei annähernd rechteckigem Blattumriss gegeben zu $A = B_p L z_F$ mit B_p als der Profilbreite, L als der Profillänge und z_F als der Zahl der Flügel des Windrades. Für die Auftriebskraft F_A gilt entsprechend

$$F_A = c_A \tfrac{1}{2} \varrho_L v^2 A \tag{1.36}$$

mit c_A als Auftriebsbeiwert. In diesen Auftriebsbeiwert geht neben der Flügelgeometrie auch der durch Gleichung 1.33 und 1.34 beschriebene Wirbel ein. Widerstandskraft und Auftriebskraft ergeben zusammen die resultierende Kraft

$$F_{RS} = \sqrt{F_A^2 + F_W^2} \,. \tag{1.37}$$

Der Widerstandsbeiwert c_W und der Auftriebsbeiwert c_A werden für verschiedene Profile in Abhängigkeit vom Anstellwinkel experimentell ermittelt und in einem Polardiagramm aufgetragen, vergl. Abbildung 1.15. Beim WEK fällt auf, daß dieses Profil selbst bis zu einem negativen Anstellwinkel von -6° noch einen positiven Auftriebsbeiwert besitzt. Das ist übrigens auch bei der Flugzeugtragfläche und einigen Insektenflügeln der Fall: sonst würden Landemanöver mit nach unten gerichteter „Nase" oder Abwinde zu sofortigen Abstürzen führen. Beim WEK ist der Auftriebsbeiwert bei einem Anstellwinkel von $\alpha = 15.5°$ maximal. Bei größeren

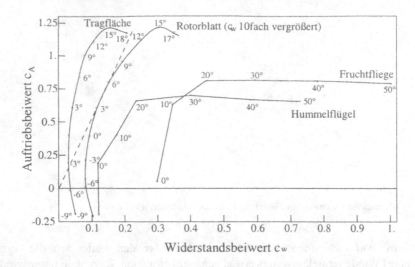

Abb. 1.15. Polardiagramme verschiedener Flügelprofile
Polardiagramme für ein Rotorblatt (Widerstandsbeiwert c_W um Faktor 10 überhöht), die Tragfläche eines Flugzeugs und verschiedene Insektenflügel, nach (Kleemann u. Meliß 1993, Vogel 1994). Widerstandsbeiwert und Auftriebsbeiwert sind in Abhängigkeit vom Anstellwinkel aufgetragen

Anstellwinkeln wird der Auftriebsbeiwert wieder geringer, da dann die Strömung im hinteren Teil der Profiloberkante abreißt, d.h. das Profil wird nicht mehr vollständig umströmt. Dann ist die für den Auftrieb zur Verfügung stehende effektive Fläche geringer und damit auch der Auftrieb. Zur Charakterisierung von aerodynamischen Profilen wird die Gleitzahl $E_G = c_A/c_W$ als das Verhältnis aus Auftriebs- und Widerstandsbeiwert benutzt. Die maximale Gleitzahl für ein Profil wird durch eine Tangente an das Polardiagramm durch den Ursprung bestimmt: jede Gerade durch den Ursprung gibt ein festes Verhältnis von Auftriebskraft zu Widerstandskraft; bei der Tangente wird dieses Verhältnis maximal. Sie markiert nicht nur den maximalen Gleitwert sondern auch den Anstellwinkel, bei dem dieser erreicht wird, vergl. gestrichelte Linie in Abbildung 1.15.

Leistungsbeiwert: Der maximale ideale Leistungsbeiwert gibt an, welcher Anteil der im Wind enthaltenen kinetischen Energie durch den WEK höchstens genutzt werden kann. Betrachten wir dazu den Verlauf der Strömung um den Windenergiekonverter, wie in Abbildung 1.16 dargestellt. Da der WEK dem Wind Strömungsenergie entzieht, nimmt die Windgeschwindigkeit ab. Nach der Kontinuitätsgleichung muß die Stromröhre hinter dem Windkonverter dann einen größeren Querschnitt haben als davor. Größen ohne Index bezeichnen im folgenden die Eigenschaften der ungestörten Strömung vor dem Rotor, der Index 0 gibt die Größen in der Ebene des Rotors, der Index 2 die hinter dem Rotor. Die Geschwindigkeit in der Rotorebene kann als Mittelwert der Geschwindigkeiten vor und hinter dem Rotor angenähert werden: $v_0 = (v + v_2)/2$. Die kinetische Energiedichte der Strömung ist $\varrho v^2/2$. Aus der Energiedichte läßt sich die zur Verfügung stehende Energie oder besser

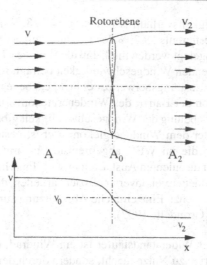

Abb. 1.16. Strömungsverlauf um einen Windenergiekonverter

Leistung bestimmen: Energiedichte ist Energie pro Volumen, Leistung* ist Energie pro Zeit. Multiplizieren wir die Energiedichte mit dem Volumenstrom (Volumen pro Zeit) gemäß Gleichung 1.17, so ergibt sich die Leistung zu:

$$P = \epsilon \cdot \dot{V} = \frac{E}{V} \cdot \frac{V}{t} = \frac{1}{2}\varrho v^2 \cdot Av = \frac{1}{2}\varrho v^3 A \ . \tag{1.38}$$

Die zur Umwandlung am Windenergiekonverter zur Verfügung stehende Leistung ist die Differenz der Leistungen des zu- und abströmenden Windes

$$P_{\text{konv}} = \tfrac{1}{2}\varrho \left(v^2 \cdot vA - v_2^2 \cdot v_2 A_2\right) = \tfrac{1}{2}\dot{m}(v^2 - v_2^2) \tag{1.39}$$

wobei im letzten Schritt die Konstanz des Massenstroms $\dot{m} = \varrho Av$ verwendet wurde. Um einen Bezug zu der einzigen bekannten Fläche, der Fläche A_0 des Windenergiekonverters, herzustellen, drücken wir den Massenstrom durch die Werte in der Rotorebene aus und erhalten für die Leistung

$$P_{\text{konv}} = \frac{\varrho(v + v_2)A_0}{4}(v^2 - v_2^2) = \frac{\varrho}{4}A_0 v^3 \left(1 + \frac{v_2}{v}\right)\left[1 - \left(\frac{v_2}{v}\right)^2\right] \ . \tag{1.40}$$

Die maximale Windleistung in der Rotorfläche ergibt sich für die ungebremste Windgeschwindigkeit als $P_{\text{max}} = \varrho v^3 A_0/2$; das Verhältnis aus maximaler Leistung P_{max} und Rotorleistung P_{konv}, der ideale Leistungsbeiwert c_{p}, ist

$$c_{\text{p}} = \frac{P_{\text{konv}}}{P_{\text{max}}} = \frac{1}{2}\left(1 + \frac{v_2}{v}\right)\left[1 - \left(\frac{v_2}{v}\right)^2\right] \ . \tag{1.41}$$

Der maximale Leistungsbeiwert $c_{\text{p,max}}$ ergibt sich durch Differentation nach dem Geschwindigkeitsverhältnis und Null-setzen dieser Ableitung zu

$$c_{\text{p,max}} = 0.593 \tag{1.42}$$

bei einem Geschwindigkeitsverhältnis von $v_2/v = 1/3$. Ein idealer Windenergie-konverter kann also bestenfalls 59.3 % des Leistungsangebots in Nutzleistung um-setzen, wobei er so ausgelegt werden muß, daß die Windgeschwindigkeit hinter dem Rotor 1/3 der anströmenden Windgeschwindigkeit beträgt. Reale Windenergiekon-verter haben geringere Leistungsbeiwerte, der hier gegebene maximale Leistunsbei-wert ist unabhängig von der Bauart des Windenergiekonverters. Die Leistung geht mit v^3, d.h. eine Verdoppelung der Windgeschwindigkeit gibt die 8fache Leistung!

Die Strömung hinter dem Windenergiekonverter ist gestört: ein Wirbeltrichter bildet sich, wenn sich die im WEK abgebremste Luft mit der schnelleren, frei-strömenden Luft durch turbulenten Austausch mischt. Innerhalb des Wirbeltrichters kann kein weiterer Windenergiekonverter effizient arbeiten, d.h. die „Packungsdich-te" in Windparks ist begrenzt. Eine einfache Abschätzung zum Wirbeltrichter findet sich in (Boeker u. van Grondelle 1997).

Widerstandsläufer: Der Widerstandsläufer ist ein Windrad, das sich nicht den hy-drodynamischen Auftrieb zu Nutze macht, sondern durch den vom Wind erzeugten Druck auf eine quer zum Wind gestellte Fläche getrieben wird. Entscheidend ist daher die Widerstandskraft

$$F_W = c_W \tfrac{1}{2}\varrho v^2 A \tag{1.43}$$

mit c_W als dem Widerstandsbeiwert, der von der Geometrie des Körpers abhängt. An einem mit der Geschwindigkeit u bewegten Rotorblatt, vergl. Abbildung 1.17, ist die Widerstandskraft

$$F_W = c_W \tfrac{1}{2}\varrho_L (v - u)^2 A \,, \tag{1.44}$$

da die Widerstandskraft durch die relative Geschwindigkeit zwischen Strömung und Körper bestimmt ist, nicht durch die Geschwindigkeit relativ zum Boden. Die Lei-stung eines Widerstandsläufers ist gegeben zu

$$P_{WL} = F_w \cdot u = \tfrac{1}{2}\varrho c_W (v - u)^2 u A \,. \tag{1.45}$$

Für den Leistungsbeiwert des Widerstandsläufers ergibt sich daraus

$$c_{p,W} = \frac{P_{WL}}{P_{max}} = \frac{c_W \frac{\varrho}{2}(v-u)^2 u A}{\frac{\varrho}{2}v^3 A} = c_W \left(1 - \frac{u}{v}\right)^2 \frac{u}{v} \,. \tag{1.46}$$

Der maximale Leistungsbeiwert ergibt sich nach Differenzieren nach u/v zu

$$c_{p,W,max} = c_W \frac{4}{27} \tag{1.47}$$

bei einem Geschwindigkeitsverhältnis von $u/v = 1/3$. Selbst mit einem sehr großen Widerstandsbeiwert c_W von 2.3 (C–Profil mit der offenen Seite dem Wind zuge-wandt, vergl. Abbildung 1.25) ergibt sich bestenfalls eine Ausbeute von 34 %. Auf-grund dieses geringen Leistungsbeiwerts sind Widerstandsläufer den aerodynami-schen Rotoren weit unterlegen. Ihr Vorteil liegt in der Fähigkeit, auch bei schwa-chem und unstetigem Wind zu funktionieren – allerdings ist dann die Ausbeute aufgrund der v^3-Abhängigkeit der Leistung nur gering.

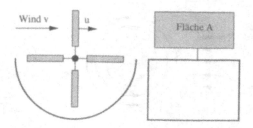

Abb. 1.17. Prinzip des Widerstandsläufers
links Blick entlang Drehachse, rechts Blick aus Richtung des Windes

Aufgabe 26: Wie groß ist das Verhältnis der maximalen Leistungen zweier Windenergiekonverter (ein Widerstandsläufer und ein aerodynamischer Windrotor) unter folgenden Bedingungen: (a) identische dem Wind ausgesetzte Fläche A, (b) optimales Geschwindigkeitsverhältnis von 1/3, (c) Widerstandsbeiwert von 2 für den Widerstandsläufer, und (d) eine Windgeschwindigkeit von 2 m/s im Falle des Widerstandsläufers und eine von 5 m/s im Falle des aerodynamischen Windrotors? Wie groß müßte die Fläche des Widerstandsläufers gewählt werden, um die gleiche Leistung wie beim aerodynamischen Rotor zu erhalten?

Aufgabe 27: Die Nennleistung eines WEK beträgt 820 kW (bei einer Windgeschwindigkeit von 9 m/s). Über das Jahr verteilt sich die Windgeschwindigkeit wie folgt: $\leq$ 3 m/s an 2190 h, 4 m/s an 2628 h, 5 m/s an 1314 h, 6 m/s an 876 h, 7 m/s an 701 h, 8 m/s an 350 h, und $\geq$ 9 m/s an 701 h. Bei Windgeschwindigkeiten $\leq$ 3 m/s ist der Auftrieb zu gering und die Anlage steht. Bei Windgeschwindigkeiten von 9 m/s wird die Nennleistung erreicht, bei höheren Geschwindigkeiten wird der Anstellwinkel so verändert, daß der Auftrieb geringer und damit ebenfalls nur die Nennleistung erreicht wird (Schutz der elektrischen Anlage). Wie groß ist die im Laufe des Jahres gewonnene Energie, wie groß die über das Jahr gemittelte Leistung?

1.3.11
Magnus–Effekt

Der aerodynamische Auftrieb wird durch die unterschiedlichen Windgeschwindigkeiten auf der Ober- und Unterseite eines Körpers bewirkt. Bei der Tragfläche oder dem Windenergiekonverter wird der Geschwindigkeitsunterschied durch das zur Strömungsachse asymmetrische Profil bestimmt. Alternativ kann aerodynamischer Auftrieb auch mit einem symmetrischen Körper erzeugt werden. In Ruhe würde dieser Körper symmetrisch umströmt und keinen Auftrieb erfahren, vergl. linkes Teilbild in Abbildung 1.18. Rotiert der Körper, so bildet sich aufgrund der no–slip Bedingung ein Strömungswirbel (Mitte). Die Überlagerung der Geschwindigkeitsfelder von Wirbel und anströmendem Medium führt zu Geschwindigkeitsunterschieden auf der Unter- und Oberseite des Körpers. Ob daraus ein Auf- oder Abtrieb resultiert, hängt von der Rotationsrichtung relativ zur Strömung ab. Der Betrag des

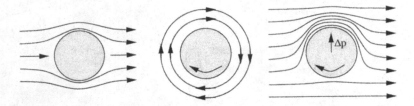

Abb. 1.18. Magnus–Effekt
Ein ruhendes symmetrisches Profil wird symmetrisch umströmt. Wird das Profil in Rotation versetzt, so bildet sich aufgrund der non–slip Bedingung eine zirkulare Strömung um das Profil. Überlagerung mit dem anströmenden Medium führt zu unterschiedlichen Geschwindigkeiten oberhalb und unterhalb des Profils und damit zu einem Auftrieb

Auftriebs hängt von der Rotationsgeschwindigkeit ω, dem Radius r des Körpers und der Strömungsgeschwindigkeit ab:

$$\Delta p = \tfrac{1}{2}\varrho \cdot [(v + \omega r)^2 - (v - \omega r)^2] = 2\varrho v \omega r \,. \tag{1.48}$$

Flettner–Rotor: Der Flettner–Rotor ist eine Variante des Schiffsantriebs, bei dem unter Einsatz einer relativ geringen Motorleistung die Leistung des Windes zum Antrieb verwendet wird. Flettner erprobte diese Form des Antriebs 1925/1926 mit dem Schoner Buckau, dessen Gaffelriggs er durch zwei rotierende zylindrische Türme mit Durchmessern von 2.8 m und Höhen von 18.3 m über Deck ersetzte. Da die Türme zusammen mit Unterbauten nur 4 t wogen gegenüber den 35 t des Gaffelriggs, erhöhte sich die Stabilität des Schiffes beträchtlich. Die Zylinder wurden von einem 45 PS Dieselmotor betrieben, ihre Drehzahl betrug 700 min^{-1}. Die Atlantik-Überquerung zeigte, daß die Antriebsform stabil und sicher ist, aber eben wie bei einem konventionellen Segler von Windrichtung und -stärke abhängt. Daher konnte sich der Flettner–Rotor nie kommerziell gegen die Dampfmaschine durchsetzen. Dennoch wird seit einiger Zeit wieder am Flettner–Rotor und an Varianten desselben geforscht. Diese Untersuchungen haben günstige Stabilitäts-, Manöverier- und Segeleigenschaften ergeben und gezeigt, daß der Flettner–Rotor eine wirksame Antriebsform ist und als ein Zusatzantrieb Verwendung finden könnte.

Flugbahn eines Golfballs: Beim Golf wird der Ball beim Abschlag in eine schnelle Rotation mit 50 bis 130 Umdrehungen/s versetzt. Dadurch ergibt sich am Anfang der Flugbahn ein sehr starker Auftrieb, der die auf den Ball wirkende Gravitationskraft ungefähr kompensiert: der Ball fliegt nahezu gradlinig, so als würden keine Kräfte auf ihn wirken. Dadurch wird die Scheitelhöhe der Flugbahn vergrößert und damit auch die Reichweite des Balls. Der absteigende Ast der Flugbahn ist eine Wurfparabel, da der Ball erst dann abzusinken beginnt, wenn sein Spin durch Reibung deutlich reduziert ist und der Magnus–Effekt nicht mehr zum Tragen kommt.
  Rotierende Bälle werden auch im (Tisch-)Tennis verwendet, hier allerdings um den Ball unmittelbar hinter dem Netz zu versenken und nicht um die Flugbahn zu verlängern. Im Baseball werden rotierende Bälle mit einer Rotationsachse senkrecht

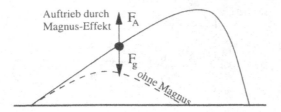

Abb. 1.19. Flugbahn eines Golfballs
Durch Rotation wird ein Auftrieb erzeugt, der die Gravitation nahezu kompensiert, so daß sich eine ungefähr lineare Steigphase ergibt statt der erwarteten Wurfparabel (gestrichelt)

zum Erdboden verwendet, wodurch der Ball „um die Kurve" fliegt und damit für den Fänger nahezu unberechenbar ist.

Auch einige Pflanzensamen nutzen durch Rotation um die eigene Achse den Magnus–Effekt aus. Dadurch sinken sie langsamer zu Boden und können vom Wind über weitere Strecken vertrieben werden.

Frisbee: Aerodynamische Effekte können wir am Frisbee zusammenfassen. Betrachten wir dazu seine Flugbahn: der Frisbee wird um eine Achse rotierend ungefähr waagerecht geworfen. Nach einiger Zeit weicht er zur Seite aus und legt sich noch zusätzlich „auf die Seite." Dieses Flugverhalten können wir mit dem Magnus–Effekt verstehen, wobei letzterer zweimal angewandt werden muß, vergl. Abbildung 1.20: an den Rändern des Frisbees bewirkt der Magnus–Effekt eine Abwei-

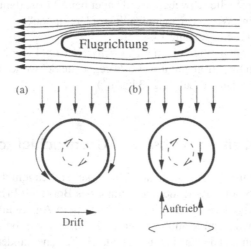

Abb. 1.20. Kräfte am Frisbee
Der Flug eines Frisbees basiert auf dem Auftrieb, der sich aus seinem Profil ergibt. Die Rotation des Frisbees sorgt in zweifacher Weise für eine Ablenkung: (a) die unterschiedlichen Geschwindigkeiten an den Seiten führen zu einem Ausweichen des Frisbees zur Seite; (b) die unterschiedlichen Geschwindigkeiten auf der Oberfläche des Frisbees führen zu einem Kippen aus der Waagerechten.

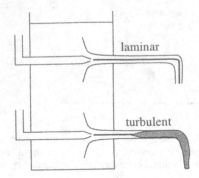

Abb. 1.21. Reynolds–Versuch
Übergang von laminarer zu turbulenter Strömung. Schematische Darstellung des Reynolds–Versuchs. Der obere Wasserstrom ist langsamer und damit laminar, der untere schneller und wird daher turbulent, angedeutet durch die Verwirbelung des dünnen Tintenfadens; die Geschwindigkeitsunterschiede ergeben sich gemäß Toricelli

chung zur Seite, da die Scheibe auf der einen Seite mit der Flugrichtung rotiert, auf der anderen dagegen. Dies ist die Ablenkung von der Geraden, wie sie beim um die Ecke geworfenen Baseball auftritt. Zusätzlich wirkt der Magnus–Effekt auch auf der Oberseite der Scheibe, wodurch der Auftrieb auf der einen Seite etwas geringer ist als auf der anderen. Daher legt sich die Frisbee-Scheibe zusätzlich auf die Seite.

Aufgabe 28: Wenn ein Hubschrauber eine völlig starre Luftschraube hätte, könnte er zwar stabil auf der Stelle schweben, würde aber beim Vorwärtsflug sofort zu einer Seite kippen. Warum? Wie vermeidet man dieses Umkippen?

Aufgabe 29: Leiten Sie Gleichung 1.48 her.

Aufgabe 30: Wie schnell muß sich eine 10 g schwere Kugel von 2 cm Durchmesser drehen, um in einem Luftstrom mit $v = 1$ m/s gegen die Schwerkraft in der Schwebe gehalten zu werden? (Dichte Luft: 1.293 kg/m^3)

1.4
Reale Flüssigkeiten: Wirbel und Grenzschichten

Bisher haben wir Flüssigkeiten als ideale Flüssigkeiten betrachtet und die Reibung vernachlässigt. Insbesondere bei der Herleitung des Bernoulli Prinzips wurde Reibungsfreiheit vorausgesetzt, da die Energieerhaltung in Anwesenheit von Reibung nicht in der einfachen Form formuliert werden kann. Reibung beruht auf den intermolekularen Kräften, mit denen die Flüssigkeitsteilchen aneinander oder an Wänden haften. Das Erscheinungsbild der Reibung hängt auch von der Strömung selbst ab, vergl. dazu den Reynolds–Versuch, wie in Abbildung 1.21 dargestellt. Aus einem großen Tank kann an zwei Stellen Flüssigkeit in Rohre austreten. Die Flüssigkeit hat, entsprechend dem Gesetz von Toricelli, im unteren Rohr eine höhere Geschwindigkeit als im oberen. Ein feiner Tintenfaden, der von dieser Strömung mitgetragen

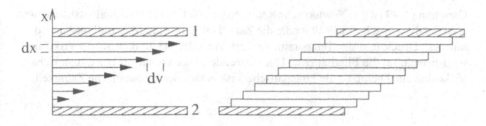

Abb. 1.22. Newton'sches Reibungsgesetz
lineares Geschwindigkeitsgefälle (links) und Abgleiten der Flüssigkeitsschichten (rechts)

wird, macht die unterschiedlichen Strömungen deutlich: im oberen Rohr (langsame Strömung) befindet sich der Tintenfaden als enger Faden in der Mitte der Strömung, d.h. es bildet sich eine laminare Strömung oder Schichtströmung aus. Im unteren Rohr dagegen bildet sich aufgrund der höheren Geschwindigkeiten eine turbulente Strömung aus und der Tintenfaden geht nach einer kurzen Strecke in Wirbel über, die den gesamten Rohrdurchmesser füllen. Wirbelbildung ist charakteristisch für Reibung, die Strömung ist turbulent.

1.4.1
Newton'sches Reibungsgesetz

Betrachten wir zwei Platten im Abstand D, zwischen denen sich eine Flüssigkeit befindet, vergl. Abbildung 1.22 links. Die untere Platte ist in Ruhe ($v_u = 0$), die obere bewegt sich mit der konstanten Geschwindigkeit v_o nach rechts. Aufgrund der no–slip Bedingung hat die oberste Flüssigkeitsschicht ebenfalls die Geschwindigkeit v_o während die unterste Flüssigkeitsschicht in Ruhe ist. In der Flüssigkeitsschicht bildet sich ein Geschwindigkeitsgradient $0 \leq v \leq v_o$, der aber nicht notwendigerweise wie in Abbildung 1.22 angedeutet linear sein muß. Daher wird der Geschwindigkeitsgradient als Differentialquotient dv/dx geschrieben. Gleiten die einzelnen Flüssigkeitsschichten übereinander ohne sich zu vermischen (rechter Teil von Abbildung 1.22), so ist die Strömung laminar.

Das durch Reibung verursachte Übereinandergleiten der verschiedenen Flüssigkeitsschichten kann auch bei einem durch eine Scherkraft verschobenen Papierstapel beobachtet werden, wobei die einzelnen Papierbögen den Flüssigkeitsschichten entsprechen. Die Reibungskraft F_R, die notwendig ist, um eine Platte der Fläche A mit der konstanten Geschwindigkeit v parallel zu einer ruhenden Wand zu verschieben, ist proportional zur Fläche A und zum Geschwindigkeitsgradienten dv/dx, d.h. dem Geschwindigkeitsunterschied benachbarter Flächen:

$$F_R = \mu A \frac{dv}{dx} \, . \tag{1.49}$$

Alternativ kann man mit Hilfe der Schubspannung τ auch schreiben

$$\tau = \frac{F_R}{A} = \mu \frac{dv}{dx} \, . \tag{1.50}$$

Gleichung 1.49 ist das Newton'sche Reibungsgesetz. Die Proportionalitätskonstante μ ist die dynamische Viskosität oder die Zähigkeit. μ ist eine Materialkonstante, die mit dem Druck und der Temperatur variiert. Anstelle der dynamischen Viskosität wird manchmal die Fluidiät $\phi = 1/\mu$ verwendet. Das Verhältnis der dynamischen Viskosität zur Dichte ist die kinematische Viskosität oder kinematische Zähigkeit:

$$\nu = \frac{\mu}{\varrho} \, . \tag{1.51}$$

Da sich die kinematische Viskosität durch Division durch die Dichte ergibt, ist sie in Luft deutlich größer als in Wasser, obwohl die dynamische Viskosität von Luft deutlich geringer ist als die von Wasser. Daher müssen Sie bei der Angabe von Viskositäten stets deutlich machen, ob es sich um eine dynamische oder eine kinematische Viskosität handeln soll.

1.4.2
Laminare Rohrströmung: Hagen–Poiseuille

Eine Anwendung des Reibungsgesetzes ist eine laminare Rohrströmung, z.B. der Blutstrom in einer Ader. Bei der laminaren Rohrströmung haftet die Flüssigkeit an den Wänden und bewegt sich in der Mitte am schnellsten. In Analogie zur Schichtströmung in Abbildung 1.22 können wir uns die Strömung aus kleinen Zylindern zusammengesetzt vorstellen, die reibungsbehaftet aneinander vorbei gleiten. Ein Flüssigkeitszylinder mit dem Radius r gleite am angrenzenden Hohlzylinder ab. An der Grenzfläche ist die Druckkraft gleich der Reibungskraft, d.h. $F_P = F_R$ bzw.

$$(p_1 - p_2)\pi r^2 = -\mu A \frac{dv}{dr} = -\mu 2\pi r l \frac{dv}{dr} \, . \tag{1.52}$$

Umformen ergibt

$$r \, dr = -\frac{2\mu l}{(p_1 - p_2)} \, dv \tag{1.53}$$

woraus sich nach Integration ergibt

$$r^2 = -\frac{4\mu l}{(p_1 - p_2)} v + C \, . \tag{1.54}$$

Die Integrationskonstante C läßt sich aus den Randbedingungen bestimmen: bei $r = R$, d.h. am äußeren Rand, ist $v = 0$, d.h. es wird $C = R^2$. Einsetzen in 1.54 und Auflösen nach v liefert das Hagen–Pouseuillesche Gesetz

$$v(r) = \frac{p_1 - -p_2}{4\mu l}(R^2 - r^2) \, . \tag{1.55}$$

Damit ergibt sich ein parabolisches Profil, d.h. die Geschwindigkeit steigt mit dem Abstand von der Wand quadratisch an.

Der Massenstrom ergibt sich daraus zu

$$\dot{m} = \varrho A v = \frac{dm}{dt} = \int\limits_0^R \frac{\varrho\pi(p_1 - p_2)}{2\mu l}(R^2 - r^2)r\,dr = \frac{\varrho\pi R^4(p_1 - p_2)}{8\mu l} \,. \quad (1.56)$$

Der Volumenstrom ergibt sich wegen $\dot{m} = \varrho\dot{V}$ zu

$$\dot{V} = \frac{\pi R^4(p_1 - p_2)}{8\mu l} \,. \quad (1.57)$$

Der Massen- bzw. Volumenstrom kann aufgrund der Abhängigkeit von R^4 bei einer Vergrößerung des Radius wesentlich stärker gesteigert werden als durch eine Vergrößerung der Druckdifferenz $p_1 - p_2$. Daher auch die hohe Belastung des Herzens bei Arteriosklerose: für eine Abnahme des Durchmessers der Adern um nur 16 % muß bereits die doppelte Pumpleistung aufgebracht werden; bei einer Abnahme um 50 % wäre bereits die 16fache Pumpleistung erforderlich! Außerdem folgt aus der Gleichung, daß bei konstantem Querschnitt der Druckabfall $p_1 - p_2$ proportional zur Rohrlänge l ist: das entspricht dem im Abschnitt 1.3.4 erwähnten Problem, daß die Haupttransportröhren des Kreislaufsystems einen relativ großen Querschnitt haben sollten, da der Druckabfall allein aufgrund ihrer Länge recht hoch ist.

Da die Reibungskraft gleich der an den Rohrenden wirkenden Druckkraft ist, läßt sich die Reibungskraft aus dem Druckgefälle bestimmen:

$$F_R = F_P = (p_1 - p_2)A = (p_1 - p_2)\pi R^2 = 8\mu l\frac{\dot{V}}{R^2} \quad (1.58)$$

wobei im letzten Schritt die Druckdifferenz mit Hilfe des Volumenstroms 1.57 ausgedrückt wurde. Verwendet man die mittlere Strömungsgeschwindigkeit, so ergibt sich wegen $\dot{V} = \pi R^2 v_m$ für die Reibungskraft

$$F_R = 8\pi\mu l v_m \quad (1.59)$$

Um diese Reibungskraft zu überwinden, muß ein Druckgefälle aufgebaut bzw. aufrechterhalten werden. Im Kreislauf übernimmt das Herz diese Aufgabe.

Bernoulli Gleichung bei Newtonscher Reibung: Durch die Reibungskraft ergibt sich in der Stromröhre ein Druckverlust p_V, der die Druckdifferenz $p_1 - p_2$ vermindert. Die Bernoulli–Gleichung kann auf newtonsche Flüssigkeiten erweitert werden, wenn man diesen Druckverlust berücksichtigt:

$$\varrho g h_1 + \tfrac{1}{2}\varrho v_1^2 + p_1 = \varrho g h_2 + \tfrac{1}{2}\varrho v_2^2 + p_2 + p_V \,. \quad (1.60)$$

Dieser Druckverlust wird als Druckhöhe $p_V = \varrho g h_V$ bezeichnet. Sie kann anschaulich interpretiert werden als diejenige Höhe, um die der Zufluß angehoben werden muß, um am Ausfluß der Stromröhre denselben Druck wie im reibungsfreien Fall zu erzeugen. Anschaulich wird sie in der Höhe eines Wasserturms, die zur Überwindung der Reibungsverluste im Wasserversorgungsnetz beiträgt.

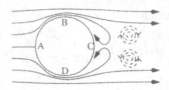

Abb. 1.23. Wirbelbildung beim Umströmen eines zylinderischen Körpers

1.4.3
Laminare Strömungen um Körper: Kugelfallviskosimeter

Eine ähnliche Betrachtung kann man auch für eine laminare Strömung um einen Körper, z.B. eine Kugel, durchführen. Dann gilt das Stoke'sche Reibungsgesetz

$$F_R = 6\pi\mu r v \tag{1.61}$$

mit v als der Relativgeschwindigkeit zwischen Kugel und Flüssigkeit und r als dem Radius der Kugel.

Durch Bestimmung der Sinkgeschwindigkeit einer Kugel in einem Rohr konstanten Querschnitts kann die Viskosität der im Rohr befindlichen Flüssigkeit bestimmt werden. In diesem Kugelfallviskosimeter ergibt sich die Reibungskraft F_R als die Differenz zwischen der Gewichtskraft F_G und der Auftriebskraft F_A:

$$F_R = F_G - F_A \quad\Rightarrow\quad 6\pi\mu r v = \varrho_K V_K g - \varrho_{Fl} V_{Fl} g \ . \tag{1.62}$$

Mit dem Kugelvolumen $V = \frac{4}{3}\pi r^3$ ergibt sich für die Fallgeschwindigkeit

$$v = \frac{2gr^2(\varrho_K - \varrho_{Fl})}{9\mu} \tag{1.63}$$

und für die Viskosität

$$\mu = \frac{2gr^2(\varrho_K - \varrho_{Fl})}{9v} \ . \tag{1.64}$$

1.4.4
Umströmen von Körpern

Bei einer laminaren Strömung liegen die Geschwindigkeitsvektoren der Flüssigkeitsteilchen parallel. Bei einer turbulenten Strömung dagegen sind die Geschwindigkeitsvektoren hochgradig variabel: sie ändern sich mit dem Ort und der Zeit. Daher ist eine turbulente Strömung nicht stationär; als stationär kann sie angenähert, wenn die über den Querschnitt gemittelte Geschwindigkeit konstant ist.

Wirbelbildung: Wirbelbildung bilden sich beim Ablösen von Flüssigkeitsschichten, vergl. Abbildung 1.23. Im reibungsfreien Fall ist die Strömung symmetrisch um die Kugel, d.h. die Stromlinien, die sich vor der Kugel teilen, treffen sich hinter

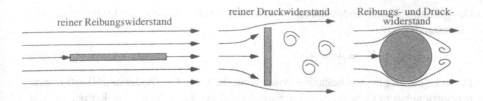

Abb. 1.24. Widerstände bei Strömungen

ihr wieder. Im Punkt A trifft die Strömung direkt auf die Kugel. Hier verschwindet
die Strömungsgeschwindigkeit, d.h. der statische Druck ist maximal. Entsprechendes gilt im reibungsfreien Fall am gegenüberliegenden Punkt C. In den Punkten
B und D dagegen ist die Geschwindigkeit maximal und damit nach Bernoulli der
statische Druck minimal. Durch diese Druckdifferenz würden die Flüssigkeitsteilchen im idealen Fall von A nach B bzw. D beschleunigt und durch die zunehmende
Druckkraft von B bzw. D auf C zu wieder abgebremst, so daß die Geschwindigkeit
im Punkt C wieder Null wäre. Unter der Wirkung von Reibungskräften kommen die
Flüssigkeitsteilchen jedoch bereits vor Erreichen des Punktes C zur Ruhe. Die Reibungskraft mit der umgebenden Flüssigkeit wird sie dann zwingen, ihre Richtung
zu ändern; die Flüssigkeitselemente werden hinter den Körper getragen. Dadurch
gelangt keine Flüssigkeit zu Punkt C, so daß dort ein Unterdruck entsteht, der die
mit der Strömung fortgerissenen langsamen Teilchen in Richtung auf den Körper
zurückzieht. Auf diese Weise bildet sich ein Wirbel aus, der sich ablösen kann und
mit der Strömung fortgetragen wird. Der Prozeß beginnt von neuem, so daß sich
hinter dem Hindernis eine Wirbelstraße bildet.

Widerstandskraft: Die Widerstandskraft F_W, die auf den umströmten Körper wirkt,
setzt sich aus zwei Anteilen zusammen, vergl. Abbildung 1.24:

– die *Reibungskraft*, wie sie sich z.B. längs einer überströmten Platte auftritt. Dies
  ist die auch bei laminarer Strömung wirkende Reibungskraft. Nach einer bestimmten Lauflänge entlang der Platte kann die Grenzschicht der Strömung turbulent werden. Der Umschlag zur Turbulenz hängt von der Form der Plattenvor-
  derkante, aber auch von der Rauhigkeit der Oberfläche ab. Treten Wirbel auf, so
  kann zusätzlich zum Reibungswiderstand auch ein Druckwiderstand auftreten.
– die *Druckwiderstandskraft*, wie sie sich beispielsweise hinter einer quer ange-
  strömten Platte bildet. In den Wirbeln auf der Plattenrückseite bewegen sich die
  Teilchen sehr schnell, was nach Bernoulli einen reduzierten Druck zur Folge
  hat. Damit ergibt sich eine Druckdifferenz von der Vorder- zur Rückseite der
  Platte und daraus eine Kraft auf die Platte, die Druckwiderstandskraft. Sie tritt
  auch bei Umlenkungen auf und ist proportional zum Staudruck und zur ange-
  strömten Stirnfläche A, d.h. dem in Strömungsrichtung wirkenden Profil:

$$F_D = c_D \tfrac{1}{2} \varrho v^2 A \, . \tag{1.65}$$

Darin ist c_D der Druckwiderstandsbeiwert.

Die gesamte Widerstandskraft ergibt sich als Summe aus Reibungskraft und Druckwiderstandskraft:

$$F_W = F_R + F_D = \tfrac{1}{2}c_W A v^2 \ . \tag{1.66}$$

Darin ist c_W der bereits bekannte Widerstandsbeiwert. Die Widerstandskraft nimmt
proportional zum Quadrat der Geschwindigkeit zu: bewegt sich ein Körper mit der
doppelten Geschwindigkeit, so ist zur Aufrechterhaltung der Geschwindigkeit die
vierfache Kraft aufzuwenden. Daher steigt der Benzinverbrauch eines Kfz mit der
Geschwindigkeit: je schneller das Auto, um so größer die Reibungskraft und damit
die zur Überwindung der Reibung aufzuwendende Antriebskraft.

Die Leistung, die gegen eine turbulente Strömung aufgebracht werden muß, ergibt sich wegen $P = Fv$ zu

$$P = c_W \tfrac{1}{2}\varrho A v^3 \ . \tag{1.67}$$

Die Strömungsleistung nimmt mit der dritten Potenz der Geschwindigkeit zu, d.h. eine Verdopplung der Geschwindigkeit entspricht einer Verachtfachung der Leistung.
Das ist bereits vom Windenergiekonverter bekannt. In diesem Fall bedeutet es jedoch, daß bei Verdopplung der Fahrzeuggeschwindigkeit die achtfache Leistung
zum Überwinden der Reibung aufgebracht werden muß.

Aufgabe 31: Wenn Sie einen leichten Löffel mit der runden Seite an einen Wasserstrahl halten, scheint er wie am Wasserstrahl angeklebt zu sein. Sie können den
Löffel loslassen, Sie können ihn schräg halten – er wird sich weigern, den Strahl zu
verlassen! Man sollte meinen, das herausfließende Wasser würde den Löffel weg-
schieben, nicht festhalten. Was ist die Ursache?

Aufgabe 32: Wie stark erhöht sich die Widerstandskraft eines Autos bei Erhöhung
der Geschwindigkeit um 40 km/h bei einer ursprünglichen Geschwindigkeit von
(a) 40 km/h und (b) 90 km/h? Wie verändert sich die zur Überwindung der Widerstandskraft aufzuwendende Leistung? Welche der beiden Größen ist für den Spritverbrauch des Autos entscheidend? Beantworten Sie die Frage für (a) eine 1 Stunde
dauernde Autofahrt und (b) eine Autofahrt über eine Strecke von 100 km.

Widerstandsbeiwert: Der Widerstandsbeiwert ist eine dimensionslose Proportiona-
litätskonstante, die man im Windkanal mißt. Er ist nur bei Vernachlässigung der
Reibungskraft, d.h. bei hohen Anströmgeschwindigkeiten, konstant und ist dann
Widerstandsbeiwert durch die Geometrie des Körpers bestimmt und nicht durch die
Viskosität der umströmenden Flüssigkeit (letztere ginge in die Reibungskraft ein).
Abbildung 1.25 gibt die Widerstandsbeiwerte für einige typische Geometrien. Der
Stromlinienkörper ist der Körper mit dem geringsten bekannten Widerstandsbei-
wert von 0.055. Dieser Körper hat die Besonderheit, daß der Druckabfall längs der
Form so langsam stattfindet, daß keine Wirbel auftreten können. Für Kraftfahrzeuge
wäre dies zwar aerodynamisch die ideale Form, würde jedoch zu langen Heckteilen
führen. Um sie zu verkürzen und trotzdem günstige c_W Werte zu erreichen, wird
das Strömungsprofil nur schwach verjüngt und durch eine Abrißkante begrenzt. Die

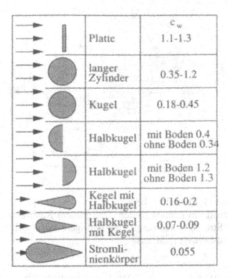

		c_w
	Platte	1.1-1.3
	langer Zylinder	0.35-1.2
	Kugel	0.18-0.45
	Halbkugel	mit Boden 0.4 ohne Boden 0.34
	Halbkugel	mit Boden 1.2 ohne Boden 1.3
	Kegel mit Halbkugel	0.16-0.2
	Halbkugel mit Kegel	0.07-0.09
	Stromlinienkörper	0.055

Abb. 1.25. Widerstandsbeiwerte unterschiedlicher Körper

störende Reibungswirkung von Wirbeln kann auch dadurch gemindert werden, daß die Wirbel durch Schlitze an der Oberfläche abgesaugt werden.

Gedellte Golfbälle, Haie und geriffelte Flugzeuge: Da die Wirbelbildung hinter dem umströmten Objekt entscheidend in den Widerstandsbeiwert c_W eingeht, kann es die paradoxe Situation geben, daß eine etwas rauhere Oberfläche zu einem geringeren c_W-Wert führt. Entdeckt wurde dieser Effekt zufällig Ende des 19. Jahrhunderts: ein benutzter und von den Schlägen eingedellter Golfball fliegt weiter als ein frischer, glatter Golfball. Als Konsequenz haben Golfbälle heute ein Muster von 366 symmetrisch angeordneten Dellen. Durch diese Dellen löst sich der Luftstrom erst wesentlich später vom Ball und der hinter dem Golfball entstehende Wirbel wird kleiner, vergl. Abbildung 1.26. Dadurch ist der Druckwiderstand und auch der Gesamtwiderstand geringer, obwohl der Reibungswiderstand größer ist.

Auch die Natur macht sich bei aerodynamischen Profilen ähnliche Effekte zu Nutze. So ist die Haut eines Hais etwas rauh, was ihm eine deutlich höhere Geschwindigkeit verleiht als einem entsprechenden Strömungskörper mit glatter Oberfläche. Auch die Delphinhaut ist rauh, allerdings verändert der Delphin seinen Widerstandsbeiwert zusätzlich durch geringfügige Verformungen der Haut, wodurch eine bessere Anpassung an das Strömungsprofil erreicht wird.

Auch in technischen Anwendungen wird dieses Verfahren kopiert. So wird auf den Airbus 340–300 eine rauhe Folie (Haischuppenüberzug) aufgebracht, die den Widerstandsbeiwert um 4 % senkt. Wirtschaftlich ergibt sich sogar ein Gewinn von 8 % aus den gesparten Treibstoffkosten und den aufgrund des geringeren Startgewichts zusätzlich mitgenommenen Passagieren. Auch bei Rennyachten werden rauhe Rumpfoberflächen zur Erreichung höherer Geschwindigkeiten verwendet.

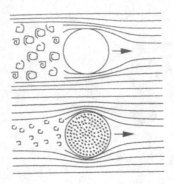

Abb. 1.26. Ein eingedellter Golfball fliegt besser:
Strömung um einen Golfball mit kleinen Dellen. Die größere Rauhigkeit der Oberfläche bewirkt
ein späteres Ablösen der Strömung und damit eine geringere Wirbelbildung hinter dem Ball. Dadurch wird der Widerstandsbeiwert reduziert.

Anpassungsfähigkeit: Wir haben den Widerstandsbeiwert bisher als verzögernde
Kraft auf eine Bewegung interpretiert: ein Auto wird um so stärker abgebremst,
je höher der c_W-Wert ist. Eine andere Situation stellt sich für einen Gegenstand
in einer Strömung: auch hier ergibt sich eine Widerstandskraft. Allerdings ist ihre
Folge keine Verzögerung sondern eine Belastung der Struktur (Bruch oder Ablösen
vom Boden). Pflanzen versuchen daher, ihre der Strömung ausgesetzte Stirnfläche
zu verringern; entweder, in dem sie sich, wie eine Wetterfahne, in die Strömung drehen, oder in dem sie ihre Form und damit den Widerstandsbeiwert verringern. Die
Seeanemone, vergl. Abbildung 1.27, hat folgende Anpassungsstrategie entwickelt:
bei geringen Strömungsgeschwindigkeiten ist sie voll entfaltet, so daß dem Wasser eine große Menge Nährstoffe entnommen werden kann. Dann ist aufgrund der
geringen Wassergeschwindigkeit die Widerstandskraft trotz des hohen c_W Wertes
gering. Mit zunehmender Wassergeschwindigkeit verkleinert die Seeanemone ihre Fläche und damit den c_W Wert um die Widerstandskraft, d.h. ihre strukturelle
Belastung, konstant oder zumindest unter einem kritischen Wert zu halten.

Auch Blätter von Bäumen passen sich dem Wind an, damit ein belaubter Baum
überhaupt eine Chance hat, einen Sturm zu überstehen. Tulpenbaumblätter falten
zuerst die breiten Lappen am Steil zusammen und rollen sich dann der Länge nach
bis sie sehr dünne, feste Zylinder bilden, die dem Wind kaum noch Angriffsfläche
bieten. Auch die Scheinakazie rollt ihre Blätte ein, während andere Pflanzen, wie
z.B. die Stechpalme, ihre Blätter flach aufeinander drücken und so einen dünne
Blätterstapel bilden.

Aufgabe 33: Eine Seeanenome wie in Abbildung 1.27 fühlt sich voll entfaltet bis
zu Strömungsgeschwindigkeiten von 10 cm/s wohl, ab 50 cm/s wäre sie durch die
Strömung gefährdet. Welche Strömungsgeschwindigkeit kann die eingezogene Seeanemone verkraften?

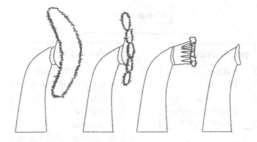

Abb. 1.27. Widerstandsbeiwert einer Seeanemone
Anpassung der Form und damit des Widerstandsbeiwertes an die Strömungsgeschwindigkeit bei
einer Seeanemone, Metridium. Widerstandsbeiwerte sind 0.9, 0.4, 0.3 und 0.2

1.4.5
Ähnlichkeitsgesetze und dimensionslose Größen

Um strömungsmechanische Vorgänge im Labor zu studieren, werden Skalierungen
vorgenommen, d.h. es werden Modelle im verkleinerten Maßstab gebaut. Um übert-
ragbare Aussagen zu erhalten, muß das Modell dem Original ähnlich sein. Geometrische Ähnlichkeit läßt sich leicht erreichen: Modell und Original müssen in ihren
geometrischen Abmessungen (Längen, Flächen, Volumen, Oberflächenrauhigkeit)
proportional sein. Schwieriger läßt sich die hydromechanische Ähnlichkeit realisieren. Hier müssen Proportionalitäten zwischen Original und Modell für Geschwindigkeit, Beschleunigung, Kraft, Dichte, Viskosität und kinematische Zähigkeit erreicht werden, vergl. Abbildung 1.28. Hydromechanische Ähnlichkeit ist gegeben,
wenn die Reynoldszahl von Modell und Original übereinstimmen.

Reynoldszahl: Auf die strömenden Teilchen wirken als äußere Kräfte Druckkräfte
F_P, Reibungskräfte F_R und die Trägheitskraft $\boldsymbol{F}_t = m\boldsymbol{a}$. Bei hydromechanischer
Ähnlichkeit muß an jeder Stelle der Strömung das Verhältnis dieser drei Kräfte zwi-
schen Original und Modell gleich sein:

$$\begin{aligned}
\boldsymbol{F}_{P,1} &= \alpha \boldsymbol{F}_{P,2} \\
\boldsymbol{F}_{R,1} &= \alpha \boldsymbol{F}_{R,2} \\
\boldsymbol{F}_{t,1} &= \alpha \boldsymbol{F}_{t,2}
\end{aligned}$$
(1.68)

Da die Summe über alle drei Kräfte Null ist, ist es hinreichend, die Ähnlichkeits-
betrachtung für nur zwei Kräfte anzustellen, z.B. für die Reibungskraft und die
Trägheitskraft. Für die Reibungskraft galt $F_R = \mu A dv/dx$. Betrachtet man nur
die Dimensionen, so gilt

$$[F_R] = [\mu][L]^2 \frac{[v]}{[L]} = [\mu][L][v] \; .$$
(1.69)

Die Trägheitskraft ist $F_t = ma = \varrho V a$; ihre Dimensionen sind

$$[F_t] = [\varrho][L]^3[a] = [\varrho][L]^2[v]^2 \; .$$
(1.70)

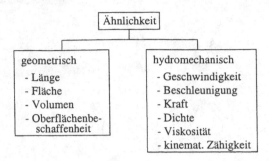

Abb. 1.28. Geometrische und hydromechanische Ähnlichkeit

Verwenden wir Gleichung 1.68, so ergibt sich als Dimensionsbetrachtung

$$\frac{F_{R_1}}{F_{R_2}} = \frac{F_{t_1}}{F_{t_2}} = \frac{[\mu_1][L_1][v_1]}{[\mu_2][L_2][v_2]} = \frac{[\varrho_1][L_1]^2[v_1]^2}{[\varrho_2][L_2]^2[v_2]^2} \qquad (1.71)$$

und damit

$$\frac{[\varrho_1][L_1][v_1]}{[\mu_1]} = \frac{[\varrho_2][L_2][v_2]}{[\mu_2]} . \qquad (1.72)$$

Verwenden wir die kinematische Zähigkeit $\nu = \mu/\varrho$, so läßt sich die Bedingung für strömungsmechanische Ähnlichkeit auch schreiben als

$$\frac{L_1 v_1}{\nu_1} = \frac{L_2 v_2}{\nu_2} = \frac{L v}{\nu} = Re . \qquad (1.73)$$

Darin ist v die Strömungsgeschwindigkeit und L eine charakteristische Länge. Diese wird durch den Versuchsaufbau bestimmt, für den die Reynoldszahl Re benötigt wird. Beispiele wären ein Rohr- oder Kugeldurchmesser oder die Länge einer Platte. Die in Gleichung 1.73 bestimmte dimensionslose Größe ist die Reynoldszahl. Sie ist von der Temperatur und vom Druck abhängig, da die kinematische Viskosität von diesen beiden Größen abhängt.

Da die Reynoldszahl ein Maß für das Verhältnis aus Trägheits- und Reibungskraft ist, kann sie auch als ein Kriterium für den Zustand der Strömung verwendet werden. Bei einer laminaren Strömung gilt $Re < Re_{\text{krit}}$, d.h. die Reynoldszahl ist kleiner als eine kritische Reynoldszahl. Ist die Strömung turbulent, so ist $Re > Re_{\text{krit}}$. Der Übergang zwischen den beiden Zuständen erfolgt in der Nähe der kritischen Reynoldszahl. Allerdings ist der Übergang nicht sprunghaft, d.h. die Reynoldszahl gibt nur einen Hinweis, ob eine Strömung eher laminar oder eher turbulent ist.

Froudezahl: Spielt die Gravitationskraft für Original und Modell eine wichtige Rolle, z.B. bei hydraulischer oder pneumatischer Förderung, bei Wasserkraftanlagen oder bei der Widerstandsermittlung von Oberflächenwellen für Schiffskörper, so wird als Ähnlichkeitszahl die Froudezahl verwendet. Hier wird die Ähnlichkeit von

Trägheitskraft und Schwerkraft gefordert. Ähnlich der Reynoldszahl ergibt sich die Froudezahl zu

$$Fr = \frac{v}{\sqrt{Lg}} \; .$$ (1.74)

Bei Strömungsuntersuchungen für Schiffsmodelle im Schleppkanal müßten idealerweise der Widerstand durch die Oberflächenwellen (Froudezahl) und der Reibungswiderstand (Reynoldszahl) bei der Skalierung berücksichtigt werden. Allerdings haben beide Konstanten unterschiedliche Abhängigkeiten von der Länge L des umströmten Objekts: $Re \sim L$ und $Fr \sim 1/\sqrt{L}$. In der Praxis wird bei Schiffen hauptsächlich auf die Gleichheit der Froudezahl geachtet, weil der Einfluß der Oberflächenwellen größer ist als der der Reibungskraft; so wie beim Widerstandsbeiwert bei großen Geschwindigkeiten nicht die Reibungskraft sondern die Druckwiderstandskraft bestimmend ist.

Aufgabe 34: Das Modell eines PKW wird im Maßstab 1:10 im Windkanal erprobt. Berechnet werden soll die Anblasgeschwindigkeit v_2, wenn die Strömungsverhältnisse des Fahrzeugs bei einer Fahrtgeschwindigkeit $v_1 = 120$ km/h untersucht werden sollen. Es sei $\nu_1 = \nu_2$.

Aufgabe 35: Das Modell eines Schiffes im Maßstab 1:15 wird im Schleppkanal untersucht. Berechnet werden soll die Geschwindigkeit im Schleppkanal v_2 für eine Fahrtgeschwindigkeit des Schiffes von 20 km/h bei (a) gleicher Reynoldszahl und (b) gleicher Froudezahl.

Aufgabe 36: Neu im Angebot, ein Windrotor für den kleinen Raum- und Energiebedarf. Im Maßstab 1:3 skalierte Version des sehr effizienten xyz-Rotors, des einzigen aerodynamischen Rotors, der schon ab Windgeschwindigkeiten von 3 m/s hervorragende Laufeigenschaften hat (der normale aerodynamische WEK fängt bei 4 m/s, also Windstärke 3, an). Windgeschwindigkeiten oberhalb 3 m/s haben wir bei uns recht häufig, also kaufen oder nicht?

1.5
Grenzschichten in der Natur

In einer reibungsbehafteten Flüssigkeit, die über eine feste Fläche streicht, bildet sich eine Grenzschicht. Auch dort bildet sich ein Geschwindigkeitsgradient aus mit einer Geschwindigkeit von Null an der Grundfläche und einer maximalen Geschwindigkeit in einiger Höhe von der an die Strömung frei fließt. Reale Grenzschichten (Atmosphäre, Flußbett, Meeresboden) setzen sich meist aus einem laminaren und einem turbulenten Bereich zusammen. Für eine genauere Diskussion der Grenzschicht und ihrer verschiedenen Bereiche am Beispiel der Atmosphäre sei auf Oke (1990) verwiesen, die Grenzschicht in Flüssigkeiten wird z.B. in Faber (1995), Hering et al. (1998), Pedlovsky (1987) und Vogel (1994) diskutiert.

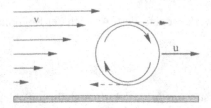

Abb. 1.29. Rotation eines Körpers in einem Geschwindigkeitsgradienten
Die Strömungsgeschwindigkeit beträgt $v(x)$, die Eigengeschwindigkeit des Körpers ist u

1.5.1
Leben in Grenzschichten

Leben in einer Grenzschicht bringt seine eigenen Probleme mit sich, selbst wenn wir nur den laminaren Fall betrachten. Abbildung 1.29 zeigt dazu schematisch einen Zylinder, der sich im Geschwindigkeitsgradienten einer Grenzschicht befindet. An der Oberkante ist die Strömungsgeschwindigkeit größer als an der Unterkante, so daß eine Schubspannung* auf den Körper wirkt (gestrichelte waagerechte Pfeile). Diese ist nicht so groß, daß der Körper mechanisch beschädigt wird. Stattdessen wird der Körper der Schubspannung dadurch begegnen, daß er sich mit einer mittleren Geschwindigkeit u mit der Strömung bewegt und gleichzeitig so um seine Achse rotiert, daß seine Geschwindigkeit im unteren bzw. oberen Teil ungefähr der des Wassers dort entspricht. Dieser Zylinder, bzw. eine Muschel oder sonstiges Lebewesen an seiner Stelle, hat dann einen Drehwurm; er erfährt aber keinen Auftrieb aufgrund des Magnus–Effekts, da die Strömungsgeschwindigkeiten relativ zur Körperoberfläche oberhalb und unterhalb des Körpers ungefähr gleich sind.

1.5.2
Strömung in Flüssen

In Flüssen ist die Ausbildung einer Grenzschicht geometrisch komplizierter als im Ozean bzw. in der Atmosphäre. Bei einem Fluß gibt es Reibung zwischen der Strömung und dem gesamten Flußbett, d.h. Grund und Uferseite. Dadurch hat ein Fluß seine höchsten Strömungsgeschwindigkeiten in der Mitte. Er läßt sich durch

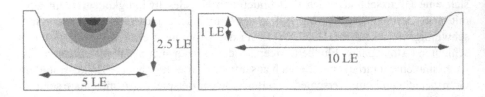

Abb. 1.30. Geschwindigkeitsprofile in Flüssen mit verschiedenen Flußbetten
In beiden Fällen beträgt der Querschnitt 10 FE, beim weiten und flachen Kanal (rechts) beträgt der Umfang 12 LE, beim halbkreisförmigen tiefen Kanal 7.9 LE

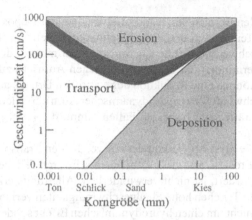

Abb. 1.31. Hjulstrom–Kurve
Abhängigkeit von Erosion, Transport und Deposition von der Partikelgröße und der Fließgeschwindigkeit

die laminare Rohrströmung annähern, zumindest wenn sich das Flußbett ungefähr durch einen Halbkreis beschreiben läßt, wie im linken Teil von Abbildung 1.30 angedeutet. Betrachtet man dagegen einen breiten aber flachen Fluß gleicher Querschnittsfläche (beide Flüsse haben einen Querschnitt von 10 Flächeneinheiten), so wird das Geschwindigkeitsprofil deutlich flacher und die maximale Geschwindigkeit in der Flußmitte ist geringer: beim flachen Querschnitt ist die Kontaktfläche zwischen Flußbett und strömendem Medium größer (12 Längeneinheiten verglichen mit den 7.9 Längeneinheiten beim halbkreisförmigen Profil) und damit hat die Reibung einen stärkeren Einfluß. Dadurch ist die Durchflußmenge durch den flachen Fluß bei gleichem Querschnitt ebenfalls geringer.

Reibung bewirkt also, daß es einen Zusammenhang zwischen der Form des Flußbetts und der Strömungsgeschwindigkeit gibt. Aber es bestimmt nicht nur die Form des Flußbetts die Strömungsgeschwindigkeit sondern auch die Strömungsgeschwindigkeit über Prozesse der Erosion und der Deposition die Form des Flußbetts.

1.5.3
Erosion und Deposition

Sedimente in Gewässern ebenso wie Stoffe in den bodennahen Luftschichten werden durch verschiedene Prozesse umgelagert, die alle auf einem Wechselspiel zwischen der Strömung (insbesondere der Strömungsgeschwindigkeit) und der Korngröße bzw. Masse beruhen. Dieser Zusammenhang ist in Abbildung 1.31 in der Hjulstrom Kurve für den Transport von Sedimenten in Fließgewässern dargestellt. Der Verlauf der Kurven für einen Transport von Teilchen mit dem Wind ist sehr ähnlich, allerdings sind die Achsen anders zu skalieren. Das Umbiegen der Erosion und Transport trennenden Linie ist bei Winderosion ebenfalls zu beobachten.

Die Linie, die den Bereich des Transports von dem der Deposition trennt, zeigt an, daß schwerere Teilchen größere Fließgeschwindigkeiten zum Transport benötigen als leichte: je schwerer ein Teilchen, um so größer müssen die Kräfte sein, die die Schwerkraft (vermindert um den hydrostatischen Auftrieb) zu überwinden haben. Diese Kräfte können eine Reduktion des statischen Drucks aufgrund einer hohen Strömungsgeschwindigkeit (hydrodynamischer Auftrieb) oder die durch Wirbel ausgeübten Druckkräfte sein. In beiden Fällen nimmt die Kraft mit zunehmender Geschwindigkeit zu.

Etwas überraschend ist der Verlauf der Kurve, die den Transport von der Erosion trennt: daß die Erosion, also das Aufnehmen schwerer Teilchen, hohe Fließgeschwindigkeiten erfordert, ist nicht verwunderlich. Allerdings erkennen wir auch, daß die sehr leichten Teilchen hohe Fließgeschwindigkeiten verlangen: hierbei handelt es sich jedoch nicht um einen hydrodynamischen Effekt sondern um die starken kohäsiven Kräfte zwischen den Teilchen.

Die Trennung zwischen Erosion und Transport ist keine scharfe Linie sondern ein eher diffuses Band. Diese Unschärfe ist durch die Details der Strömung bestimmt: je turbulenter die Strömung ist, um so leichter kann sie Teilchen aus dem Boden lösen. Wenn sich bei gleicher Fließgeschwindigkeit aufgrund der Bodenrauhigkeit eine stärkere Turbulenz ausbildet, so findet mehr Erosion statt als bei annähernd laminarer Strömung.

Für große und schwere Teilchen erfolgt der Transport in einem engen Bereich zwischen Erosion und Deposition: um einen Kiesel zu transportieren, muß der Fluß genau die richtige Geschwindigkeit haben. Da ein Fluß durch Wirbel und Reibung mit dem Flußbett sehr variable Fließgeschwindigkeiten hat, werden Kiesel nicht gleichmäßig sondern springend transportiert: eben dann, wenn die Fließgeschwindigkeit in Kieselnähe zufällig einmal den richtigen Wert angenommen hat.

Aber selbst größere Sandkörner werden aufgrund des nur schmalen Geschwindigkeitsfensters für Transport sprunghaft transportiert – wobei sie ihrerseits wieder mit anderen Teilchen wechselwirken können: ein Kiesel oder ein großes Korn kann beim Auftreffen auf den Boden kleinere Teilchen aufwirbeln, die dann in der Strömung transportiert werden; ein Sandkorn kann beim Auftreffen auf einen Kiesel an diesem reflektiert werden und wieder in die Strömung gelangen. Auch hier gilt, daß die Prozesse am Boden eines Fließgewässers und in der bodennahen Luftschicht ähnlich ablaufen.

Bei der Deposition der transportierten Materialien findet auch Sedimentation statt. Sedimentation beschreibt die Ablagerung von in einem kontinuierlichen Medium gelösten Bestandteilen unter dem Einfluß der Schwerkraft. Auf die Teilchen wirken als systematische Kräfte die Schwerkraft und der hydrostatische Auftrieb. Bewegt sich das Teilchen relativ zum umgebenden Medium, so wirkt eine Reibungskraft und, bei geeigneter Umströmung des Teilchens, auch ein hydrodynamischer Auftrieb und/oder eine Druckkraft. Die letzten beiden Kräfte überwiegen bei großen Fließgeschwindigkeiten, was zu einem Transport der Teilchen führt. Mit Abnahme der Fließgeschwindigkeit wird die Teilchenbewegung durch die um den hydrostatischen Auftrieb verminderte Schwerkraft bestimmt, d.h. das Teilchen sinkt

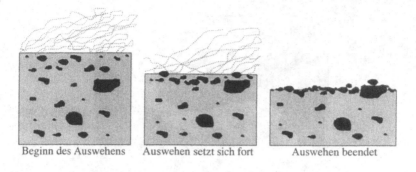

Beginn des Auswehens   Auswehen setzt sich fort   Auswehen beendet

Abb. 1.32. Formation von Wüstenpflaster (desert pavement)

nach unten. Dabei erreicht es jedoch nicht die Geschwindigkeit, die sich im freien Fall ergeben würde, sondern fällt ziemlich bald mit konstanter Geschwindigkeit: Reibung und Gravitation (minus hydrostatischem Auftrieb) halten sich die Waage (vergl. Kugelfallviskosimeter in Abschnitt 1.4.3). Da in die Fallgeschwindigkeit nach Gleichung 1.63 sowohl der Teilchenradius als auch die Teilchendichte eingehen, fallen verschiedene gelöste Bestandteile unterschiedlich schnell aus. Im Falle einer vollständig ruhenden Strömung bildet sich bei der Sedimentation kein homogenes Gemisch sondern eine Schichtung der verschiedenen Bestandteile. Hat die Strömung noch eine Restgeschwindigkeit, so fallen die verschiedenen Bestandteile an unterschiedlichen Stellen entlang der Strömung aus.

Wüstenpflaster: Über längere Zeiträume verändert sich die Oberfläche einer Wüste bzw. der Boden eines Gewässers auf charakteristische Weise, vergl. Abbildung 1.32. Die mittlere Strömungsgeschwindigkeit ist zwar in der Lage, die Erosion und den Transport von Sand zu bewerkstelligen, nicht jedoch, die steinigen Bestandteile anzuheben. Dadurch wird in den oberen Lagen des Bodens immer mehr Sand abgetragen bis die zurückgebliebenen Steine eine geschlossene Schicht bilden und weitere Erosion verhindern. Im englischsprachigen Raum wird diese Schicht in der Wüste als „desert pavement" bezeichnet. Die vorherrschenden Wind- bzw. Strömungsverhältnisse sorgen also dafür, daß es Steinwüsten bzw. steinige Strände oder Flußbetten gibt. Umgekehrt kann der relative Anteil von Sand zu Stein als Indikator für das Alter einer Wüste verwendet werden: mit zunehmendem Alter wird der relative Sandanteil in der Oberflächenschicht durch Winderosion immer geringer bis eine dichte Steinpackung erreicht ist.

Äolische Lebensräume: Transportprozesse mit Wind oder Strömung werden meistens im Hinblick auf landschaftsformende Prozesse betrachtet, d.h. es wird der Transport von Sand zum Verständnis von Küstenveränderung, Dünenbildung oder dem Mäandern von Flüssen betrachtet. Bei allen diesen Prozessen handelt es sich um physikalische Umwelt, Leben tritt nicht auf. Aber der Wind transportiert auch biologische Materie, z.B. Insekten und Pollen. Dies dient nicht nur der Verbreitung

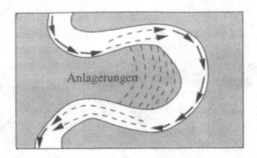

Abb. 1.33. Strömung in einem Flußmäander

dieser Spezies in ihren angestammten Ökosystemen. Transport biologischer Materie mit dem Wind ermöglicht sogar die Bildung kleiner Ökosysteme in Bereichen,
in denen man kein eben mehr erwarten würde. So gibt es im Hamalaja noch in 6 km
Höhe Spinnen. Spinnen sind Räuber, wie ernähren sie sich in dieser Eis- und Ge-
steinswüste? Diese Spinnen sind Bestandteil eines äolischen Biom.

Derartige äolische Lebensräume bilden sich etwas oberhalb (sowohl in Höhe als
auch geographischer Breite) der Tundrenzone und bestehen aus einem Flickentep-
pisch ökologischer Nischen, die jeweils dort entstehen, wo Windströmungen abgebremst werden und dabei die von ihnen mitgeführte biologische Materie ausfällt.
Diese Algen- und Insektenreste ziehen widerstandsfähige Kleintiere wie Spring-
spinnen oder Weberknechte an, die ihrerseits z.B. Eidechsen und den wenigen an
das Klima adaptierten Vögeln als Nahrung dienen. Auf diese Weise bildet sich an
Stellen, an denen der Wind abgebremst wird, ein Ökosystem aus, daß auf die Zufuhr
der Nahrungsgrundlage durch den Wind angewiesen ist. Möglicherweise finden sich
auch im Innern der Antarktis ähnliche Lebensräume.

1.5.4
Mäandernde Flüsse

Hat sich ein Fluß einmal ein Bett in die Landschaft geschnitten, so entwickelt sich
daraus im Laufe der Zeit eine relativ weite Flußebene. Das anfängliche Einschnei-
den des Flußbettes ist durch Geländeinhomogenitäten gesteuert, der Fluß schneidet
dabei sein Bett in die Tiefe. Ist dieser Einschnitt erfolgt, so findet Erosion nicht
mehr am Grund sondern an den Flußufern statt. Dabei verstärkt sich das ursprünglich schwache Mäandern des Flusses, da die Erosion stets am konvexen Flußufer
erfolgt während am konkaven Flußufer weiter stromaufwärts ausgewaschenes Material abgelagert wird. Mäander können so groß werden, daß sich Abschnürungen
und tote Arme bilden.

Hydrodynamisch können wir dieses Verhalten wie folgt verstehen. In einem gra-
den Abschnitt des Mäanders fließt der Fluß in einem relativ flachen Bett gleichförmig
aber nicht zu schnell dahin (gestrichelte Pfeile in Abbildung 1.33). Wenn das Flußbett sich dann zur Seite krümmt, will das Wasser aufgrund der Trägheit geradeaus

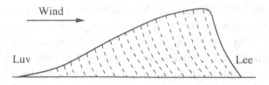

Abb. 1.34. Querschnitt durch eine Düne
Die gestrichelten Linien sind frühere Gleitflächen auf der leewärtigen Seite der Düne

weiter fließen. Daher wird das gesamte Wasser in Richtung des konkaven Ufers (Prallhang) gedrückt und es bildet sich ein enger und tiefer Strömungskanal mit hoher Strömungsgeschwindigkeit (fette Pfeile). Dadurch wird das Flußufer unterhöhlt und ausgewaschen – Erosion findet statt. Umgekehrt fließt das Wasser auf der konkaven Seite des Flusses (Gleithang) nur langsam. Daher ist der Auftrieb auf die Sandkörner gering und sie setzen sich ab: am Gleithang lagert sich das bei der Erosion weiter stromauf gewonnene Material an. Als Nettoeffekt verlagert sich das Flußbett immer weiter in Richtung des konvexen Ufers.

1.5.5
Dünen

Dünen sind ein Beispiel für Anlagerungsmuster in einem bewegten Medium, ebenso wie die Sandrippel in strömenden Gewässer. Hat sich einmal eine aktive Düne[7] formiert, so können wir einen charakteristischen Querschnitt verbunden mit einer Wanderung der Düne in Richtung des mittleren Windes beobachten: auf der dem Wind zugewandten Seite bildet sich eine sanft ansteigende Fläche, auf der windabgewandten Seite ein relativ steiler Abhang. Sand wird durch den Wind den sanften Anstieg hinaufgetragen und setzt sich im Windschatten des Abhangs. Dort sammelt sich Sand, bis der Abhang zu steil geworden ist und der Sand lawinenartig abrutscht. Daher entstehen im Laufe der Zeit immer neue Gleitflächen, die sich in Windrichtung fortsetzen. Der typische Winkel dieser Gleitflächen beträgt ca. 30–35°.

Dünen sind nicht einfache Sandhaufen sondern können in unterschiedlichen Formen vorkommen, die hauptsächlich von der Sandverfügbarkeit, Windgeschwindigkeit und -richtung, Variationen in Windgeschwindigkeit und -richtung sowie Vegetation abhängen, vergl. Bagnold (1941), Minnaert (1986) oder Sievers (1989).

Dünenbildung: Vegetation hat für eine Düne mehrfache Bedeutung: (a) sie kann ein Kondensationskeim für die Dünenbildung sein, (b) sie kann die Wanderung einer

---

[7] Eine aktive Düne ist weiterhin den formenden Prozessen der Luftströmung ausgesetzt, d.h. es erfolgen sowohl Abbau als auch Anlagerung von Sand. Dünen können allerdings auch inaktiv werden: entweder durch Bewuchs, der die Oberfläche vor dem Wind schützt, oder durch Bewuchs in der Umgebung, der die Düne insgesamt für die meiste Zeit vor dem Einfluß des Windes schützt. Dünen können auch „gefangen" werden, wenn sie während ihrer Wanderung auf ein Hindernis (z.B. einen Felsrücken oder Bewuchs) stoßen.

Düne direkt oder durch Bildung eines Windschattenbereiches verhindern, und (c) auf der Düne selbst wachsend kann sie diese festigen. Für Küstendünen ist die im Vordünenbereich wachsende Strandquecke wichtig. Haben sich auf einer Strandebene einmal Strandquecken angesiedelt, so spricht man bereits von einer Primärdüne bzw. einem Primärdünenfeld. In Abbildung 1.35 zeigt die Bedeutung kleiner Horste der Strandquecke (bzw. allgemein eines Hindernisses) für die Ablagerung kleiner Sandkissen. Dabei unterscheidet sich die Strandquecke von festen Hindernissen wie Steinen durch ihre winddurchlässige Form, die sich der Stärke des Windes anpaßt. Dadurch wird der Sand mit der Strömung durch die Strandquecke getragen. Die Strömungsgeschwindigkeit verringert sich beim Durchgang durch die Strandquecke durch Reibung an den Halmen und die in die Verformung der Halme (Verformungsarbeit) gesteckte Energie. Dadurch ist die Strömungsgeschwindigkeit unmittelbar hinter der Strandquecke so gering, daß der mitgeführte Sand ausfällt. Zusätzlich schirmen die höheren Teile der Strandquecke das Sandhäuflein von der freieren Strömung ab, so daß es recht schnell wächst. Hat dieses Sandhäufchen eine gewisse Größe erreicht, so kann der Wind direkt über dem Boden nicht mehr durch die Strandquecke streichen sondern muß darüber hinwegstreichen. Dabei muß die potentielle Energie der Sandkörner erhöht werden. Das gelingt nur für einen Teil der Strömung. Daher fällt Sand auch vor dem Horst der Strandquecke aus; der Sand, der weiter getragen wird, fällt größtenteils auf der leewärtigen Seite aus, da die Strömung durch die Reibung mit den Halmen der Strandquecke zusätzlich verzögert wurde. Vom Gesichtspunkt der Strömungsmechanik her könnte sich dieser Vorgang fortsetzen, bis die Strandquecke im Endstadium vollständig vom Sand überdeckt ist (vergl. unteres linkes Teilbild) und die dabei entstandene kleine Düne sich nach den oben geschilderten Gesetzmäßigkeiten weiterentwickelt.

Ist das Hindernis nicht winddurchlässig, z.B. ein Stein oder ein Stück Holz, so erfolgt die Sandanlagerung ähnlich der Sandablagerung hinter einer Buhne nur auf der leewärtigen Seite, vergl. rechtes Teilbild in Abbildung 1.35. In beiden Fällen zeigt die Aufsicht zumindest zeitweise eine Hufeisenform. Erst mit zunehmender Sandzufuhr bildet sich eine geschlossene Form aus.

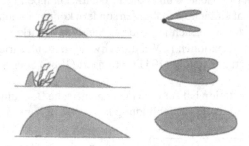

Abb. 1.35. Bedeutung von Vegetation als „Kondensationskeim" für die Bildung einer Düne
Links: Wirkung einer Pflanze als Kondensationskeim für die Bildung einer Düne. Rechts: Aufsicht auf die Bildung einer kleinen Düne hinter einem Hindernis nach dem Modell von Bagnold (1941)

Dünenwachstum: Die im Zusammenhang mit dem linken unteren Teilbild in Abbildung 1.35 erwähnte Endform einer vollständig überströmten Strandquecke wird in der Natur nicht beobachtet. Die im Windschatten der Strandquecke entstandene Vordüne hat eine Höhe von nur wenigen Zentimetern bis maximal 1 m. Die Strandquecke wird dabei aber nicht vollständig überweht, da sie sich durch Internodienbildung und Wurzelstreckung rasch über die neue Sandoberfläche hinausstreckt. Auf diese Weise wächst die Primärdüne empor. Nährstoffe werden, ebenso wie weiterer Sand, durch die Strömung zugeführt.

Ist die Düne so stark angewachsen, daß der Salzwasser- oder Brackwassereinfluß vollständig außerhalb des Wurzelraums liegt und der salzhaltige Sand durch Regen zunehmend ausgewaschen wird, wandelt sich die Primärdüne zur Sekundärdüne mit einer Höhe bis zu 20 m. Pionierpflanze ist der Strandhafer, der in bewegtem Sand durch Wurzelneubildung fortwährend gezwungen ist, das Material neu zu durchziehen. Kommt die Düne zur Ruhe, so wird das Wurzelwerk des Strandhafers von Nematoden zerfressen; die Pflanzen sterben ab. Dies ist das Stadium einer alternden Weißdüne. Der Name rührt daher, daß das Weiß des Sandes noch durch den Bewuchs durchscheint.

In der alternden Weißdüne lassen die Überwehungen nach, so daß mit dem Aufbau von Humus allmählich eine Bodenentwicklung beginnt. Dies zeigt sich an einer leichten Graufärbung des Bodens (Graudüne). Hauptpflanze ist der Rotschwingel, der sich, ähnlich dem Strandhafer, noch gut an gelegentliche Sandüberwehungen anpassen kann. Schreitet die Bodenbildung weiter voran, so beginnt durch die Anreicherung an Mineralien die Auswaschung von Fulvosäuren mit hohen Gehalten an Fe^{3+}-Hydroxyden, die der Düne eine charakteristische Braunfärbung verleihen (Braundüne). Es bilden sich Heidegesellschaften mit Krähenbeere, Tüpfelfarn und Kriechweiden, auch verschiedene Gebüsche und Sanddorn können sich ansiedeln. Die strömungsmechanische Entwicklung der Düne ist in diesem Stadium endgültig abgeschlossen.

1.6
Wellen, Buhnen und wandernde Inseln

1.6.1
Wellen in tiefem Wasser

Wellen sind periodische Veränderungen der Wasserhöhe bzw. der Oberfläche eines Gewässers. In tiefem Wasser lassen sich Wellen relativ einfach beschreiben, vergl. Abbildung 1.36, durch die Wellenhöhe H als der Höhendifferenz zwischen Wellenberg und Wellental (physikalisch ist die Wellenhöhe das Doppelte der Amplitude) und die Wellenlänge λ als dem Abstand zweier aufeinanderfolgender Wellenberge. Die Periode T einer Welle ist die Zeit, die zwischen dem Passieren zweier aufeinanderfolgender Wellenberge vergeht. Die Ausbreitungsgeschwindigkeit v einer Welle ist dann $v = \lambda/T$. Ein anderes Charakteristikum der Welle ist ihre Frequenz f, d.h. die Zahl der Wellenlängen, die einen festen Punkt innerhalb einer Zeiteinheit

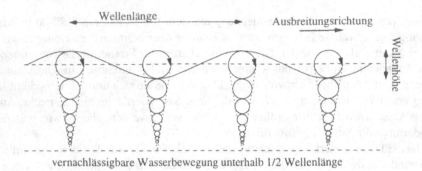

Abb. 1.36. Wellen in tiefem Wasser

passiert: $f = 1/T$. Der Zusammenhang zwischen der Geschwindigkeit einer Welle und ihrer Wellenlänge ist in Abbildung 1.37 dargestellt.

Im freien Ozean kann man die Geschwindigkeit und Periode einer Welle auch aus der Wellengleichung herleiten und erhält

$$v = \frac{gT}{2\pi} = 1.56\,T \; . \tag{1.75}$$

Die Teilchen in der Welle vollführen kreisförmige Bewegungen, die an der Oberfläche einen Durchmesser entsprechend der Wellenhöhe beschreiben, vergl. Abbildung 1.36. Befindet sich ein Teilchen im Berg einer passierenden Welle, so bewegt es sich in Richtung der Welle; im Trog bewegt es sich entgegen ihrer Ausbreitungsrichtung. Der Halbkreis im Wellental wird daher mit kleinerer Geschwindigkeit zurückgelegt als der Halbkreis im Wellenberg, so daß sich ein Transport des Wassers in Windrichtung bzw. Ausbreitungsrichtung der Welle ergibt. Mit zunehmender Wassertiefe nehmen die Teilchengeschwindigkeit und der Radius der kreisförmigen Bewegung ab. Bei einer Wassertiefe von mehr als der halben Weglänge der Welle tritt die mit der Welle assoziierte kreisförmige Teilchenbewegung nicht mehr auf.

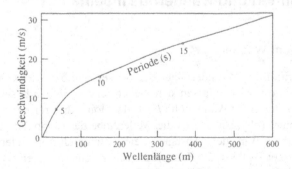

Abb. 1.37. Zusammenhang zwischen der Wellenlänge und der Ausbreitungsgeschwindigkeit von Wellen in tiefem Wasser

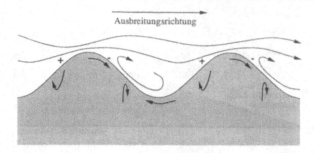

Abb. 1.38. Jeffreys Sheltering
Luftströmung oberhalb einer Welle und Bewegung der Welle (Jeffreys sheltering) als Modell zur Erzeugung einer Welle

Oder aus der Sicht der Welle: ihre Bewegung wird durch nichts beeinflußt, was unterhalb dieser Wassertiefe passiert. Damit haben wir auch eine Definition für tiefes Wasser: es muß mindestens eine halbe Wellenlänge tief sein.

Entstehung einer Welle: Die treibende Kraft für Wellenbildung ist der über die Wasserfläche wehende Wind und der Impulsausstausch zwischen Wasser und Wind, d.h. die Reibung in der Grenzfläche zwischen beiden. Betrachten wir dazu einen anfangs spiegelglatten Ozean. Jetzt setzt Wind ein, der sich bis auf Sturmstärke steigert und mit dieser Stärke über einen längeren Zeitraum anhält. Bevor die Windstärke nicht ungefähr 1 m/s überschreitet, bilden sich keine merklichen Wellen auf dem Wasser; erst danach bilden sich schmale, steile Wellen (Rippel). Erst wenn der Wind Sturmstärke erreicht, wachsen diese Wellen in Höhe und Wellenlänge bis sie eine Geschwindigkeit erreichen, die ungefähr einem Drittel der Windgeschwindigkeit entspricht. Danach hält das Wellenwachstum in Größe, Wellenlänge und Geschwindigkeit zwar noch an, aber mit immer kleiner werdender Wachstumsrate.

Auf den ersten Blick würde man erwarten, daß die Geschwindigkeit der Welle bis zur Geschwindigkeit des Windes anwachsen kann. In der Realität ist Wellenwachstum jedoch früher beendet. Das liegt daran, daß ein Teil vom Wind auf den Ozean übertragenen Energie nicht in Wellen sondern in Oberflächenströmungen umgewandelt wird, ein anderer Teil als Reibungswärme verloren geht, und ferner zu große Wellen einen Teil ihrer Energie dadurch verlieren, daß sie sich brechen, da ihre Spitze vom Wind schneller vorangetrieben wird als sie selbst. Dabei wird Wasser in Form von Gischt vorwärtsgetrieben, wobei ein Teil der Wellenenergie in die vorwärtsgerichtete Energie der Gischt umgewandelt wird, die ihrerseits wieder zur Oberflächenströmung beiträgt. Wellenwachstum ist daher begrenzt

Dies wurde 1925 von Jeffreys in einem einfachen Modell beschrieben, vergl. Abbildung 1.38: an der Meeresoberfläche wird der Großteil der vom Wind auf den Ozean übertragenen Energie in Wellen umgewandelt. Dabei entstehen Wellenberge und Wellentäler, die ihrerseits die Luftströmung beeinflussen und damit Druckunterschiede erzeugen. Auf der Rückseite der Welle (dem Wind zugewandte Seite) bildet sich ein höherer Druck aus als auf der Frontseite, da diese durch die Welle selbst

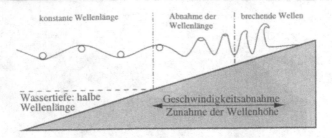

Abb. 1.39. Aufsteilen einer Welle beim Auflaufen auf den Strand

vor dem Wind geschützt ist. Dadurch bilden sich Luftwirbel, die jedoch nicht in der Lage sind, den Druckunterschied vollständig auszugleichen. Bereiche mit höherem und niedrigerem Druck, durch + und - gekennzeichnet, sind weiterhin vorhanden. Diese Druckdifferenz treibt die Welle vorwärts. Nimmt die Wellengeschwindigkeit zu, so verringert sich die Druckdifferenz, d.h. die vorwärts treibende Kraft wird geringer und die Welle wird durch Reibung gebremst. Damit erhöht sich aber die Geschwindigkeitsdifferenz zwischen Welle und Wind, also auch die Druckdifferenz zwischen Vorder- und Rückseite der Welle, so daß sich wieder eine beschleunigende Kraft auf die Welle ergibt. Diese Beschreibungsweise hat zwei Voraussetzungen: (a) die Windgeschwindigkeit übersteigt die Geschwindigkeit der Welle und (b) die Wellen muß steil genug sein (Verhältnis zwischen Höhe H und Wellenlänge λ), um den abschirmenden Effekt im Wellentrog und damit die Ausbildung des Wirbels zu erklären. Empirisch zeigt sich, daß der abschirmende Effekt dann maximal ist, wenn die Wellengeschwindigkeit ungefähr ein Drittel der Windgeschwindigkeit beträgt. Im freien Ozean sind die Wellen auch hinreichend steil mit einem Verhältnis H/λ zwischen 0.03 und 0.06. Mit zunehmender Windgeschwindigkeit tendieren diese Wellen dazu, steiler zu werden, so daß der abschirmende Effekt erhalten bleibt.

1.6.2
Wellen in Ufernähe

Aufsteilen einer Welle am Strand: Die einfache Beschreibung einer Welle wie in Abbildung 1.36 setzt voraus, daß die Wassertiefe mindestens eine halbe Wellenlänge beträgt. Laufen Wellen auf ein Ufer zu, so gelangen sie gleichzeitig in flacheres Wasser. Ist die Wassertiefe geringer als $\lambda/2$, so verändert sich das Wellenmuster: die unteren Teile der Kegel, die wir zur Beschreibung der kreisförmigen Bewegung der Teilchen verwendet hatten, berühren den Meeresgrund und werden abgebremst. Dadurch verändert sich die Form des Kegels und die Welle wird (durch Reibung zwischen den verschiedenen Wassertiefen) langsamer. Da die folgende Welle sich noch ungestört ausbreiten kann, holt sie auf und die Wellenlänge wird kleiner. Die Abnahme der Wellenlänge ist verbunden mit einer Zunahme von Wellenhöhe und Steilheit. Die Wellenkämme brechen, wenn die Steilheit den Wert 1/7 überschreitet.

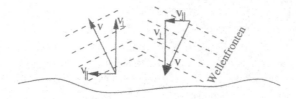

Abb. 1.40. Küstenparallele Strömung
Bei schräg auf den Strand auflaufenden Wellen entsteht ein küstenparalleler Driftstrom oder Längsstrom $v_{\parallel}$

Küstenparallele Strömung: Küstenlinien sind nicht nur der direkten Wirkung von Wind und Wellen ausgesetzt sondern auch einem uferparallelen Driftstrom, der durch den Winkel, unter dem die Wellen auf die Küste treffen, bestimmt ist. Wenn eine Welle unter einem Winkel auf den Strand läuft, wird sie, wie eine Lichtwelle am Spiegel, unter dem gleichen Winkel reflektiert, vergl. Abbildung 1.40. Von der Position der Flüssigkeitselemente betrachtet, können Sie als Analogie einen Ball betrachten, der schräg gegen eine Wand geworfen wird: seine Geschwindigkeitskomponente senkrecht zur Wand wird umgedreht, diejenige parallel zur Wand bleibt erhalten. Bei der Welle ist es im Prinzip genauso, nur daß sich die von der Küste weisende Komponente der Geschwindigkeit mit der zur Küste weisenden Geschwindigkeitskomponente des nächsten Wellenzugs überlagert. Dann bleibt nur die küstenparallele Komponente übrig. Diese bildet den Driftstrom, der durch Wellen und Wind losgelöste und aufgeschwemmte Stoffe parallel zur Küste transportiert.

Ob der Driftstrom zu Erosion oder Deposition führt, hängt von zwei Faktoren ab: (a) der Beschaffenheit der Küste und (b) der Geschwindigkeit des Driftstroms. Erosion findet auf wahrnehmbaren Zeitskalen nur an sandigen Küsten statt, Felsküsten sind stabil. An sandigen Steilküsten findet praktisch immer Erosion statt: durch Wellenschlag wird Material aus dem Ufer gelöst, das vom Driftstrom abtransportiert wird. An Flachküsten ist die Sedimentbilanz des Driftstroms entscheidend: wird mehr Sediment mit der Strömung zugeführt als abtransportiert werden kann, so findet Anlagerung statt – im umgekehrten Falle Erosion. Schnelle küstenparallele Ströme tendieren aufgrund ihrer großen Sedimenttransportkapazität zur Erosion, langsame Strömungen zur Deposition. Ausnahmen sind möglich: ist die Sedimentfracht im schnellen Strom sehr groß, kann es dennoch zur Deposition kommen; führt der langsame Strom dagegen kaum Sediment mit sich, kommt es dennoch zur Erosion. Um zu bestimmen, ob ein bestimmter Küstenabschnitt durch Erosion gefährdet ist, muß man daher auch die Eigenschaften der benachbarten Abschnitte einbeziehen, insbesondere die von dort verbrachte Sedimentfracht.

Buhnen: Um Strände vor Erosion zu schützen, verwendet man Buhnen, d.h. Steinwälle oder Reihen von Holzpflöcken, die senkrecht zum Ufer in das Meer hinein ragen. Auf der stromaufwärtigen Seite der Buhne sammelt sich Sand. Dies entspricht der Anlagerung auf der konkaven Seite eines mändernden Flusses und ist bedingt

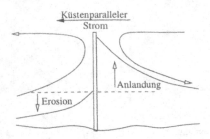

Abb. 1.41. Wirkungsweise einer Buhne
Die hohen Strömungsgeschwindigkeiten im Lee-Wirbel bewirken Erosion

durch die vor der Buhne reduzierte Strömungsgeschwindigkeit und damit die ver-
ringert Turbulenz, die eine schnelle Sedimentation des Sandes im flachen Wasser
ermöglicht. Die stromabwärtige Seite der Buhne dagegen ist durch hohe Wasserge-
schwindigkeiten charakterisiert, hier geht der Strand zurück, da keine Zufuhr von
Sand erfolgt, Erosion aber weiterhin stattfindet. Sie können sich die Details der
Strömung zwischen zwei Buhnen auch mit Hilfe der Luftzirkulation zwischen zwei
Wellenbergen veranschaulichen, wie in Abbildung 1.38 angedeutet. Um Buhnen zur
Landgewinnung in Strandabschnitten zu verwenden, müssen diese eng beieinander-
liegen, damit der Einfangbereich der einen Buhne bis zum Verarmungsbereich der
vorangegangenen Buhne reicht.

Buhnen werden auch zur Flußregulierung verwendet, z.B. über weite Bereiche
der Mittelelbe. Die Funktionsweise der einzelnen Buhne entspricht der einer Buhne am Strand. Allerdings ist die kumulierte Wirkung der Buhnen eine andere: neben der Landsicherung (Anlandung und Verhinderung von Erosion) ergibt sich eine
deutliche Reduktion der ufernahen Strömungsgeschwindigkeit. Das ist beim Strand
genauso. Beim Fluß muß aber der Volumenstrom konstant gehalten werden, schließlich muß ja alles Wasser aus dem Quellgebiet bis zur Mündung transportiert werden.
Dadurch steigt die Strömungsgeschwindigkeit in der Mitte des Flusses. Insgesamt
verändern die Buhnen daher das Erosionsmuster: Erosion wird vom Ufer auf die
Mitte des Flußbetts verlagert, so daß der Fluß schmaler aber tiefer wird. Letzteres ist
ein unter wirtschaftlichen Gesichtspunkten erwünschter Nebeneffekt, da die größere
Wassertiefe den Fluß besser schiffbar macht und die Strömung im eingezwängten
Hauptströmungskanal so schnell ist, daß sich dort keine Schiffahrtshindernisse in
Form von Untiefen oder Sandbänken bilden.

Küstenschutz ist immer ein Eingriff in die von der Natur gesteuerten Prozesse;
insbesondere, da in der Natur außer Felsküsten alle Küsten in steter Veränderung
sind. Beispiele vor der Haustür haben wir genug, um sie zu finden reicht ein Spa-
ziergang am Strand. Die prominentesten Beispiele sind sicherlich die ewigen Sand-
vorspülungen zum Schutz der Insel Sylt. Aber auch die Eindeichung der ostfriesi-
schen Inseln ist problematisch. Diese Inseln sind durch die Wirkung der Strömung
vom Ärmelkanal in die Nordsee ostwärts gewandert, Verlagerungen von 100 m über
wenige 10 Jahre waren im 18. und frühen 19. Jahrhundert nicht ungewöhnlich. Ein-

deichung hält diese Inseln jetzt an ihrem Platz: ein Eingriff, der sowohl Meeresströmung als auch Sedimenttransport verändert. Ob sich diese erzwungene Situation über lange Zeiträume stabil aufrecht erhalten läßt, bleibt abzuwarten. Zur Zeit ist die Landgewinnung im Deichvorland sicherlich noch in der Lage, die nagenden Kräfte des Stromes aufzuhalten.

1.7
(Schad-)Stoffe in kontinuierlichen Medien

Der Transport von (Schad-)Stoffen in einer Flüssigkeit oder einem Gas setzt die Lösung einer Bilanzgleichung* voraus. Die Tatsache, daß in kontinuierlichen Medien Stofftransport erfolgt, ist der täglichen Erfahrung zugänglich: einige Tropfen Sahne, in den Tee gegeben, verteilen sich im Laufe der Zeit über die gesamte Tasse und vermischen mit dem Tee. Das dauert recht lange, geht aber in heißem Tee besser als in kaltem. Dieser langsame Mischprozeß beruht auf der thermischen Bewegung der einzelnen Flüssigkeitsmoleküle, der Prozeß wird als Diffusion bezeichnet. Der Mischungsvorgang läßt sich beschleunigen, in dem man leicht auf die Oberfläche des Tees pustet. Dadurch bilden sich kleine Wirbel in der Flüssigkeit, die für einen effizienteren Austausch sorgen. Dieser Vorgang wird als Dispersion bezeichnet. Beide Vorgänge finden nicht nur in der Teetasse statt sondern bei jeder Einleitung eines Stoffes in ein kontinuierliches Medium. Bewegt sich das Medium, so ergibt sich ein weiterer Transportprozeß, die Mitführung des Stoffes durch das Medium, auch als Konvektion oder Advektion bezeichnet. Der Stofftransport in kontinuierlichen Medien setzt sich also aus den drei Prozessen Diffusion, Dispersion und Konvektion zusammen. Weitere bei der Bewertung von Stoffen wichtige Vorgänge wie Verteilungskoeffizienten, die den Übergang zwischen verschiedenen Medien regeln, oder chemische Umsetzungen, sind hier nicht berücksichtigt. Für eine einfache Einführung sei auf Trapp und Matthies (1996) verwiesen.

1.7.1
Gradient und Ausgleichsströmung

Diffusion basiert, wie oben anschaulich dargelegt, auf irregulären Bewegungen der Materie. Sie wird oft als „random walk" oder „drunkards walk" bezeichnet, d.h. als eine irreguläre zick–zack–Bewegung. Dann ist es aber schwer zu verstehen, wie Diffusion den Transport eines Stoffes bewirken soll: betrachtet man ein Volumenelement, so sollten im Mittel durch Diffusion genauso viele (Schadstoff-)Teilchen hinein- wie herausströmen. Ein Netto-Transport erfolgt nur in Gegenwart eines Gradienten*, d.h. eines Gefälles in der Konzentration. Betrachten wir dazu einen Kasten, unterteilt in eine Hälfte mit reinem und eine mit gefärbtem Wasser: ein Teil des Wassers ist sauber, der andere Teil enthält den (Fremd-)Stoff, dessen Ausbreitung wir betrachten wollen. Erfahrung sagt, daß sich im Laufe der Zeit eine Gleichverteilung des (Fremd-)Stoffes über den Kasten einstellt. Wenn wir das nur von der

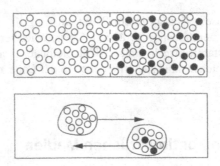

Abb. 1.42. Gradient und Ausgleichsströmung
Gradient eines Fremdstoffes (geschlossene Kreise) in einem Flüssigkeitsvolumen (oben). Durch den Austausch von Flüssigkeitselementen (unten) gelangt Fremdstoff in den unkontaminierten Bereich und unkontaminierte Flüssigkeit in den kontaminierten Bereich bis eine Gleichverteilung erreicht ist. Dann werden zwar weiterhin Flüssigkeitselemente ausgetauscht, jedoch findet kein Nettotransport des Fremdstoffes mehr statt

Warte des Fremdstoffes betrachten, so fließt Fremdstoff von der kontaminierten in die saubere Seite des Kastens. Dieser Stofffluß ist gegeben als

$$\boldsymbol{J}_{\text{diff}} = -\kappa \nabla C \ . \tag{1.76}$$

Darin ist κ der Diffusionskoeffizient (in m²/s) und ∇C das Konzentrationsgefälle (Gradient* der Konzentration C des Fremdstoffes; die Bedeutung des ∇-Operators* ist im Glossar unter Nabla-Operator erläutert). Die Bedeutung dieser beiden Größen können wir uns anschaulich klar machen: das Konzentrationsgefälle muß in den Stofffluß eingehen, da der zugrunde liegende Transportmechanismus ein Austausch von Wasserelementen aus dem sauberen in den kontaminierteren Bereich ist. Dabei wird immer ein „Wasserpäckchen" mit etwas mehr Fremdstofffracht gegen ein „Wasserpäckchen" mit etwas weniger Fremdstofffracht ausgetauscht, vergl. Abbildung 1.42. Der Nettoeintrag an Fremdstoff ergibt sich durch die Differenz der Fremdstoffkonzentrationen in den beiden Wasserpäckchen, den Gradienten der Konzentration. Der Fremdstofftransport hängt auch davon ab, wie effizient „Wasserpäckchen" ausgetauscht werden, d.h. von der Beweglichkeit der Volumenelemente. Diese wird beschrieben durch den Diffusionskoeffizienten κ. Bei molekularer Bewegung können wir den Diffusionskoeffizienten am einfachsten verstehen: er ist das Produkt aus der Teilchengeschwindigkeit v und der mittleren freien Weglänge λ, die ein Teilchen zwischen zwei aufeinanderfolgenden Stößen mit benachbarten Teilchen zurücklegt: $\kappa \sim \lambda v$. Damit ist κ ein Maß für die Beweglichkeit, denn es enthält die Information, wie schnell sich ein Teilchen ausbreitet und wie oft es dabei aus seiner Bahn geworfen wird. Genau gilt

$$\kappa = \frac{\lambda v}{3} = \frac{1}{n\sigma} \sqrt{\frac{8kT}{9\pi m}} \tag{1.77}$$

mit n als Dichte, σ als Wirkungsquerschnitt (ein Maß für die Wahrscheinlichkeit eines Stoßes zwischen Teilchen; er ist für verschiedene Substanzen aufgrund ih-

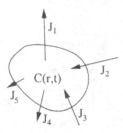

Abb. 1.43. Bilanzgleichung
Die Änderung der Konzentration C einer Substanz innerhalb eines Volumenelements ergibt sich durch die Ströme J_i dieser Substanz in das Volumenelement hinein bzw. aus ihm heraus

rer unterschiedlichen Größen verschieden), m als Teilchenmasse und T als Temperatur. Durch diese Gleichung wird deutlich, daß der Diffusionskoeffizient mit der Temperatur ansteigt, d.h. diffusive Ausbreitung erfolgt mit zunehmender Temperatur schneller. Das ist verständlich, da eine höhere Temperatur gleichbedeutend mit einer höheren Geschwindigkeit ist. Es entspricht auch unserer Erfahrung: Vermischung zwischen Sahne und Tee erfolgt in heißem Tee schneller als in kaltem.

1.7.2
Diffusionsgleichung

Gehen wir jetzt von der anschaulichen auf die formale Darstellung über. Dazu betrachten wir ein Volumenelement. Uns interessiert die Änderung der Konzentration C eines Fremdstoffes in diesem Volumen, d.h. wir möchten etwas über die Größe $\partial C/\partial t$ erfahren.[8] Die Konzentration des Stoffes kann sich dadurch ändern, daß Stoff durch die Umrandung dieses Volumens zu- oder abströmt. Formal müssen wir daher über die gesamte Oberfläche des Volumens alle Zu- und Abflüsse J_i aufsummieren (bzw. integrieren), vergl. Abbildung 1.43. Dies ergibt die Diffusionsgleichung

$$\frac{\partial C}{\partial t} = -\nabla J = \nabla \cdot (\kappa \nabla C) . \tag{1.78}$$

Der Term in der Klammer ist der bereits bekannte Stofffluß. Das ∇ davor bezeichnet die Divergenz* oder Quellstärke und gibt ein Maß für die Stärke des gesamten Stoffflusses über die Umrandung des Volumens, der zu der uns interessierenden Änderung der Konzentration führt.

---

[8] An dieser Stelle ist die partielle Ableitung* $\partial C/\partial t$ der Konzentration C nach der Zeit t verwendet worden, da die Konzentration in einem kontinuierlichen Medium nicht nur von der Zeit sondern auch vom Ort abhängt, d.h. es ist $C(r,t)$. Wir wollen an dieser Stelle aber nur die zeitliche Änderung bei festgehaltenem Ort betrachten, daher die partielle Ableitung.

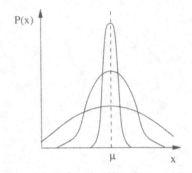

Abb. 1.44. Räumliche Konzentrationen eines Schadstoffes zu verschiedenen Zeiten bei diffusiver Ausbreitung. Die senkrechte Linie entspricht dem Injektionsort.

Ist der Diffusionskoeffizient κ vom Ort unabhängig, läßt sich die Gleichung vereinfachen zu

$$\frac{\partial C}{\partial t} = \kappa \Delta C \tag{1.79}$$

mit $\Delta = \nabla^2$ als dem Laplace-Operator.

Gleichung 1.79 ist eine partielle Differentialgleichung zweiter Ordnung; ihre Lösungen hängen von den Randbedingungen ab. Für den Fall einer δ-Injektion* in ein sphärisch-symmetrisches Medium (z.B. mitten in einem Stausee läuft ein Faß Tinte aus) ergibt sich für die Konzentration in Abhängigkeit vom Abstand r von der Quelle, von der Zeit t und der Zahl N_0 der freigesetzten Tintenmoleküle

$$C(r,t) = \frac{N_0}{\sqrt{(4\pi\kappa t)^3}} \exp\left\{-\frac{r^2}{4\kappa t}\right\} . \tag{1.80}$$

Betrachten wir nun die räumliche Verteilung unseres Schadstoffes zu festen Zeiten. Das heißt, wir betrachten t in der obigen Gleichung als eine Konstante und untersuchen eine Abhängigkeit $C(r)$, wobei wir verschiedene Kurven für verschiedene Werte der Konstanten t darstellen. Dann erkennen wir, daß die ursprünglich räumlich eng konzentrierte Tinte sich über einen immer weiter werdenden Bereich verteilt, wobei das Maximum der Verteilung stets am Ursprungsort bleibt, vergl. Abbildung 1.44. Das ist verständlich insofern, als daß der Tintenfluß ja durch den Gradienten in der Tintenkonzentration bestimmt ist; dieser Gradient kann im Laufe der Zeit zwar immer kleiner werden, er bleibt aber immer vom Ursprung weggerichtet.

Betrachtet man dagegen den zeitlichen Verlauf der Tintenkonzentration an einem bestimmten Ort, so ist die Konzentration anfangs Null, steigt dann mit dem Eintreffen der ersten Tintenmoleküle relativ rasch an, erreicht nach einiger Zeit ihr Maximum und fällt dann langsam ab, wie in Abbildung 1.45 für zwei verschiedene

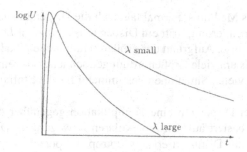

Abb. 1.45. An einem festen Ort beobachtetes zeitliches Profil der Konzentration für zwei verschiedene Diffusionskoeffizienten.

Werte des Diffusionskoeffizienten gezeigt ist. Im Abstand r von der Quelle erreicht die Verteilung ihr Maximum nach einer Zeit

$$t_{max}(r) = \frac{r^2}{6\kappa}\,, \tag{1.81}$$

d.h. die Zeit bis zum Erreichen des Maximums nimmt quadratisch mit der Entfernung vom Injektionsort zu. Bei der diffusiven Ausbreitung eines Fremdstoffes breitet sich das Maximum der Verteilung also nicht proportional zur Teilchengeschwindigkeit v aus sondern nur proportional zu $\sqrt{v}$, wie sie erkennen, wenn Sie das κ durch λv ersetzen.

Dieser Zusammenhang ist interessant, wenn Sie z.B. vor dem Problem stehen, wann und wo eine Ölsperre auszubringen ist. Wenn Sie sich entscheiden, ein etwas größeres Volumen der Verschmutzung preiszugeben (d.h. die Sperre in einem größeren Abstand um die Unglücksstelle auslegen), haben Sie deutlich mehr Zeit, die Sperre auszubringen – und damit auch eine größere Chance, die Sperre so auszubringen, daß sie dicht hält.

Aufgabe 37: Der Diffusionskoeffizient eines Farbstoffes betrage 0.2 m²/s. In der Mitte eines Stausees wird eine Ampulle mit 10^{25} Molekülen dieses Stoffes zerbrochen. Wann erreicht die Farbstoffkonzentration bei einem Abstand von 10 m (100 m, 1 km) ihr Maximum und wie hoch ist sie dort jeweils?

Aufgabe 38: Zwei Stunden nach dem Austritt einer Flüssigkeit mit einem Diffusionskoeffizienten von 1 m²/s in den Bodensee wollen Sie eine Sperre ausbringen. Bei welchem Abstand von der Austrittstelle sollten Sie dies machen? Schätzen Sie ab, wieviel des Fremdstoffes Ihnen entweicht.

Aufgabe 39: Zeigen Sie durch Einsetzen, daß Gleichung 1.80 eine Lösung von Gleichung 1.79 ist.

1.7.3
Dispersion

Dispersion ist genauso wie Diffusion eine Folge zufälliger Bewegungen, hier allerdings nicht der molekularen Bewegung sondern zufälliger turbulenter Bewegungen

(Verwirbelungen) des Mediums. Formal läßt sich die Dispersion genauso beschreiben wie die Diffusion, allerdings tritt ein Dispersionskoeffizient D an die Stelle des Diffusionskoeffizienten κ. Aufgrund der größeren räumlichen Skala der Bewegung ist Dispersion oftmals um viele Größenordnungen schneller als reine Diffusion. Dispersion ist daher in vielen Situationen bestimmend für die Stoffausbreitung, nicht die Diffusion.

Allerdings ist bei Dispersion eine Komplikation gegenüber der Diffusion zu beachten. Diffusion basiert auf den molekularen Bewegungen. Diese sind in alle Richtungen gleich, d.h. Diffusion erfolgt isotrop. Dispersion dagegen ist an den Transport mit Hilfe von Wirbeln gebunden. Wirbel entwickeln sich nur in einem strömenden Medium und sie entwickeln sich in Strömungsrichtung und senkrecht dazu verschieden. Die Dispersion ist daher anisotrop. Formal müßte man einen Dispersionstensor $\tilde{D}$

$$\tilde{D} = \begin{pmatrix} D_{\parallel} & 0 & 0 \\ 0 & D_{\perp} & 0 \\ 0 & 0 & D_{\perp} \end{pmatrix} , \tag{1.82}$$

anstelle des Dispersionskoeffizienten verwenden, worin $D_{\parallel}$ der longitudinale Dispersionskoeffizient ist (parallel zur Fließrichtung) und $D_{\perp}$ der transversale (senkrecht dazu). Meist ist der transversale Diffusionskoeffizient geringer als der longitudinale. Für einfache Abschätzungen ist es sinnvoll, den longitudinalen Dispersionskoeffizienten zu verwenden und die Lösung wie bei der Diffusionsgleichung zu bestimmen.

Aufgrund der formalen Ähnlichkeit zur Diffusion aber der physikalischen Anbindung an die Wirbel der Turbulenz wird die Dispersion auch als „eddy diffusion" oder Wirbeldiffusion bezeichnet.

Aufgabe 40: Ein Tankwagen mit 10 Tonnen Fracht kippt in den Mittelrhein (Breite 333 m, Tiefe 3 m, Querschnitt 1000 m^2) und zerbricht. Der Dispersionskoeffizient beträgt 500 m^2/s. Bestimmen Sie die Konzentration des Schadstoffes 5 km von der Unfallstelle für 1 h, 4 h, 6 h und 1 Tag nach dem Unfall.

1.7.4
Diffusions–Konvektionsgleichung

Eine andere Situation ergibt sich, wenn wir das Tintenfaß nicht in eine Talsperre oder einen See entleeren, sondern in einen Fluß. Dann breitet sich der Fremdstoff nicht nur in das seine Einleitungsstelle umgebende Medium aus, sondern wird mitsamt diesem Medium fortbewegt, d.h. es ergibt sich zusätzlich zu dem diffusiven Stofffluß ein konvektiver Stofffluß

$$J_{\text{konv}} = uC \tag{1.83}$$

mit u als der Geschwindigkeit der Strömung. Der gesamte Stofffluß setzt sich zusammen aus konvektivem und diffusivem/dispersivem Stofffluß:

$$J = J_{\text{diff,disp}} + J_{\text{konv}} = -D\nabla C + uC . \tag{1.84}$$

Hier ist D die Summe aus Diffusions- und Dispersionskoeffizient (bzw. bei Überwiegen der Dispersion der Dispersionskoeffizient alleine).

Die zeitliche Änderung der Konzentration wird durch eine Diffusions–Konvektionsgleichung beschrieben analog zu Gleichung 1.84

$$\frac{\partial C}{\partial t} = -\nabla J = -\nabla(-D\nabla C + uC) \tag{1.85}$$

bzw. nach Umstellen

$$\frac{\partial C}{\partial t} + \nabla(uC) - \nabla(D\nabla C) = 0 . \tag{1.86}$$

Sind der Dispersionskoeffizienz und die Geschwindigkeit vom Ort unabhängig, so ergibt sich als vereinfachte Form der Diffusion–Konvektionsgleichung

$$\frac{\partial C}{\partial t} + u\nabla C - D\Delta C = 0 . \tag{1.87}$$

Im radial-symmetrischen Fall hat diese Gleichung für eine δ-Injektion die Lösung

$$C(r,t) = \frac{N_o}{\sqrt{(4\pi Dt)^3}} \exp\left\{-\frac{(r-ut)^2}{4Dt}\right\} . \tag{1.88}$$

Diese Lösung unterscheidet sich von der der einfachen Diffusions- bzw. Dispersionsgleichung durch den Term ut im Zähler der Exponentialfunktion. Für sehr kleine Geschwindigkeiten u des Mediums ist dieser Term zu vernachlässigen und es ergibt sich die Lösung wie bei der Diffusionsgleichung, was ja auch anschaulich zu erwarten ist. Kann der Term nicht vernachlässigt werden, so beschreibt er die räumliche Versetzung der Flüssigkeitselemente in der Strömung, d.h. er bewirkt eine zeitliche Anpassung des Koordinatensystems an das bewegte Medium.

Aufgabe 41: Verwenden Sie das Szenario von Aufgabe 40 und berücksichtigen Sie zusätzlich die Konvektion bei einer Fließgeschwindigkeit u von 1 m/s. Bestimmen Sie die räumliche Verteilung der Konzentration für Zeiten 1 h, 6 h, 1 Tag, 2 Tage und 3 Tage nach dem Unfall und vergleichen Sie mit der Lösung von Aufgabe 40.
Aufgabe 42: Ein Chemikalientanker ist bei Rhein-km 430 (Ludwigshafen) havariert. Eine Tonne Bromacil ist ausgelaufen. Wie hoch ist die Konzentration maximal bei Duisburg (km 780)? Werte: Breite 333,3 m, Tiefe 3 m, Fließgeschwindigkeit 1 m/s, Dispersionskoeffizient 500 m²/s.
Aufgabe 43: Zeigen Sie, daß Gleichung 1.88 eine Lösung von Gleichung 1.87 ist.

1.7.5
Randbedingungen und numerische Verfahren

Bisher haben wir Lösungen für die Diffusions- und die Diffusions–Konvektionsgleichung für den Spezialfall einer radial-symmetrischen Geometrie und einer δ-Injektion betrachtet. In der Realität werden jedoch eher Fragen auftreten wie z.B. ein Ölaustritt in einem Fluß, d.h. die Geometrie wird sicherlich nicht radial-symmetrisch sein. Betrachtet man in dieser Situation jedoch eine Zeitskala, die nicht größer ist als die Zeit, in der das Zeitprofil der Schadstoffkonzentration am Ufer sein Maximum erreicht, so kann die radial-symmetrische Näherung übernommen werden. Selbst auf längeren Zeitskalen kann mit Hilfe dieser Näherung immer noch eine vernünftige Abschätzung vorgenommen werden. Für einige spezielle Geometrien lassen sich analytische Lösungen finden, Verfahren sind in Büchern über Differentialgleichungen in der mathematischen Physik dargestellt; einige Hinweise finden sich auch in Boeker und van Grondelle (1997). Da Flüsse im Allgemeinen jedoch keine einfachen Geometrien haben (außer vielleicht einige Kanäle) ist man für genauere Berechnungen auf numerische Verfahren angewiesen. Sehr einfache Bespiele hierfür sind in Trapp und Matthies (1996) vorgestellt.

1.8
Abschließende Bemerkung

Hydrodynamik ist ein Bereich der Physik, der der Erfahrung vielleicht etwas schwerer zugänglich ist, der aber umgekehrt aufgrund der Tatsache, daß wir in und von bewegten kontinuierlichen Medien leben, eine Vielzahl von Anwendungen hat. Hält man die Augen und den Verstand etwas offen, so lassen sich viele Anwendungsbeispiele für die hier vorgestellten Konzepte finden. Es wurden nur sehr wenige Konzepte vorgestellt. Aber wir haben hier bereits einen kleinen Einblick in die Vielfalt ihrer Anwendungsmöglichkeiten gesehen. Wenn Ihnen einige dieser oder auch andere Phänomene auffallen und Sie anhand der hier gelernten Konzepte etwas sicherer in Ihrem Verständnis geworden sind, so haben Sie mehr gelernt, als wenn ich Ihnen weitere Konzepte vermittelt hätte. Und Sie haben einen Aspekt der (Umwelt-)Physik erfahren: gerade dadurch, daß man natürliche Phänomene von allen irrelevanten Parametern befreit (und eventuell in einer Gleichung verpackt), ist man in der Lage, ein universelles Konzept zu finden mit einem entsprechend breiten Anwendungsfeld. Vom Phänomen des lüftenden Präriehund auf das Phänomen des fliegenden Objekts (Flugzeug oder Vogel) zu kommen, ist nicht ganz einfach. Von Bernoulli's Prinzip aus beide zu erklären dagegen schon.

1.9
Hinweise zu Lösungen der Aufgaben

1 $p = p_0 + \varrho g h = 1000\,\text{hPa} + 10^3\,\text{kg/m}^3 \cdot 9.81\,\text{m/s}^2 \cdot 4800\,\text{m} = 10^5\,\text{N/m}^2 + 47.2 \cdot 10^6\,\text{N/m}^2 = 47.1 \cdot 10^6\,\text{N/m}^2$, d.h. der Druck beträgt das 472fache des Drucks an der Wasseroberfläche. Auf 200 cm^2 wirkt eine Kraft $F = p \cdot A = 47.1 \cdot 10^6\,\text{N/m}^2 \cdot 0.02\,\text{m}^2 = 941 \cdot 10^3\,\text{N}$, die sich wegen $F = m \cdot g$ mit einer Masse m von 96 000 kg erzeugen läßt. Die Seegurke würde sich unwohl fühlen, da im Wasser von allen Seiten Druck auf sie wirkt, hier nur von oben.

2 Der Druck der Wassersäule unter der Seegurke ist entsprechend groß.

3 Auftriebskraft $F_A = \varrho_{\text{Wasser}} V_E$ mit V_E als dem eingetauchten Volumen kompensiert die Gravitationskraft $F_G = \varrho_{\text{Eis}} \cdot V_0$ mit V_0 als dem Gesamtvolumen des Eisberges. Daher ist $V_E/V_0 = \varrho_{\text{Eis}}/\varrho_{\text{Wasser}} = 0.89$, d.h. 89 % des Eisberges tauchen in das Wasser ein.

4 (a) Metall auf dem Holzklotz, d.h. Auftrieb nur durch den eingetauchten Teil des Holzklotzes. Kräftegleichgewicht liefert dann

$$(m_{\text{Holz}} + m_{\text{Blei}})g = \varrho_{\text{Wasser}} V_{\text{Wasser}} g \cdot 0.9 \qquad (1.89)$$

$$\rightarrow \quad m_{\text{Holz}} + m_{\text{Blei}} = \frac{\varrho_{\text{Wasser}}}{\varrho_{\text{Holz}}} m_{\text{Holz}} \cdot 0.9 = \frac{3}{2} m_{\text{Holz}} \qquad (1.90)$$

Damit ergibt sich für die Masse des benötigten Bleis

$$m_{\text{Blei}} = \frac{3}{2} m_{\text{Holz}} - m_{\text{Holz}} = \frac{1}{2} m_{\text{Holz}} = 1.84 \,\text{kg} \;. \qquad (1.91)$$

(b) In diesem Fall trägt auch das Volumen des Bleis zum Auftrieb bei. Da sich die Eintauchtiefe nicht verändern soll, ist zu erwarten, daß mehr Blei als im Fall (a) benötigt wird. Formal:

$$(m_{\text{Holz}} + m_{\text{Blei}})g = \varrho_{\text{Wasser}} \left(\frac{m_{\text{Blei}}}{\varrho_{Blei}} + 0.9 \frac{m_{\text{Holz}}}{\varrho_{Holz}} \right) g \qquad (1.92)$$

$$\rightarrow \quad m_{\text{Blei}} = 1.97 \,\text{kg} \;. \qquad (1.93)$$

5 Gewichtskraft $F_g = m_H g = \varrho_H A h g$ gleich Auftriebskraft $F_{A,W} = \varrho_W A h_1 g$ in Wasser bzw. $F_{A,B} = \varrho_B A(h_1 + \Delta h)g$ in Benzin. Bestimmung der Eintauchtiefe in Wasser durch Gleichsetzen und Auflösen liefert $h_1 = \varrho_h h/\varrho_W$. Gleichgewicht für Benzin unter Einsetzen dieses Ausdrucks. Auflösen nach ϱ_B liefert $\varrho_B = (\Delta h/h) \cdot (\varrho_B) \cdot \varrho_H/(\varrho_W - \varrho_B) = 0.47 \,\text{g/cm}^3$.

6 Gegen den Wind laufen: die eigene Geschwindigkeit wird durch den Gegenwind nur geringfügig verringert (Bodenhaftung), die Geschwindigkeit der Bienen über Grund verringert sich dagegen durch die Windgeschwindigkeit auf $7.5 - 4.5 \,\text{m/s} = 3 \,\text{m/s} \approx 11 \,\text{km/h}$

7 Nein, um Auftrieb zu erhalten, muß der Vogel eine vorwärts gerichtete Geschwindigkeit gegenüber Luft haben. Fliegt ein Vogel vom Boden aus betrachtet mit dem Wind, so erhält er nur dann genug Auftrieb, wenn er schneller über Grund fliegt als der Wind weht. Aus der Sicht des Vogels entspricht das einem Gegenwind, seine Schwanzfedern sind unzersaust.

8 Antwort analog zu Aufgabe 7: der Vogel schaut in den Wind, d.h. die Windgeschwindigkeit entspricht der Anströmgeschwindigkeit der Luft gegen den Vogel und bewirkt den zum Schweben erforderlichen Auftrieb.

9 Garnicht, da Sie mit dem Wind fahren. Der Ballon hat eine Geschwindigkeit relativ zum Grund aber keine relativ zur Luft.

10 Nicht das Fahren ist das Problem (s. Aufg. 9) sondern Start und Landung: in dem Moment, wo der Korb auf dem Boden aufsetzt, drückt der Wind den Ballon auf die Seite.

11 Volumenstrom $\dot{V} = Av = 0.01^2\mathrm{m}^2 \cdot \pi \cdot 0.3$ m/s $= 9.42 \cdot 10^{-5}\mathrm{m}^3/$s oder 5.65 l/min.

12 $v_2 = A_1 v_1 / A_2 = 22.5$ cm/s

13 Das aus dem Wasserhahn austretende Wasser wird durch die Gravitationskraft beschleunigt, d.h. seine Geschwindigkeit erhöht sich. Nach der Kontinuitätsgleichung verringert sich dann der Radius der Flußröhre. Mit einer Austrittsgeschwindigkeit v_o des Wassers aus dem Wasserhahn hat man in einer Höhe h unterhalb der Austrittsöffnung eine Geschwindigkeit von $v(h) = v_o + g \cdot t = v_o + g \cdot \sqrt{2h/g} = v_o + \sqrt{2hg}$. Nach Kontinuitätsgleichung ist $A_1 v_1 = A_2 v_2$ bzw. nach Einsetzen von $v(h)$: $A_1 \cdot (v_o + \sqrt{2h_1 g}) = A_2 \cdot (v_o + \sqrt{2h_2 g})$ und nach Auflösen nach dem gesuchten v_o:

$$v_o = \frac{A_1 \cdot \sqrt{2h_1 g} - A_2 \cdot \sqrt{2h_2 g}}{A_1 - A_2} \tag{1.94}$$

worin A_1, A_2, h_1 und h_2 durch die Messung bekannt sind.

14 Aus dem Massenstrom ergibt sich $\dot{m}_{\mathrm{Kalk}}/\dot{m}_o = R_{\mathrm{Kalk}}^4/R_o^4 = 0.8^4/1^4 = 0.41$, d.h. bei Verringerung des Rohrdurchmessers durch Verkalken bleiben nur noch 41 % des ursprünglichen Warmwasserstroms erhalten. Zum Vergleich: in einer idealen Flüssigkeit hätten wir die Kontinuitätsgleichung anwenden müssen, die uns gesagt hätte, daß sich zwar die Geschwindigkeit aufgrund der Verkalkung erhöht, der Massenstrom aber konstant bleibt.

15 Grundidee der Düse: Verringerung des Querschnitts führt zu einer höheren Ausströmgeschwindigkeit. Beim Schlauch bewirkt dies eine größere Reichweite, da die vertikale Geschwindigkeitskomponente größer wird und damit die Wurfparabel eine weitere Öffnung hat. Beim Raketentriebwerk ist aufgrund der engen Austrittsöffnung der Impuls der austretenden Verbrennungsgase größer und damit auch der auf die Rakete übertragene Impuls.

16 Mit Hilfe der Kontinuitätsgleichung läßt sich das Verhältnis der Geschwindigkeiten bestimmen als $v_2 = A_1 v_1 / A_2$. Nach Bernoulli gilt $\varrho v_1^2/2 + p_1 = \varrho v_2^2/2 + p_2$. Einsetzen des oben bestimmten v_2 und Auflösen nach v_1 liefert

$$v_1 = \sqrt{\frac{2(p_1 - p_2)}{\varrho \left\{ \left(\frac{A_1}{A_2}\right)^2 - 1 \right\}}} \approx 2 \; \frac{\mathrm{m}}{\mathrm{s}}. \tag{1.95}$$

17 Ausströmgeschwindigkeit oberes Leck ist wegen $v = a \cdot t$ und $s = a/2 \cdot t^2$ gleich $v_1 = \sqrt{2s_1 g}$. Mit einer Fallhöhe von 25 m-24.5 m=0.5 m ergibt sich als Geschwindigkeit $v_1 = 3.1$ m/s parallel zum Boden, d.h. die Flüssigkeit schießt aus dem Leck und rinnt daher nicht am Tank herab. Der Auftreffpunkt ergibt sich aus $x_1 = v_1 \cdot t$ und $h_1 = g/2 \cdot t^2$ (Wurfparabel) zu $x_1 = v_1 \cdot \sqrt{2h_1/g} = 7$ m. Für das untere Leck ergibt sich eine Auströmgeschwindigkeit von 21.4 m/s, die Flüssigkeit trifft bei $x_2 = 8.4$ m auf den Boden, Sie müssen Ihre Leute zu deren Schutz weiter zurück ziehen.

18 Umwandlung potentieller Energie in kinetische Energie gibt die Ausströmgeschwindigkeiten (Gesetz von Toricelli), d.h. $\varrho g(H - h_1) = \varrho v_1^2/2$ liefert die

Ausströmgeschwindigkeit $v_1 = \sqrt{2g(H - h_1)}$ aus dem oberen Loch und entsprechend $v_2 = \sqrt{2g(H - h_2)}$ aus dem unteren Loch. Diese Geschwindigkeiten sind die Anfangsgeschwindigkeiten in der Wurfparabel, die das Wasser nun zu durchfallen hat. Die Flugzeiten sind dabei jeweils durch die direkten Fallzeiten gegeben zu $t_1 = \sqrt{2h_1/g}$ und $t_2 = \sqrt{2h_2/g}$. Da die Auftreffpunkte beider Strahlen identisch sind, muß für die waagerechte Komponente der Bewegung gelten $v_1 t_1 = v_2 t_2$, also nach Einsetzen

$$\sqrt{2g(H - h_1)}\sqrt{\frac{2h_1}{g}} = \sqrt{2g(H - h_2)}\sqrt{\frac{2h_2}{g}} \qquad (1.96)$$

$$\Rightarrow H = \frac{h_1^2 - h_2^2}{h_1 - h_2} = h_1 + h_2 \ . \qquad (1.97)$$

19 Der Ball wird sich gegen die Schwerkraft auf seinem Platz halten. Dies ist möglich durch die Druckdifferenz im Luftstrom: der Druck unter dem Ball ist größer als über ihm. Die Luft streicht zum Teil so am Ball vorbei, daß über ihm ein geringerer Druck entsteht (vergl. Wasserzerstäuber). Der Ball erhält dadurch einen Auftrieb. Da sich der Ball wahrscheinlich dreht, kann auch der Magnus–Effekt zum Auftrieb beitragen.

20 Direkt vor dem fahrenden Schnellzug entsteht ein Hochdruckstoß und hinter ihm ein Gebiet niedrigen Drucks. Wenn sich zwei Züge begegnen, kann die Zone niedrigen Drucks zwischen ihnen die Fenster nach außen ziehen.

21 Zwischen den Schiffen oder Schiff und Kaimauer verengt sich der Stromquerschnitt. Also muß das Wasser dort schneller strömen und einen Bernoulli–Sog erzeugen, der die Anziehungskraft erklärt. Voraussetzung ist nur eine Strömung, die durch Winddrift, Ebbe und Flut bedingt sein kann oder dadurch, daß ein antriebsloses Boot schneller treibt als das Wasser fließt. Wenn die Strömungsgeschwindigkeit relativ zum Fahrzeug v ist und sich in der Verengung auf v' steigert, ergibt sich ein Bernoulli–Druck $\frac{1}{2}\varrho(v'^2 - v^2)$, der nach dem Newton'schen Widerstandsgesetz eine Quergeschwindigkeit der Boote $w \approx \sqrt{v'^2 - v^2}$ erzeugt (Sog ungefähr Staudruck infolge von w). w kann also fast so groß werden wie v'.

22 Schilf verneigt sich in Richtung auf das Boot (Sog).

23 Zunächst fällt das Blatt überwiegend in Richtung seiner eigenen Ebene. Es gleitet auf dem Luftpolster abwärts, hat aber immer noch eine gewisse Sinkgeschwindigkeit direkt nach unten, wird also nicht direkt parallel zu seiner Ebene angeströmt sondern ein bißchen von vorn-unten her. Die Stellung einer Platte parallel zu einer Strömung ist instabil, denn jede Abweichung erzeugt ein Drehmoment, das die Platte senkrecht zur Strömung zu stellen sucht. Eine solche Abweichung ist beim oben geschilderten Strömungsbild von vornherein da, und zwar im Sinne eines Hochkippens, d.h. einer Hebung der Vorderkante, die ursprünglich tiefer war. Sonst könnte das Blatt ebenso abkippen, d.h. in den Sturzflug übergehen. Das passiert am leichtesten bei sehr leichtem Blattmaterial, wo die Sinkgeschwindigkeit und damit die Unsymmetrie des Strömungsbildes am

kleinsten ist. Nach einer Zeit, die um so größer ist, je schwerer das Blattmaterial ist, ist das Blatt soweit gekippt, daß der vergrößerte Luftwiderstand das Gleiten weitgehend gebremst hat. Meist erreicht man damit eine Schrägstellung entgegengesetzt zur ursprünglichen, bei der das Gleiten wieder einsetzt. So wiederholt sich der Zyklus. Ein Blatt fällt auf diese Weise nicht weit vom Stamm. Der Fernflug wird verbessert, wenn man dieses Pendeln unterdrückt, z.B. durch Propeller- oder Kreiselwirkung wie beim Lindensamen.

24 Wenn die Luft unten mit v und oben mit $v + \Delta v$ an der Tragfläche vorbeiströmt, entsteht ein Bernoulli–Druck $\Delta p \approx \varrho v \Delta v$. Soll er ein Flugzeug auf einer Fläche A tragen, muß $\varrho v \Delta v = mg/A$ sein. Der Rumpf trägt dabei ebensoviel wie eine Tragfläche. Man erhält $v \Delta v = 2 \cdot 10^3$ m²/s², also bei $\Delta v = 0.1v$ eine Fluggeschwindigkeit von $v = 140$ km/s oder 500 km/h. Bei der Startbeschleunigung $v = 3$ m/s², entsprechend einem Schub $F = ma = 4 \cdot 10^5$ N, müßte die Startbahnlänge $l = v^2/2a \approx 3$ km sein. Dieser Schub verlangt eine Ausstoßrate von $\mu \approx 130$ kg/s. Die Treibgase stammen gemäß $C_6H_{14} + 9.5\,O_2 \rightarrow 6\,CO_2 + 7\,H_2O$ zu 22 % aus dem Benzin und zu 78 % aus der Luft. Beim Start werden also knapp 30 kg/s Benzin verbrannt. Der Start dauert knapp 50 s, verbraucht werden also 1.5 t Benzin. Fast die Hälfte des Startgewichts ist Brennstoff. Das reicht beim Dauerverbrauch von 3 kg/s etwa 6 Stunden, d.h. für 5000 km Aktionsradius. In Wirklichkeit werden die Werte für Startbahnlänge und Startgeschwindigkeit etwas reduziert durch die Schrägstellung von Tragflächen und Startklappen, die für einen etwas höheren Unterschied Δv der Strömungsgeschwindigkeit sorgen. Beim Horizontalflug ist Δv dagegen etwas kleiner, solange man noch in Bodennähe ist. In 11 km Höhe hat die Luft noch 1/4 der Dichte, also muß man bei $\Delta v \approx 0.1v$ etwa mit 1000 km/h fliegen.

25 Stellen Sie sich eine Fahne vor, vollkommen ruhig und ausgebreitet in einem starken Wind. Nun entsteht eine kleine Störung an einer Seite der Fahne, wodurch die Luft gezwungen wird, zu einer Seite auszuweichen, um über die entstandene Falte zu gelangen. Dabei muß der Luftstrom seine Geschwindigkeit erhöhen. Die schnellere Luft übt einen geringeren statischen Druck aus und durch die Druckunterschiede wird die Falte noch größer. Sie bewegt sich dabei in Richtung des Windes über die ganze Länge der Fahne und bringt diese zum Flattern.

26
$$\frac{P_{\text{aero}}}{P_{\text{wider}}} = \frac{\frac{\varrho(v_a+u_a)A}{4}(v_a^2 - u_a^2)}{\frac{\varrho}{2}c_{\text{w}}(v_w - u_w)^2 u_w A} = \frac{1}{2c_{\text{W}}}\frac{(v_a + u_a)^2}{(v_w - u_w)u_w} \tag{1.98}$$

$$= \frac{1}{2c_{\text{w}}}\frac{(4/3 v_a)^2}{2/9 v_w^2} = 12.5 , \tag{1.99}$$

je zur Hälfte bedingt durch die unterschiedlichen Windgeschwindigkeiten und die unterschiedlichen Wirkungsgrade. Entsprechend müßte man (bei langsamem Wind) die 12.5fache Fläche für den Widerstandslüfer verwenden.

27 Leistung skaliert mit v^3, d.h. für geringere Windgeschwindigkeiten ergeben sich niedrigere Leistungen:

v [m/s]	≤ 3	4	5	6	7	8	≥ 9	
P [kW]	0	72	140	243	386	576	820	
t [h]	2190	2628	1314	876	701	350	701	$\Sigma = 8760$
$W = P \cdot t\ [10^3\text{kWh}]$	0	189.2	184.	212.9	270.6	201.6	574.8	$\Sigma = 1633$

Die über das Jahr gemittelte Leistung ist 186 kW, das sind 23 % der Nennleistung (Anmerkung: real beträgt heute in Norddeutschland die mittlere Leistung eines WEK ungefähr 11–15 % der Nennleistung).

28 Auf der Seite, wo die Schraubflügel sich in Flugrichtung drehen, werden sie schneller angeströmt und erfahren so einen höheren Auftrieb. Abhilfe: Jeder Flügel ist mit einem Schwenkgelenk befestigt, so daß er dem verstärkten Auftrieb durch Hoch- oder Abkippen folgen und kein Kippmoment auf Achse und Hubschrauberkörper übertragen kann.

29 In der eckigen Klammer müssen Differenzen der Quadrate der Geschwindigkeiten oberhalb- und unterhalb des Profils stehen: $[v_1^2 - v_2^2]$. Die Geschwindigkeit eines Punktes auf dem Zylindermantel beträgt $\omega \cdot r$ und ist im unteren Teil gegen die Strömung v gerichtet, im oberen Teil dagegen in Strömungsrichtung. Damit sind die Relativgeschwindigkeiten zur Strömung $v + \omega \cdot r$ bzw. $v - \omega \cdot r$. Der Rest ist Einsetzen und Ausmultiplizieren.

30 Gravitationskraft $m \cdot g$ ist durch Auftrieb $\Delta p \cdot A$ zu kompensieren. Mit Gleichung 1.48 ergibt sich $m \cdot g = 2\varrho v\omega r \cdot \pi r^2$ bzw. aufgelöst

$$\omega = \frac{mg}{\varrho v\pi r^3} = \frac{0.01\,\text{kg} \cdot 9.81\,\text{m/s}^2}{1.29\,\text{kg/m}^3 \cdot 1\,\text{m/s} \cdot \pi \cdot 0.01^3\,\text{m}^3} = 24\,206\text{s}^{-1}\ . \quad (1.100)$$

31 In der Grenzschicht zwischen Strahl und Löffel entwickeln sich kleine Wirbel, in denen ein reduzierter Druck herrscht. Der reduzierte Druck hier und der Luftdruck auf der anderen Seite des Löffels drücken den Strahl an den Löffel. Dieses Phänomen nennt man Coanda–Effekt.

32 Widerstandskraft geht mit v^2, d.h. in (a) nimmt sie um den Faktor 4, in (b) um einen Faktor 2.1 zu. Die Leistung geht mit v^3, d.h. in (a) Zunahme um Faktor 8, in (b) um Faktor 3. Bei einer Fahrt von 1 h Dauer muß die 8fache (bzw. 3fache) Energie aufgewendet werden, bei einer Fahrt über 100 km ist die zusätzlich aufzuwendende Energie geringer, da die Zeit, über die die zusätzliche Leistung erbracht werden muß, geringer ist.

33 Entscheidend ist die Kraft, der die Seeanemone ausgesetzt ist. Widerstandskraft geht mit v^2, der Widerstandsbeiwert kann maximal um einen Faktor 4.5 verändert werden, d.h. die Geschwindigkeit darf maximal um $\sqrt{4.5} = 2.1$ verändert werden.

34 Die Reynoldszahlen von Original und Modell müssen übereinstimmen. Da die kinematische Zähigkeit in beiden Fällen identisch ist, muß gelten $v_1 L_1 = v_2 L_2$. Damit ergibt sich eine Anblasgeschwindigkeit von 333.3 m/s. Da dieser Wert knapp unter der Schallgeschwindigkeit in Luft liegt, sollte man den Modellmaßstab vergrößern.

35 Für gleiche Froudezahl muß gelten $v_1/\sqrt{L_1} = v_2/\sqrt{L_2}$, d.h. es ergibt sich eine Geschwindigkeit von 1.4 m/s. Für gleiche Reynoldszahlen muß gelten $v_1 L_1 =$

$v_2 L_2$ (da in beiden Fällen Wasser das strömende Medium ist, ist die Viskosität konstant), d.h. die Geschwindigkeit ist 83.3 m/s. Die beiden Geschwindigkeiten unterscheiden sich um einen Faktor 60.

36 Übereinstimmung der Reynoldszahlen gefordert, d.h. unterhalb 9 m/s oder Windstärke 5 läuft der Rotor gar nicht an.

37 Zeiten ergeben sich nach Gleichung 1.81 zu 83 s (bei 10 m), 8333 s oder 189 min bei 100 m und 833 333 s bzw. 579 h bei 1 km. Profile zu diesen Zeiten lassen sich gemäß Gleichung 1.80 berechnen, die maximalen Konzentrationen sind $10^{20}/m^3$ bei 10 m, $10^{17}/m^3$ bei 100 m, $10^{14}/m^3$ bei 1 km.

38 Nach Gleichung 1.81 läßt sich das Maximum der Verteilung bei 26.8 m von der Quelle abschätzen, d.h. die Sperre muß bei einem etwas größeren Abstand sein. Nach Gleichung 1.80 können Sie die räumliche Verteilung $C(r)$ zu dieser Zeit t berechnen und daraus ablesen, bei welchem Abstand welcher Prozentsatz der Verteilung eingefangen wird.

39 Gleichung 1.80 einmal nach t ableiten, zweimal nach r und dann einsetzen.

40 Zeichnen gemäß Gleichung 1.88. Der Peak verbreitert sich aufgrund der Dispersion, die Masse bleibt unverändert, die Spitzenkonzentration nimmt mit der Zeit ab.

41 Die Masse bleibt erhalten, die Spitzenkonzentration nimmt ab, der Peak weitet sich auf, und (hier liegt der Unterschied zur Aufgabe 40) der Peak wandert mit der Geschwindigkeit u stromab.

42 Spitzenkonzentration liegt vor, wenn $r = ut$, d.h. Gleichung lösen für $t = r/u$.

43 entsprechend Aufgabe (39).

1.10
Begriffe

Arbeit: Die Arbeit W ist das Produkt aus einer Kraft F und einem Weg s:

$$W = F \cdot s . \tag{1.101}$$

Das Skalarprodukt berücksichtigt, daß nur die Kraftkomponente parallel zum Weg zur Arbeit beiträgt. Sind Kraft und Weg parallel (z.B. beim senkrechten Hochheben einer Masse), so vereinfacht sich die Arbeit zu $W = F \cdot s$. Die Einheit der Arbeit ist das Joule oder Newtonmeter, vergl. Energie*.

Bewegungsgleichung: eine Differentialgleichung*, die es erlaubt, eine Bewegung $r(t)$ zu bestimmen, d.h. eine Änderung des Ortes r in Abhängigkeit von der Zeit. Da Bewegungen durch Kräfte beeinflußt werden, ergibt sich eine Bewegungsgleichung dadurch, daß man die gewünschten Kräfte in das zweite Newton'sche Axiom* einsetzt.

Bilanzgleichung: macht genau das, was der Name sagt: die Gleichung stellt eine Bilanz im buchhalterischen Sinne auf, nur mit dem Unterschied, daß die Bilanz nicht zwingend Geld betrifft (Bilanz eines Kontostandes über Ein- und Ausgaben) sondern beliebige Größen: z.B. die auf einen Stab wirkenden Kräfte, die in ein Volumen ein- oder ausströmenden (Schad-)Stoffe, die mit der Bewegung verbundenen Impulse usw. Häufig werden Bilanzgleichungen verwendet, um Gleichgewichte (im Sinne des mechanischen Gleichgewichts ebenso wie im Sinne stationärer Zustände) zu finden.

δ-Injektion: sprich Delta-Injektion; punktförmig in Raum und Zeit, d.h. eine einmalige begrenzte Injektion. Die δ-Injektion ist eine mathematische Fiktion – aber eine sinnvolle: in einem Stausee ist ein Tintenfaß oder ein Ölfaß immer noch punktförmig im Vergleich zu den Ausmaßen des Systems.

Differentialgleichung: eine Differentialgleichung ist eine Gleichung, die eine Funktion beschreibt. Bei einer Funktion suchen wir eine Zahl (abhängige Variable) in Abhängigkeit von einer zweiten Zahl (unabhängige Variable). Bei einer Differentialgleichung dagegen suchen wir eine Funktion, wobei uns die Differentialgleichung einen Zusammenhang zwischen der Funktion und einer oder mehrerer ihrer Ableitungen liefert ohne jedoch die Funktion explizit zu benennen. Folgende Gleichungen sind Beispiele für Differentialgleichungen:

$$f(x) = c \cdot f'(x) \quad \text{bzw.} \quad f(x) = c \cdot \frac{\mathrm{d}f(x)}{\mathrm{d}x} \tag{1.102}$$

$$f(x) = c_1 \cdot f'(x) + c_2 \cdot f''(x) + c_3 \cdot f'''(x) + \dots \tag{1.103}$$

Für einige einfache Typen von Differentialgleichungen gibt es Lösungsschemata; bei anderen kDifferentialgleichungen kann das Auffinden der Lösung aufwendig sein. Viele Differentialgleichungen haben keine analytische Lösung und müssen numerisch mit dem Rechner gelöst werden. Dies gilt z.B. für die die Atmosphäre oder die Ozeane beschreibenden Gleichungen, die numerischen Lösungen sind die Klima- bzw. Ozeanmodelle.

Die Bewegungsgleichung* liefert zwangsläufig eine Differentialgleichung, da sie die zweite Ableitung des Ortes nach der Zeit enthält und auf der anderen Seite entweder Konstanten oder vom Ort abhängige Kräfte stehen.

Divergenz: die Divergenz ist eine mathematische Formulierung für die Quellstärke eines Vektorfeldes. So sind z.B. Ladungen die Quellen eines elektrischen Feldes oder Stoffe die Quellen eines Strömungsfeldes. Formal wird die Divergenz durch Anwendung des Nabla-Operators* auf ein Vektorfeld (in den obigen Beispielen das elektrische Feld bzw. das Strömungsfeld) bestimmt:

$$\operatorname{div} \boldsymbol{A}(x,y,z) = \nabla \cdot \boldsymbol{A} = \frac{\partial A_x}{\partial x} + \frac{\partial A_y}{\partial y} + \frac{\partial A_z}{\partial z} . \tag{1.104}$$

Druck: die senkrecht auf eine Fläche ausgeübte Kraft. Achtung: in einem kontinuierlichen Medium wirkt der Druck aus allen Richtungen gleichmäßig; Druck ist also eine skalare Größe. Die Einheit des Drucks ist das Pascal Pa mit $1\,\text{Pa} = 1\,\text{N/m}^2$, der Luftdruck am Boden beträgt ca. 1000 hPa.

Energie: kann als gespeicherte Arbeit betrachtet werden oder als die Fähigkeit eines Systems, Arbeit zu verrichten. Energie kann kinetische Energie oder Bewegungsenergie eines Körpers sein:

$$E_{kin} = \frac{1}{2}mv^2 \qquad (1.105)$$

Diese kinetische Energie ist die im Körper gespeicherte Arbeit, die bei dessen Beschleunigung aufgebracht wurde (Beschleunigungsarbeit). Energie kann auch als potentielle Energie oder Lageenergie auftreten und ist dann die Arbeit, die z.B. zum Hochheben einer Masse oder zum Spannen einer Feder aufgebracht wurde:

$$E_{pot} = mgh \qquad , \qquad E_{Feder} = \frac{1}{2}Ds^2 \qquad (1.106)$$

mit D als der Federkonstanten und s als der Auslenkung der Feder. Die Einheit der Energie ist das Joule (oder Newtonmeter): $1\ J = 1\ N \cdot m$.

Gradient: Gefälle, ergibt sich bei einer Funktion als das Negative der Steigung. Bei Funktionen, die von allen drei Raumkoordinaten abhängen (z.B. eine Konzentration $C(x, y, z)$), müssen die Ableitungen in alle drei Raumrichtungen gebildet werden und zu einem Vektor des Gefälles (eben dem Gradienten) kombiniert werden. Formal läßt sich der Gradient einer Funktion C mit Hilfe des Nabla-Operators ∇ schreiben als

$$\mathrm{grad}C(x, y, z) = \nabla C(x, y, z) = \begin{pmatrix} \partial C / \partial x \\ \partial C / \partial y \\ \partial C / \partial z \end{pmatrix} \qquad (1.107)$$

wobei die ∂/∂ partielle Ableitungen* sind.

Kraft: Ursache für die Änderung der Bewegung (Beschleunigung) oder die Verformung eines Körpers. Eine Kraft hat eine Richtung, ist daher eine vektorielle Größe. Die Einheit der Kraft ist das Newton: $1\ N = 1\ kg \cdot m/s^2$.

Leistung: Leistung ist die pro Zeiteinheit verrichtete Arbeit: $P = W/t$. Die Arbeit, um 100 Kartoffelsäcke auf die 1 m hohe Ladefläche eines Lasters zu heben, ist immer die gleiche, egal, ob dafür 10 min oder 10 Stunden benötigt werden. Die Leistung ist jedoch in ersterem Falle größer. Für technische Geräte (Kraftwerke, Windrotoren, Glühlampe ...) wird stets die Leistung angegeben als die pro Sekunde abgegebene bzw. benötigte Energie. Die Einheit der Leistung ist das Watt: $1\ W = 1\ J/s$. Das E-Werk rechnet allerdings die verbrauchte Energie mit Ihnen ab, also Leistung mal Zeit, daher die Verrechnungseinheit kWh (Kilowattstunden).

Massenpunkt: Fiktion eines Punktes, in dem alle Masse eines Körpers konzentriert ist. Ist zur Beschreibung vieler Bewegungen eine sehr hilfreiche Idealisierung (fallende Steine, fliegende Flugzeuge, laufende Jogger), muß bei komplexeren Bewegungen (Purzelbäume) aber durch ein realistischeres Modell des bewegten Objekts ersetzt werden.

Nabla-Operator: der Nabla Operator ∇ ist eine Rechenvorschrift der Form

$$\nabla = \begin{pmatrix} \partial/\partial x \\ \partial/\partial y \\ \partial/\partial z \end{pmatrix} \quad \text{oder} \quad \nabla = \left(\frac{\partial}{\partial x}, \frac{\partial}{\partial y}, \frac{\partial}{\partial z} \right), \tag{1.108}$$

d.h. ein Operator, der die Form eines Vektors hat. Dieser Operator kann auf Felder angewandt werden. Ein Feld ordnet jedem Raumpunkt eine Eigenschaft zu, z.B. eine Masse, Dichte, Temperatur, den Druck oder die Konzentration eines Stoffes. Bei allen diesen Größen handelt es sich um skalare Größen, das Feld ist daher ein skalares Feld oder Skalarfeld. Andere Eigenschaften eines Feldes können eine Kraft, eine Geschwindigkeit, ein elektrisches oder magnetisches Feld sein. Bei diesen Eigenschaften handelt es sich um vektorielle Größen (sie haben einen Betrag und eine Richtung), das entsprechende Feld ist ein vektorielles Feld oder Vektorfeld.
Wendet man den ∇-Operator auf ein Skalarfeld $A(x, y, z)$ so ergibt sich der Gradient* (zur anschaulichen Bedeutung siehe dort):

$$\text{grad} A(x, y, z) = \nabla A(x, y, z) = \begin{pmatrix} \partial A/\partial x \\ \partial A/\partial y \\ \partial A/\partial z \end{pmatrix}, \tag{1.109}$$

d.h. jedem Raumpunkt wird ein Vektor zugeordnet, der Richtung und Betrag der Steigung gibt. Die Anwendung des ∇-Operators auf ein Skalarfeld erzeugt also ein Vektorfeld.
Auf Vektorfelder $\boldsymbol{A}(x, y, z)$ kann man den ∇-Operator in zwei unterschiedlichen Formen anwenden, entsprechend der beiden Formen der Multiplikation zwischen zwei Vektoren. Eine Anwendung über das Skalarprodukt liefert die Divergenz* des Vektorfeldes als

$$\text{div} \boldsymbol{A}(x, y, z) = \nabla \cdot \boldsymbol{A} = \frac{\partial A_x}{\partial x} + \frac{\partial A_y}{\partial y} + \frac{\partial A_z}{z}. \tag{1.110}$$

Die Divergenz ordnet jedem Punkt eines Vektorfeldes einen Skalar zu, der die Quellstärke des Vektorfeldes in diesem Punkt beschreibt.
Die andere Anwendungsform des ∇-Operators führt auf die Rotation oder Wirbelhaftigkeit eines Feldes, wobei einem jedem Punkt eines Vektorfeldes wieder ein Vektor zugeordnet wird:

$$\text{rot} \boldsymbol{A}(x, y, z) = \nabla \times \boldsymbol{A} = \begin{pmatrix} \partial/\partial x \\ \partial/\partial y \\ \partial/\partial z \end{pmatrix} \times \begin{pmatrix} A_x \\ A_y \\ A_z \end{pmatrix} = \tag{1.111}$$

$$= \begin{pmatrix} \partial A_z/\partial y - \partial A_y/\partial z \\ \partial A_x/\partial z - \partial A_z/\partial x \\ \partial A_y/\partial x - \partial A_x/\partial y \end{pmatrix}. \tag{1.112}$$

partielle Ableitung: die partielle Ableitung wird bei Funktionen mehrerer Variabler verwendet. So kann die Höhe im Gebirge als Funktion der geographischen Breite und der geographischen Länge betrachtet werden oder eine Hasenpopulation h als Funktion des Nahrungsangebots n und der Zahl der Freßfeinde f, d.h. es wäre $h(f, n)$. Ableitungen beschreiben immer Änderungen der Funktion in Abhängigkeit von kleinen Änderungen der Variablen. Bei der Höhe im Gebirge wäre diese Änderung die reale Steigung, allgemeiner ist es die Steigung des Funktionsgraphen. Bei einer Funktion mehrerer Variabler können wir uns die Änderung der Funktion in Abhängigkeit von der Änderung jeder dieser Variablen separat anschauen. Dazu verwenden wir die partielle Ableitung, geschrieben als ∂/∂ anstelle von d/d. Wollen wir z.B. die Änderung der Hasenpopulation $h(n, f)$ in Abhängigkeit vom Nahrungsangebot n betrachten, so wäre dies $\partial h/\partial n$. Diese Ableitung bilden wir nach den Rechenregeln für normale Ableitungen und behandeln die zweite Variable so, als sei sie eine Konstante. D.h. in obigem Beispiel interessiert uns wirklich nur die Veränderung der Hasenpopulation aufgrund von Änderungen im Nahrungsangebot; Freßfeinde spielen dabei keine Rolle. Umgekehrt können wir auch die Veränderung der Hasenpopulation alleine in Abhängigkeit von den Freßfeinden betrachten und müßten dann die partielle Ableitung $\partial h/\partial f$ bilden. Die totale Änderung in der Hasenpopulation $dh(f, n)$ wäre dann

$$dh(f,n) = \frac{\partial h(f,n)}{\partial n} \cdot dn + \frac{\partial h(f,n)}{\partial f} \cdot df \ . \tag{1.113}$$

Rechenbeispiel: Gegeben ist eine Funktion $f(x,y) = xy^2 + 4x^5 y + 16x$. Dann sind die beiden partiellen Ableitungen $\partial f/\partial x = y^2 + 20x^4 y + 16$ und $\partial f/\partial y = 2xy + 4x^5$.

Schub: genauer Schubkraft, eine Kraft die durch das Ausströmen von Materie erzeugt wird und zur Beschleunigung des die Materie ausstoßenden Körpers verwendet wird.

Schubspannung: eine Kraft, die parallel zu einer Fläche wirkt (im Gegensatz zum Druck, der senkrecht wirkt). Schub ist wieder Kraft/Fläche, die Einheit also Pascal.

SI–Einheiten: Einheiten für die Grundgrößen der Physik; die Einheiten aller anderen Größen werden aus den SI Einheiten abgeleitet. Die Basisgrößen sind:

Basisgröße	Einheit	Symbol
Länge	Meter	m
Zeit	Sekunde	s
Masse	Kilogramm	kg
Stromstärke	Ampere	A
Temperatur	Kelvin	K
Stoffmenge	Mol	mol
Lichtstärke	Candela	cd

Wichtige abgeleitete Größen, die auch im Text vorkommen, sind:

Größe	Einheit	Grundeinheiten
Kraft	Newton N	$1\,\mathrm{N} = 1\,\mathrm{kg} \cdot \mathrm{m/s^2}$
Druck, Schubspannung	Pascal Pa	$1\,\mathrm{Pa} = 1\,\mathrm{N/m^2} = 1\,\mathrm{kg/(m \cdot s^2)}$
Arbeit, Energie	Joule J	$1\,\mathrm{J} = 1\,\mathrm{N} \cdot \mathrm{m} = 1\,\mathrm{W} \cdot \mathrm{s} = 1\,\mathrm{kg} \cdot \mathrm{m^2/s^2}$
Leistung	Watt W	$1\,\mathrm{W} = 1\,\mathrm{J/s} = 1\,\mathrm{kg} \cdot \mathrm{m^2/s^3}$

Skalenhöhe: die Skalenhöhe oder charakteristische Höhe ermöglicht eine einfache Klassifizierung für einen durch eine Exponentialfunktion beschriebenen Zusammenhang. Bei Exponentialfunktionen steht im Exponenten stets ein Quotient aus der unabhängiggen Variablen x und einer konstanten Größe X: $f(x) \sim \exp\{x/X\}$. Die Konstante X kann sich aus beliebig vielen Faktoren zusammensetzen oder sogar unter Verwendung von Funktionen hergeleitet worden sein, sie hat jedoch immer die gleiche Einheit wie die unabhängige Variable: im Exponenten muß stets eine dimensionslose Größe stehen und das ist nur dann gegeben, wenn sich die Einheiten von Zähler oder Nenner wegkürzen. Die Konstante X ist dann die charakteristische Größe der Funktion: nimmt die unabhängige Variable diesen Wert an, so ändert sich der Funktionswert genau um einen Faktor e, da dann gilt $\exp\{x/X\} = \exp\{X/X\} = \exp\{1\} = e$. Im Falle eines negativen Exponenten $\exp\{-x/X\}$ ändert sich der Funktionswert entsprechend um $1/e$.

Wellenvektor: ein Vektor, der in die Ausbreitungsrichtung der Welle zeigt und der mit der Wellenlänge λ in Beziehung steht über $|\boldsymbol{k}| = 2\pi/\lambda$.

zweites Newton'sches Axiom: oder Aktionsprinzip. Die Kraft $\boldsymbol{F}$ ist der Quotient aus der Impulsänderung $\mathrm{d}\boldsymbol{p}$ und der Zeit $\mathrm{d}t$, in der diese Impulsänderung erfolgt: $\boldsymbol{F} = \mathrm{d}\boldsymbol{p}/\mathrm{d}t$. Ist die Masse konstant, so läßt sich die Gleichung umschreiben als

$$\boldsymbol{F} = \frac{\mathrm{d}\boldsymbol{p}}{\mathrm{d}t} = \frac{\mathrm{d}(m \cdot \boldsymbol{v})}{\mathrm{d}t} = m \cdot \frac{\mathrm{d}\boldsymbol{v}}{\mathrm{d}t} = m \cdot \boldsymbol{a} \qquad (1.114)$$

und ergibt die einfachere Formulierung: Kraft ist Masse mal Beschleunigung.

2 Grundlagen der Umweltchemie

Wolfgang Ruck
Institut für Ökologie und Umweltchemie
Universität Lüneburg

2.1 Einführung

Vor allen anderen Planeten unseres Sonnensystems zeichnet sich die Erde durch ihre sauerstoffreiche Atmosphäre aus, die auch die momentane Zusammensetzung der Lebensgemeinschaften maßgeblich bestimmt.

Zu Beginn der erdgeschichtlichen Entwicklung herrschte auf unserem Planeten eine nahezu sauerstofffreie Stickstoff-Kohlenstoffdioxid-Methan-Atmosphäre. Damals herrschte also eine klassische Treibhausatmosphäre mit entsprechend hohen Temperaturen. Die erste globale Umweltkatastrophe – aus der Sicht der damaligen Lebewesen, Anaerobiern – trat mit der Photosynthese und der damit verbundenen Entstehung des für sie giftigen Sauerstoffs ein. Nur ein kleiner Teil des Sauerstoffs wird durch Photodissoziation, der Einwirkung von UV-Licht auf Wasser, gebildet. Die Hauptmenge des Sauerstoffs in der Atmosphäre entstand aus der Oxidation von Wasser zu Sauerstoff durch Kohlenstoffdioxid in der Photosynthese.

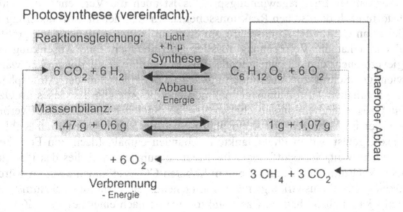

Abb. 2.1. Photosynthese als chemische Reaktion zum Aufbau von organischer Materie sowie die systematische Darstellung von aerobem und anaeroben Abbau

Mit der Fixierung des Kohlenstoffdioxids CO_2 in organischen Molekülen wurde diese auch als Treibhausgas bekannte Verbindung aus der Atmosphäre entfernt. Damit einher ging eine Abkühlung der Atmosphäre. Methan, CH_4, wurde wahrscheinlich durch Sauerstoff und UV-Strahlung über radikalische Zwischenreaktionen abgebaut. Zusammenfassend kann festgestellt werden, dass Reduktionsmittel der urzeitlichen Atmosphäre, vor allem Methan zusammen mit Kohlenstoffdioxid aus der Luft in Form von Kohle, Öl und Gas in die Erde verlagert wurden.

Zur Photosynthese sind Pflanzen und Blaualgen befähigt. Diese sog. autotrophen Lebewesen können lebensnotwendige organische Moleküle aus einfachen anorganischen Bestandteilen – Kohlenstoffdioxid und einem Wasserstoffdonator (hier Wasser, H_2O) – und mit Hilfe der Sonnenenergie selbst synthetisieren (s. Abbildung 2.1). Im Gegensatz dazu sind heterotrophe Lebewesen (Menschen, Tiere) auf die Zufuhr extern synthetisierter organischer Moleküle, also durch Photosynthese entstandene Stoffe, angewiesen.

Mit Zunahme der Sauerstoffkonzentration in der Atmosphäre hat sich allmählich in der Stratosphäre (15 – 60 km oberhalb der Erdoberfläche) eine Ozonschicht ausgebildet, die sehr effektiv die schädliche ultraviolette Sonneneinstrahlung absorbiert. Dadurch konnten sich Organismen an den Grenzflächen von Atmosphäre, Gewässer und letztlich auch des Landes entwickeln, da der bisherige Schutz vor UV-Strahlung, das Wasser, nicht mehr vonnöten war. An der Umsetzung des molekularen Sauerstoffs zum dreiatomigen Molekül Ozon, O_3, ist UV-Licht maßgeblich beteiligt; dieser Vorgang wird als Photolyse bezeichnet.

Die überwiegende Mehrzahl der Organismen der Erde heute nutzt den Sauerstoff zur Energiegewinnung. Bei dieser als Atmung bezeichneten Reaktion werden organische Verbindungen abgebaut, z. B. oxidiert unter Energiegewinnung (s. Abbildung 2.1).

Ein oxidativer Energiegewinnungsprozess ist auch die Verbrennung fossiler Brennstoffe nach dem selben Reaktionsschema. Im Zug der Industrialisierung ist der Gehalt an CO_2 in der Atmosphäre um etwa ein Drittel gestiegen. Den größten Anteil daran hat die Verbrennung fossiler Energieträger. Eine Absenkung des Energieverbrauchs und der zunehmende Einsatz alternativer Energiequellen wären ein wichtiger Schritt zur Verminderung des CO_2-Gehaltes in der Atmosphäre. Weitere beinhalten Aufforstungsmaßnahmen und die Bindung des Gases im Ozean. Die Ozeane sind ein gigantischer natürlicher Speicher für Kohlenstoffverbindungen, der im Vergleich zur Atmosphäre etwa die 50fache Menge an Kohlenstoffdioxid gelöst und in Phytoplankton gebunden enthält. Ideen von Forschern gehen nun so weit, Stickstoffdünger ins Meer zu pumpen, weil dies das Plankton zu mehr Wachstum und damit zu einem höheren CO_2-Verbrauch anregen würde. Die ökologischen Auswirkungen eines ungehemmten Planktonwachstums sind allerdings kaum abzuschätzen. Das Plankton würde nach einer gewissen Zeit absterben und zu Boden sinken. Dort würde es große Mengen an Sauerstoff zum Abbau benötigen. Im Falle, dass der vorhandene Sauerstoff nicht ausreicht, bildet sich durch anaeroben Abbau Methan, ein wesentlich wirksameres Treibhausgas.

Das Methan, das dann bei anaeroben Prozessen entsteht, kann unter Energiegewinnung mit Sauerstoff nach obigem Schema zu Kohlenstoffdioxid und Wasser verbrannt werden. Als Treibhausgas wirkt es fast dreißigmal stärker als Kohlenstoffdioxid. Methan kommt als Gas-Hydrat, einer eisähnlichen, kristallisierten Verbindung aus Methan und Wasser, an Kontinentalhängen im Meer und in Permafrostboden vor. Vergleicht man den Energiegehalt aller konventionellen Kohlenwasserstoffe – Erdöl, Erdgas und Kohle – mit dem dieser natürlichen Gas-Hydrate, so ist letzterer potentiell doppelt so hoch wie der aller fossilen Vorkommen, die bislang ausgebeutet wurden. Methangas-Hydrate entstehen bei hohem Druck, niederer Temperatur und viel organischer Substanz, die durch Bakterien im Sediment abgebaut wird. Bei abnehmendem Druck oder steigender Temperatur zerfallen die Gas-Hydrate wieder in Methan und Wasser. Eine Änderung der Stabilitätsbedingungen durch anthropogene oder natürliche, z. B. plattentektonische, Prozesse kann große Mengen Methan freisetzen: ein Kubikmeter Gas-Hydrat kann bis zu 164 Kubikmeter Methangas enthalten. Wissenschaftler machen die Methanausbrüche aus Gas-Hydraten für den Absturz von Flugzeugen an der nordamerikanischen Ostküste und das Verschwinden von Schiffen im Bermuda-Dreieck verantwortlich: die Turbinen der Flugzeuge versagen in einer stark methanhaltigen Atmosphäre und das Meerwasser wird durch Gasblasen so viel leichter, dass Schiffe nicht mehr getragen werden können.

Die Folgen der Klimaerwärmung auf die Hydratlagerstätten werden noch kontrovers diskutiert. Einerseits wird ein Schmelzen des Methaneises mit Freisetzung des Gases in die Atmosphäre und drastischer Verstärkung des Treibhauseffektes befürchtet, andererseits wird vermutet, dass durch das zunehmende Abschmelzen des Polareises und dem damit verbundenen Anstieg des Meeresspiegels der Druck der Wassersäule die Methanvorkommen stabilisiert. Die Methanhydrate zementieren aber auch die Sedimente am Meeresboden. Bei Förderung des Energieträgers im Bereich der Kontinentalhänge könnte es zu Rutschungen kommen mit Flutwellen und einer weiteren unkontrollierten Freisetzung des Methans.

Methan entsteht auch bei anderen natürlichen Vorgängen, so z. B. im Darm von Wiederkäuern. Nach australischen Untersuchungen gibt eine Kuh täglich etwa 280 Liter Methangas ab, ein Schaf ca. 25 Liter pro Tag. Insgesamt summieren sich die Methanausscheidungen von australischen Schafen und Rindern auf ca. 3 Millionen Tonnen pro Jahr. Man ist bestrebt, diese Ausscheidungen durch einen bakterienhaltigen Futterzusatz zu verringern; ein derartig gefüttertes Schaf produzierte am Tag 4 Liter Methan weniger. Weltweit gefüttert könnten die Methanemissionen so um ca. 6 % gesenkt werden. Allerdings verwandeln die Bakterien das Methan in ein anderes Treibhausgas, Kohlenstoffdioxid, wenn dies auch schwächer wirkt. Methan entsteht auch in Feuchtgebieten, so z. B. in ausgedehnten Reisfeldern als Sumpfgas.

Gegenwärtig hat sich in der Atmosphäre ein Gleichgewicht zwischen Bildung und Verbrauch von Sauerstoff eingestellt. In Abbildung 2.2 wird der Versuch einer Bilanzierung der Stoffströme versucht. Speicher, bei denen die Abflüsse bestimmter Substanzen überwiegen, werden über die Zeit geleert. Man nennt sie Quellen für die jeweilige Substanz. Überwiegen die Zuflüsse, spricht man von Senken für den jeweiligen Stoff. Änderungen am Gesamtsystem werden durch Rückkopplungsmechanismen ausgeglichen, die mit dem Kohlenstoff-Zyklus verknüpft sind und hier wiederum mit der Menge an organischem Material, das in die Sedimente der Ozeane inkorporiert wird.

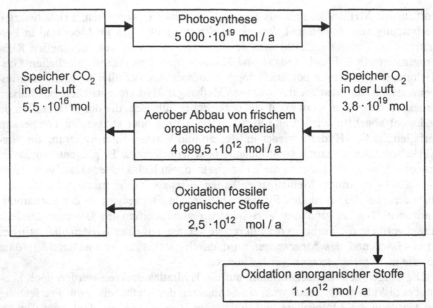

Abb. 2.2. Kreislauf von Sauerstoff und Kohlenstoffdioxid in der Atmosphäre (nach Raiswell et. al. 1980)

Durch die momentane Bewirtschaftung der Erde wird die Atmosphäre als Kohlenstoffdioxidsenke benutzt. Weitere Senken für Kohlenstoffverbindungen sind die Methanhydrate am Meeresgrund und Abfalldeponien. Die fossilen organischen Stoffe werden schneller abgebaut, v. a. durch Verbrennung, als sie sich nachbilden. Deshalb wirken sie als Kohlenstoffdioxidquellen. Eine Veränderung des Sauerstoffspeichers in der Atmosphäre und somit der Sauerstoffkonzentration in der Atmosphäre ist zur Zeit erfreulicherweise nicht feststellbar. Sollte eine solche irgendwann einmal eintreten, so würde das zu tiefgreifenden Veränderungen in den Lebensverhältnissen führen. Eine Erhöhung der Sauerstoffgehalts wird die Brennbarkeit vieler Stoffe an der Luft erhöhen. Niederere Sauerstoffgehalte in der Luft würden die Sauerstoffversorgung von Großlebewesen erschweren.

Aus den oben dargestellten Abläufen wird jedoch ersichtlich, dass die heutzutage in der Atmosphäre beobachteten Vorgänge auf eine Entwicklung zurück in urzeitliche Bedingungen hindeuten: Zunahme der Treibhausgase Methan und Kohlenstoffdioxid mit einhergehender Temperaturerhöhung und Zerstörung der Ozonschicht. Das hat zur Folge, dass sich das Leben zum Schutz vor zunehmender UV-Strahlung aus der Atmosphäre und vom Land wieder in das Wasser zurückziehen muss.

Klimatische Vorgänge und Regelkreise sind sehr komplex und werden von vielen Randbedingungen gesteuert. Die beispielhaft aufgeführten wissenschaftlichen Erkenntnisse zeigen, dass sich Risiken globaler Katastrophen, die durch menschliche Eingriffe in komplexe Systeme, im Bemühen der Abwendung oder Reparatur von Schäden vorgenommen werden, bislang nicht abschätzen lassen.

2.2
Das Wasser

Eines der wichtigsten Umweltkompartimente ist das Wasser. Etwa dreiviertel der Erdoberfläche sind mit Wasser bedeckt. Auch große Teile der Landoberfläche sind in der Tiefe mit Wasser (Grundwasser) gesättigt. Wasser kommt auf der Erde in allen drei Aggregatzuständen vor, als flüssiges Wasser, als festes Eis und in Form von Luftfeuchtigkeit, Nebel oder Wasserdampf. Das Wasser hat in der Umwelt viele Funktionen. Es ist Lösungsmittel, Transportmittel, Kühlmittel, Strahlenschutz und Reaktionspartner bei den meisten biochemischen Reaktionen. Ohne Wasser wäre Leben auf der Erde unmöglich.

2.2.1
Eigenschaften des Wassers

Wasser weist die sogenannte Dichteanomalie auf: während sich alle bekannten Stoffe mit abnehmender Temperatur durch eine zunehmende Dichte auszeichnen, ist das Dichtemaximum des Wassers bei 4° C erreicht. Wird die Temperatur weiter abgesenkt, dehnt es sich wieder aus. Eis ist daher etwa 8 % leichter als Wasser und schwimmt also obenauf. So kann Eis an Gewässeroberflächen immer wieder abtauen und eine permanente Eisschicht am Grund von Gewässern tritt nicht auf. Damit ist über das ganze Jahr Leben in Gewässern möglich.

Eine weitere Eigenschaft des Wassers ist die Autoprotolyse, also die Dissoziation in Oxonium- und Hydroxidionen nach folgender Gleichung:

$$H_2O + H_2O \leftrightarrows H_3O^+ + OH^- \tag{2.1}$$

Es ergibt sich das Ionenprodukt des Wassers bei 24° C aus:

$$K_w = c(H_3O^+) * c(OH^-) = 10^{-14} \ [mol^2/l^2] \tag{2.2}$$

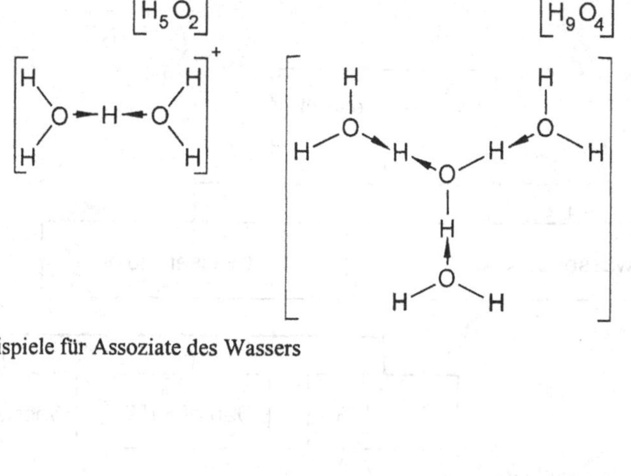

Abb. 2.3. Beispiele für Assoziate des Wassers

Der dissoziierte Anteil ist im Vergleich zur Gesamtzahl der Atome verschwindend gering. Nur jedes 555 Millionste Wassermolekül ist dissoziiert. Trotzdem sind die dissoziierten Wassermoleküle für viele Eigenschaften des Wassers verantwortlich und für viele chemische Reaktionen, die unter Wasserbeteiligung ablaufen. Ohne die Dissoziation des Wassers würden zum Beispiel Metalle nicht rosten.

Im Vergleich zu anderen Verbindungen mit ähnlicher molekularer Masse ist Wasser über einen großen Temperaturbereich flüssig. Der Grund dafür liegt in der Bildung von Assoziaten wie z.B. $[H_3O]^+$, $[H_5O_2]^+$ oder $[H_9O_4]^+$. Dabei wirken Kräfte zwischen den freien Elektronenpaaren des Sauerstoffs aus einem Wassermolekül und einem Wasserstoffatom aus einem anderen. Es bildet sich eine sogenannte Wasserstoffbrückenbindung. Bei so verbundenen Molekülen besteht die Möglichkeit des Oszillierens von Elektronen zwischen einer semipolaren Bindung und einer Wasserstoffbrückenbindung. Durch den sogenannten „Krotus-Mechanismus" sind diese Assoziate in der Lage, ihre Bindungen und Zuordnungen umzuklappen, um so Ladungen von einem Ende des Assoziats zum anderen weiterzugeben. Dadurch ist die Leitfähigkeit von H^+ und OH^--Ionen in diesen Wasser-Assoziaten relativ gut.

Der Gesamtwasservorrat der Erde liegt bei 1,38 Mrd km³. Davon sind 97,4 % Salzwasser, und nur 2,6 % Süßwasser, allerdings sind hierbei die Gletscher und die Eisberge im Meer mit berücksichtigt. Diese 2,6 % entsprechen 3,6 Mio km³ und nach Abzug der Eismassen verbleiben – bei optimistischen Schätzungen – 0,3 % des Gesamtwasservorrates der Erde, die für die Trinkwassergewinnung genutzt werden könnten bzw. dafür von Bedeutung sind. Vorsichtigere Schätzungen gehen von 0,1 – 0,3 % des Gesamtwasservorrates als Trinkwasserreserve aus (Schwedt 1996; Koß 1997).

Wasser hat mit 334 J/g eine extrem hohe Schmelz- und mit 2282 J/g eine extrem hohe Verdampfungswärme. Aufgrund des hohen Energieaufwandes zur Verdampfung von Wasser und der ebenso großen Menge an Wärme, die bei der Kondensation frei wird, kann der Wasserkreislauf als gigantische globale Wärmepumpe betrachtet werden. Mit der großen Wärmekapazität des Wassers haben Seen und Meere einen ausgleichenden Effekt auf das Tages- und Jahresklima. Darüber hinaus beeinflusst Wasser auch als Treibhausgas das Weltklima entscheidend.

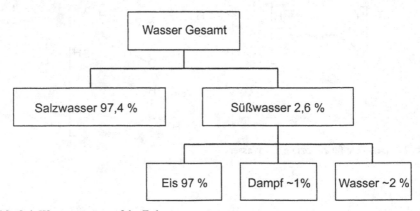

Abb. 2.4. Wasservorräte auf der Erde

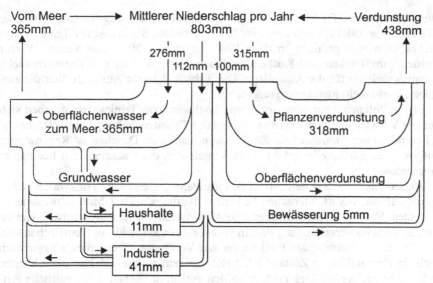

Abb. 2.5. Kreislauf des Wassers in Deutschland (nach Schwedt 1996)

Durchschnittlich ergibt sich für Deutschland (siehe Abbildung 2.5) eine Niederschlagsmenge von 803 mm/a, allerdings treten starke regionale Schwankungen auf. An ausgesuchten Stellen werden bis zu 2000 mm/a oder weniger als 300 mm/a erreicht.

Tabelle 2.1. Aufteilung des häuslichen Wasserverbrauchs in der BRD in Liter pro Tag (nach Bundesverband Gas – Wasser)

Verwendung	1980 (l pro Kopf und Tag)	1987 (l pro Kopf und Tag)
Raumreinigung	3	4
WC-Spülung	30	46
Baden / Duschen	40	44
Körperpflege	12	9
Wäschewaschen	30	17
Geschirrspülen	12	9
Trinken / Kochen	4	3
Garten	5	6
Autopflege	3	3
Summe	139	141

Der Verbrauch an Trinkwasser ist von 85 l pro Kopf und Tag im Jahr 1950 über 139 l im Jahr 1980 auf 146 l im Jahr 1991 gestiegen. Seither ist der Trinkwasserverbrauch wieder gefallen. Im Jahr 1997 lag er bei 130 l. Von diesem Wasser werden zum Trinken und Kochen zwischen 3 und 4 Liter pro Tag verbraucht, genauso viel wie für die Autopflege. Die Tabelle 2.1 gibt Auskunft über die einzelnen Verbrauchsarten beim Trinkwasser.

Starke Potentiale zur Einsparung von hochwertigem Trinkwasser ergeben sich bei der Verwendung von Regenwasser bei der Toilettenspülung, beim Wäschewaschen oder zum Autowaschen. Zur Verwendung beim Duschen ist Regenwasser aufgrund der Salmonellengefahr durch Vogelkot in der Dachrinne nur bedingt zu empfehlen.

Angesichts der steigenden Bevölkerungszahlen steigt der Trinkwasserbedarf sprunghaft an. 7 Mrd. Menschen bedeuten allerdings auch 7 Mrd. Abwasserproduzenten. Vor allem fäkal verunreinigte Abwässer stellen eine hygienische Gefahr für die Trinkwasserversorgung dar. In vielen Gegenden steht nur Oberflächenwasser für die Bevölkerung als Trinkwasser zur Verfügung. Wenn dieses hygienisch nicht in einwandfreiem Zustand ist, treten Epidemien von Infektionskrankheiten auf, die besonders bei Kleinkindern tödlich verlaufen können. Die natürliche Reinigungskraft des Gewässer ist in vielen Gebieten der Abwassermenge für die ständig steigende Bevölkerungszahl nicht gewachsen. Kurzum: Der Wasserverbrauch steigt schneller als die Kapazitäten der natürlichen und technischen Abwasserreinigung. Deshalb wird häufig vorausgesagt, dass die Kriege des 21. Jahrhunderts in zunehmendem Maße um das „weiße Gold Wasser" geführt werden.

2.2.2
Abwasser

Jedes Wasser, dessen sich der Mensch sich zu entledigen versucht, ist rein formal Abwasser. Das kann sowohl relativ unbelastetes Regenwasser sein, oder auch hochbelastetes „Wasser" wie z. B. Rotwein mit ca. 15 % organischer Substanz. Bei einer durchschnittliche belasteten Kläranlage in Deutschland enthält ein Liter Abwasser im Zulauf ca. 400 – 1500 mg organische Stoffe und 300 – 800 mg anorganische (mineralische) Stoffe. Das macht in der Summe 700 – 2300 mg gelöste Stoffe; d. h. das Wasser ist zu 99,93 – 99,77 % reines H_2O.

Daraus wird ersichtlich, wie schon geringe Mengen oder Konzentrationen von Fremdstoffen Wasser für viele Anwendungsgebiete unbrauchbar machen. Das Wasser ist nach Verlassen der Kläranlage zu 99,97 – 99,91 % rein. Die Erhöhung der Reinheit gegenüber dem Kläranlagenzulauf beträgt also nur 0,04 – 0,14 %!

Eine derart hohe Reinheitsanforderung ergibt sich aus der Tatsache, dass gelöster Sauerstoff für das Leben im Gewässer benötigt wird. Der Sauerstoff im Gewässer darf nicht durch den biochemischen Abbau organischer Substanzen aufgezehrt werden. Dieser Abbau wird in der Kläranlage dem Gewässer vorweggenommen.

Normalerweise werden die Gewässer an der Kontaktfläche mit der Luft und durch die Photosynthese mit Sauerstoff versorgt. Die Tatsache, dass das Gewässer noch Sauerstoff enthält, ist davon abhängig, wie viel davon nach dem Abbau abgestorbener Pflanzen und dem Abbau organischer Stoffe aus Einleitungen übrigbleibt. Beim aeroben Abbau von organischen Verbindungen wird Sauerstoff verbraucht. Da der bei der Photosynthese entstandene Sauerstoff aber teilweise delokalisiert, d. h. aus dem Gewässer ausgast, sich also nicht mehr am Ort der Entstehung befindet, steht dieser lebensnotwendige Stoff für den Abbau der abgestorbenen Pflanzen im Gewässer nicht mehr zur Verfügung. Das Gewässer kann daher an Sauerstoff verarmen oder völlig sauerstoff-frei werden und damit „umkippen".

Die Löslichkeit von Sauerstoff in Wasser ist nicht sehr hoch; etwa 15 mg/l können höchstens an gelöstem Sauerstoff (bei 0° C) bei Sättigung durch Lufteintrag erreicht werden. Da der Sauerstoffgehalt der Luft bei etwa 20 % liegt, ist auch der Partialdruck des Sauerstoffes hier nur 20 %. Somit enthält mit Luft gesättigtes Wasser auch nur 20 % des maximal möglichen Sauerstoffgehaltes, der bei Sättigung des Wassers mit reinem Sauerstoff (100 %) erreicht werden kann. Die üblicherweise mit Luft erzielbare Sauerstoffkonzentration beträgt bei Sättigung bei der Temperatur von 15°C ca. 10 mg/l O_2, das entspricht 10 mg/kg oder 0,001 % O_2.

Als Beispiel eines Stoffes für eine Gewässerbelastung durch sauerstoffzehrende Stoffe kann Zucker herangezogen werden. Aus den in Abbildung 2.1 genannten Zahlen ergibt sich, dass 1 g Zucker beim Abbau 1,07 g Sauerstoff zehrt! Schon bei nur 0,001 % biochemisch abbaubarem Zucker im Wasser würde der gesamte gelöste Sauerstoffgehalt eines Gewässers gezehrt. Höhere Belastungen würden zu einem sauerstofffreien, also umgekippten Gewässer führen. Aus diesem Grunde ist eine äußerst sorgfältige Reinigung von organischen, sauerstoffzehrenden Stoffen in Abwässern vor ihrer Einleitung in Gewässer notwendig. Deshalb legen die Behörden für diese Stoffe einen Grenzwert fest. Als Parameter verwendet man den „Biochemischen Sauerstoffbedarf in 5 Tagen", den BSB_5. Der Grenzwert liegt heute im Bereich um 10 mg/l BSB_5. Früher lag er bei 15 mg/l. Man ging davon aus, dass das gereinigte Abwasser im Vorfluter noch mit sauerstoffhaltigem Wasser verdünnt werde.

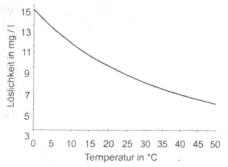

Abb. 2.6. Löslichkeit von Sauerstoff in Wasser in Abhängigkeit von der Temperatur bei Begasung durch Luft

Weitere Parameter für die organische Belastung eines Gewässers sind der Chemische Sauerstoffbedarf, CSB und der gesamte organische Kohlenstoff, TOC, (Total Organic Carbon). Der CSB hat wie der BSB_5 die Maßeinheit „mg Sauerstoff pro Liter". Mit dem CSB werden alle Stoffe erfasst, die unter definierten chemischen Bedingungen oxidierbar sind. Der BSB_5 bezeichnet die Teilmenge des CSB, die von normalen Gewässerbakterien biochemisch zu Kohlenstoffdioxid und Wasser abgebaut werden kann. Der TOC ist ein Maß für den Elementgehalt des Kohlenstoffs im Wasser, wobei der anorganische Teil, z. B. die Spezies der Kohlensäure, abgezogen werden. Bei Kenntnis der mittleren Oxidationzahl des organischen Kohlenstoffs kann der CSB in den TOC umgerechnet werden:

$$\text{mittl.}\, Oz_c = 4 - \frac{2\langle C \rangle}{\langle O \rangle} \cdot \frac{CSB}{TOC} \tag{2.3}$$

$$CSB = \frac{TOC}{1{,}5} \cdot (4 - Oz_c) \tag{2.4}$$

Die Oxidationszahl von Kohlenstoff kann alle ganzzahligen Werte zwischen 4 und -4 annehmen. In der Tabelle 2.2 ist für jede mögliche Oxidationszahl eine Verbindung mit ihren CSB und TOC-Werten exemplarisch aufgeführt. Die Tabelle zeigt, dass nur CSB/TOC-Verhältnisse zwischen 0 und 5,3 möglich sind. Werte außerhalb dieses Bereichs sind wegen der möglichen Oxidationszahlen des Kohlenstoffs nicht möglich.

Tabelle 2.2. CSB und TOC von ausgesuchten organischen Verbindungen

Substanz	Oxidationszahl	TOC [mg]	CSB [mg]	CSB/TOC [mg/mg]
CO_2	4	(24)	0,00	0,00
Oxalsäure	3	24	15,98	0,666
Ameisensäure	2	24	31,97	1,332
Citronensäure	1	24	47,95	1,998
Essigsäure	0	24	63,94	2,664
Buttersäure	-1	24	79,92	3,330
Ethanol	-2	24	95,91	3,996
Ethan	-3	24	111,89	4,662
Methan	-4	24	127,88	5,328

Tabelle 2.3. Potentielle Abwasserbelastung durch bekannte Flüssigkeiten

Stoff	pH	BSB$_5$ [mg/l]	CSB [mg/l]
Coca-Cola	2,6	54.500	134.600
Bier	4,3	65.300	148.800
Riesling	3,6	101.800	197.500
Trollinger	3,6	117.300	188.300

Die häufigste Gefahr besteht für Gewässer also nicht durch giftige Verbindungen, sondern durch organische Verbindungen, die durch ihre Sauerstoffzehrung zu einem Umkippen des Gewässers führen. Die Tabelle 2.3 gibt einige Beispiele für hoch belastende Stoffe für das Gewässer, von denen bekannt ist, dass sie nicht giftig sind.

Zur Verdeutlichung der Belastung durch die Sauerstoffzehrung kann man folgende Beispielaufgabe heranziehen:

Ein Aquarium enthält 250 l Wasser, das bei 23° C mit 8 mg O$_2$/l gesättigt ist. Hierzu wird ein Stück Würfelzucker mit einem Gewicht vom 2,5 g gegeben.

Frage: Wie groß ist der Sauerstoffgehalt nach dem vollständigen Abbau des Zuckers?

Bei einem Gehalt von 8 mg/l Sauerstoff sind in 250 l Wasser, also im ganzen Aquarium, 2 g O$_2$ gelöst. Bei der Annahme, dass zum vollständigen Abbau von 1 g Zucker etwa 1,1 g O$_2$ benötigt werden, ergibt sich :

Für den biochemischen Abbau von 2,5 g Zucker werden 2,75 g Sauerstoff benötigt. Da jedoch nur 2 g O$_2$ im Aquarium vorhanden waren, ist der Sauerstoffgehalt nach dem Abbau bei Null, der Zucker kann noch nicht einmal vollständig abgebaut werden. Das Aquarium kippt um, höhere Lebewesen wie Fische ersticken.

Die hier exemplarisch verwendete organische Substanz Zucker kann durch jede andere sauerstoffzehrende Substanz ersetzt werden. Beispielhaft seien hier noch der Oxidationsmittelbedarf von Ethanol und Oxalsäure erklärt:

- Abbau von Ethanol:

$$C_2H_5OH + 3\ O_2 \leftrightarrows 3\ H_2O + 2\ CO_2 \tag{2.5}$$
    46 g   96 g
(jeweils molekulare Massen, multipliziert mit der Zahl der Moleküle)

46 g Alkohol verbrauchen beim biochemischen Abbau also 96 g Sauerstoff (Faktor = 2,09).

- Abbau von Oxalsäure:

$$(COOH)_2 + 1/2\ O_2 \leftrightarrows H_2O + 2\ CO_2 \tag{2.6}$$
$$\ 90\ g \quad\ 16\ g$$

90 g Oxalsäure verbrauchen beim biochemischen Abbau 16 g Sauerstoff (Faktor = 0,18).

Mit Oxalsäure und Ethanol werden zwei Extrembeispiele im Sauerstoffverbrauch beim Abbau von üblicherweise im Gewässer vorkommenden organischen Substanzen genannt. Der substanzmassebezogene Faktor ist abhängig von der Oxidationszahl des Kohlenstoffs in der entsprechenden organischen Verbindung. Er ist nicht identisch mit dem CSB/TOC-Verhältnis, weil sich hier der Oxidationsmittelverbrauch nicht nur auf den Gehalt an Kohlenstoff bezieht, sondern auf die gesamte molekulare Masse.

2.2.3
Gewässermanagement

2.2.3.1
Organische Stoffe als Belastung

Wie bereits im letzten Abschnitt dargestellt, setzt sich die organische Belastung eines Gewässers aus eingeleiteten organischen Stoffen und aus abgestorbenen Pflanzen, die i. d. R. im Gewässer gewachsen sind, zusammen. Die im Gewässer gewachsenen Pflanzen und Algen produzieren nach der Gleichung:

$$6\ CO_2 + 6\ H_2O \leftrightarrows C_6H_{12}O_6 + 6\ O_2 \tag{2.7}$$

durch Photosynthese Sauerstoff und z. B. Zucker. Bei starkem Pflanzenwachstum und damit hoher Sauerstoffproduktion kann es geschehen, dass der entstandene Sauerstoff aus dem Gewässer ausgast und somit in die Atmosphäre delokalisiert wird. Nach dem Absterben dieser Pflanzen werden sie im Gewässer unter Sauerstoffverbrauch von den Gewässerbakterien abgebaut. Allerdings steht dafür der ausgegaste Sauerstoff größtenteils nicht mehr zur Verfügung. Deshalb kann es bei starkem Pflanzenwachstum zu einer vollständigen Aufzehrung des Sauerstoffs im Gewässer kommen. Folge ist das sogenannte „Umkippen" des Gewässers. Um dieses zu verhindern, müssen verschiedene Faktoren, die die Photosynthese begünstigen, limitiert werden.

Der eine Grundstoff der Photosynthese, das Wasser, kann in einem Gewässer schwerlich limitiert werden, ebenso das CO_2, das im Boden vor allem in Kalkgesteinen sehr häufig vorkommt. Die Reduzierung des Lichteinfalls ist bei kleineren Wasserläufen bis zu 15 m Breite mit entsprechender Beschattung durch Bepflanzung unter Umständen sogar zu bewerkstelligen, bei stehenden Gewässern wie Weihern und Seen ist dies nahezu unmöglich. Die wesentlichen Limitierungsfaktoren sind die Makronährstoffe Phosphor und Stickstoff.

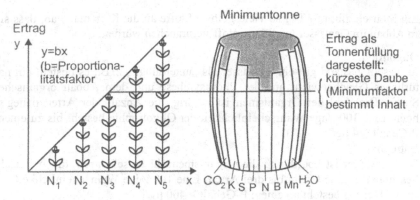

Abb. 2.7. Das Liebigsche Fass (nach Finck 1991)

Für die Veranschaulichung der Düngung in der Landwirtschaft hat Liebig das Fass mit den verschieden langen Dauben herangezogen.

Liebig nennt hier die notwendigen Nährstoffe, die eine Pflanze für optimales Wachstum benötigt. Er führt auch den Begriff des wachstumshemmenden Faktors ein als den Nährstoff, der zuerst verbraucht ist. Hier nennt er vor allem den Stickstoff und Phosphor als limitierenden Faktor des Pflanzenwachstums. Beim Gewässermanagement wird dieses System auf den Kopf gestellt. Das Ziel ist nicht maximales, sondern minimales Pflanzenwachstum. Sinnvoll ist hier die Minimierung der größtenteils anthropogen eingetragene Stoffe wie Phosphor und Stickstoff, da die anderen Makronährstoffe geogen vorkommen und deshalb kaum minimiert werden können. Auch Stickstoff lässt sich u. U. nur schwer limitieren, da zwar die Einleitung ins Gewässer gesenkt werden kann, aber er durch Blaualgen oder Leguminosen aus der Luft nachgeliefert werden kann. Als limitierender Makronährstoff, der technisch minimierbar ist und der nicht durch andere Quellen wieder aufgefüllt werden kann, bleibt nur der Phosphor übrig.

1,9 g Phosphor gibt ein Mensch allein aus Nahrungsmitteln pro Tag an die Kläranlagen ab. Dieser Wert ist aus heutiger Sicht ohne unverhältnismäßig hohen Aufwand nicht mehr zu reduzieren. Auch bei Verwendung von phosphatfreien Waschmitteln bleiben also knapp 2 g/d P-Eintrag. Diese 2 g verursachen aber durch Düngung des Gewässers ein Pflanzenwachstum, das nach dem Absterben beim Abbau 20 Einwohnergleichwerten (EGW) entspricht, einem Sauerstoffverbrauch von 1200 g. Hier wird deutlich, dass eine Phosphoreliminierung in Abwässern unbedingt notwendig ist. Phosphor und Stickstoff müssen mit dem Ziel in das Gewässermanagement einbezogen werden, dass eine Überdüngung/Eutrophierung eines Gewässers nicht mehr möglich ist.

Der Einwohnergleichwert ist ein Begriff aus der Abwassertechnik, der eine Aussage darüber macht, wie viel abbaubare Stoffe, gelöst in Wasser (also nicht durch Sedimentation oder Siebung abtrennbar), ein Mensch pro Tag an die Kläranlage abgibt. In Zahlen ausgedrückt heißt das:

1 EGW $\triangleq$ 60 g BSB_5/d

Ein Mensch gibt pro Tag so viele gelöste Stoffe an die Kläranlage ab, dass sie beim Abbau im Gewässer 60 g Sauerstoff verbrauchen würden.

- Oligotroph:
  In diesem Zustand gilt ein Gewässer als „unterdüngt", z. B., es besteht ein natürliches Gleichgewicht aus der Photosynthese und dem Abbau organischer Stoffe. Die Zahl der Organismen ist niedrig, die Anzahl der Arten dagegen hoch. Eine 100 %ige Wahrscheinlichkeit der Oligotrophie besteht bis zu einem P-Gehalt < 4 μg/l.
- Eutroph:
  Das Gewässer ist überdüngt, die Organismenzahl ist sehr groß, die Artenzahl beschränkt sich auf zwei bis drei Arten. Eine 100 %ige Wahrscheinlichkeit der Eutrophierung besteht ab einem P-Gehalt > 400 μg/l.
- Mesotroph:
  Der Bereich zwischen oligotroph (4 μg/l) und eutroph (400 μg/l) wird als mesotroph bezeichnet. Hier spielen neben dem Phosphorgehalt die anderen Randbedingungen für den Trophiegrad eine Rolle.

Die Belichtung und die Durchsichtigkeit eines Gewässers spielen bei der Einteilung eine gewisse Rolle. So kann ein dichter Baumbestand an den Ufern von kleinen Gewässern die Belichtung beträchtlich einschränken. Bei leicht erhöhten P-Gehalten im Wasser, aber wenig Lichteinfall kann ein Gewässer durchaus noch oligotroph sein. Oder ein Gewässer mit einer gewissen Trübung erträgt höhere P-Gehalte ohne zu eutrophieren als ein klares Gewässer, da das Licht hier nur sehr wenig eindringt.

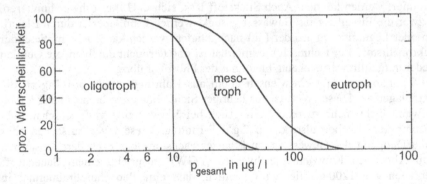

Abb. 2.8. Trophie bezogen auf P (nach Vollenweider 1968)

Beispiel: Im Dorfweiher wird ein Fischsterben beobachtet. Die Behörden werden alarmiert. Der Wirtschaftskontrolldienst (WKD) kommt zur Untersuchung des Vorfalls. Dieser misst um 12 Uhr mittags folgende Parameter:
- $O_2 = 20$ mg/l
- Ammoniumstickstoff $N(NH_4^+) = 5$ mg/l
- pH = 9,5
- T = 18° C

Woran sind die Fische gestorben, da ja offensichtlich genügend Sauerstoff zur Verfügung stand? Antwort: Sie sind erstickt. Ammoniak hat ihre Atmung gelähmt. Er ist ein sehr starkes Fischgift!

Die Frage nach der Herkunft des Ammoniaks im betreffenden Gewässer bringt uns zum Ammoniak-Ammonium-Gleichgewicht:

Das Gleichgewicht

$$NH_3 + H^+ \leftrightarrows NH_4^+ \qquad\qquad (2.8)$$

ist stark pH-abhängig.

Bei einem pH-Wert von 9,5 liegen etwa 30 % NH_3 vor. Dies entspricht bei einem Gehalt von 5 mg/l $N(NH_4^+)$ etwa 1,5 mg NH_3. Konzentrationen von über 1 mg/l NH_3 sind für Fische in der Regel giftig.

Was ist geschehen?

Bei der Photosynthese wird Wasser und Kohlenstoffdioxid zu organischen Verbindungen umgesetzt, d. h. dem Wasser wird Kohlensäure H_2CO_3 entzogen. Die Elimination von Säure wirkt wie die Zugabe einer Base: Der pH steigt. Dieser Vorgang wird als biogene Alkalisierung des Wassers bezeichnet. Als Folge dieser pH-Änderung wird ungiftiges Ammonium in Ammoniak umgewandelt. Dieser blockiert die Atmungsorgane der Fische und führt zu ihrem Erstickungstod.

Das Ammonium im Gewässer stammt normalerweise aus Fäkalabwässern oder aus Gülle.

Zur Verhinderung einer solchen biogenen Alkalisierung, die zu hohen Ammoniakkonzentrationen führen kann, muss der Gehalt an Nährstoffen im Wasser verringert werden, damit die Photosynthese gehemmt wird. Die Einleitungsbestimmungen für gereinigtes Abwasser begrenzen i. d. R. den Ammoniumstickstoff auf einen Grenzwert von < 5 mg/l NH_4^+-Stickstoff.

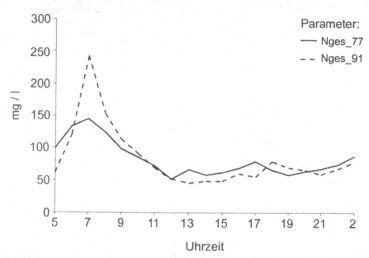

Abb. 2.9. Gesamtstickstoffgehalt im Zulauf des Klärwerks Stuttgart-Büsnau an einem Tag in den Jahren 1977 und 1991

Im Zulauf einer kommunalen Kläranlage findet man zu gewissen Tageszeiten Stickstoffkonzentrationen von bis zu 250 mg/l N_{ges} (Gesamtstickstoff, Summe aus Ammonium-, Nitrit-, Nitratstickstoff und organisch gebundenem Stickstoff). Die Konzentration fällt den ganzen Tag über kaum unter 50 mg/l N_{ges}. Im Zulauf der Kläranlage hat dieser Gesamtstickstoff normalerweise die Oxidationsstufe -3, also freier oder gebundener Ammoniumstickstoff. Wenn die Grenzwerte für Ammoniumstickstoff im Ablauf erreicht werden sollen, muss der Wert von < 5 mg/l unterschritten werden. Die Kläranlage muss also das Ammonium durchweg zu über 90 % entfernen.

Doch selbst dieser zugelassene Wert kann, wie das oben angeführte Beispiel zeigt, noch zu Fischsterben in einem Gewässer führen. 5 mg/l NH_4^+ sind nur zu vertreten, wenn der Vorfluter noch keine Vorbelastung durch Ammonium aufweist und das gereinigte Abwasser genügend verdünnt.

Die Phosphat-Ganglinien in Abbildung 2.10 zeigen deutliche Unterschiede zwischen den Jahren 1977 und 1991: Die Konzentrationsspitze am Vormittag aus der Linie des Jahres 1977 ist völlig weggefallen. Das ist auf eine Änderung der zugelassenen Phosphorkonzentrationen in der Phosphat-Höchstmengen-Verordnung im Jahr 1984 zurückzuführen. Seither werden nur noch phosphatarme bzw. phosphatfreie Waschmittel verwendet. Polyphosphate wurden früher in den Waschmitteln als Härtebinder verwendet, da sie Calcium- und Magnesiumionen durch Komplexbildung binden. Die Funktion von Phosphat im Waschmittel wurde von anderen Stoffen übernommen.

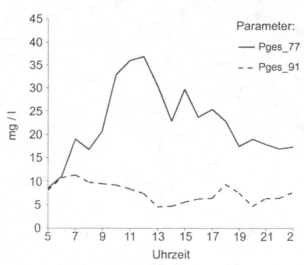

Abb. 2.10. Gesamtphosphorgehalt im Zulauf des Klärwerks Stuttgart-Büsnau an einem Tag im Jahr 1977 und 1991

Als Phophat-Ersatzstoffe in Waschmitteln werden momentan zwei Gruppen von Stoffen eingesetzt:

1. Zeolith A (auch Sasil genannt, von *S*odium *A*luminium *Si*licate).
   Diese Substanz wirkt als Kationenaustauscher; sie ist nicht wasserlöslich und wird deshalb als feines Pulver zugegeben. Diese Verbindung wird von der Firma Degussa/Hüls hergestellt. Sie wird z. B. in den Waschmitteln der Firma Henkel eingesetzt. In Kläranlagen wird es mit den Sinkstoffen eliminiert und wird mit dem Klärschlamm entsorgt. Nach der anaeroben Behandlung von zeolithhaltigem Schlamm wurden schon verschiedentlich erhöhte Silikatgehalte im Wasser beobachtet. Es ist nicht ausgeschlossen, dass dadurch das Wachstum von Kieselalgen gefördert wird.

2. Nitrilotriessigsäure, NTA
   Sie wirkt als gelöster Komplexbildner und ist nicht vollständig abbaubar. Die Auswirkungen von NTA in der Umwelt sind noch nicht völlig bekannt; möglich wäre eine Mobilisierung von bereits sedimentierten Schwermetallausfällungen durch ins Gewässer gekommene, nicht abgebaute Reste des Komplexbildners. Falls NTA ins Trinkwasser gelangt, kann es zur Herauslösung von Calcium aus den Knochen kommen und damit zu Knochenerweichungen beim Menschen führen.

Wie bereits dargelegt ist nach Inkrafttreten der Phosphat-Höchstmengen-Verordnung der Phosphorgehalt im Zulauf der Kläranlagen zurückgegangen (Abbildung 2.10). Er liegt allerdings immer noch über 5 mg/l. Ohne Phosphorelimination bei der Abwasserreinigung ist der Phosphorgehalt im gereinigten Abwasser nach den Erkenntnissen von Vollenweider noch um mindestens den Faktor 10 bis 1000 zu hoch.

Allerdings kann beim Phosphor davon ausgegangen werden, dass übliche Vorfluter nicht durch einen geogenen Hintergrundwert mit Phosphor belastet sind. Der Grenzwert für die Einleitung in ein Gewässer liegt daher – je nach Größe der Kläranlage und nach Art des Vorfluters – zwischen 0,3 und 2 mg/l.

Wie bereits oben ausgeführt, ist ein weiterer wichtiger Nährstoff der Stickstoff in seinen Verbindungen. Er kommt in der Natur im wesentlichen in drei Arten von Verbindungen vor.

– N_2 als Luftstickstoff (Anteil 78 %)
– NH_3/NH_4^+ Ammoniumstickstoff und Aminoverbindungen und
– NO_3^- Nitratstickstoff

Die meisten Pflanzen können Stickstoff nur als Ammonium- oder Nitratstickstoff aufnehmen. Sie sind deshalb auf diese Verbindungen als Düngestoffe angewiesen. Einige Bakterien und Blaualgen sind nicht von diesen Stickstoffquellen abhängig. Sie reduzieren atmosphärischen Stickstoff zu Ammoniak. Manche dieser Arten leben in Symbiose oder Assoziation mit grünen Pflanzen. Am bekanntesten sind die Knöllchenbakterien (Rhizobien) der Leguminosen. Sie sind wirtsspezifisch. Anabaena azollae (eine Blaualge) kooperiert mit dem Wasserfarn Azolla. Zu den stickstoffreduzierenden Arten gehören eine Anzahl freilebender Bodenbakterien. Diese Stickstoff-Fixierer sind für anderen Pflanzen und für die Tiere als Lieferant von Stickstoffverbindungen von entscheidender Bedeutung. Sie sind deshalb direkt oder indirekt für den natürlicherweise im Kreislauf befindlichen gebundenen Stickstoff verantwortlich.

Die im Gewässer als Düngestoffe auftauchenden Stickstoffverbindungen werden teilweise von den o. g. Bakterien und Blaualgen verursacht. Aber auch organische und anorganische Stickstoffverbindungen aus menschlichen Ausscheidungen, Düngemittel aus der Landwirtschaft und Stickoxide in Abgasen der Industrie und aus Verbrennungsmotoren gelangen in die Gewässer.

Dazu ein Beispiel: Wenn Gülle auf landwirtschaftlich genutzten Flächen verdüst wird, kann ein wesentlicher Teil des Stickstoffs als Ammoniak (NH_3) über den Luftpfad verfrachtet werden. Dieser N-Eintrag über die Luft stellt an anderen Stellen einen nicht unerheblichen Beitrag zur Düngung der Böden dar. Ökologen machen diesen Stickstoff neben den verkehrsbürdigen Stickstoffverbindungen aus der Luft dafür verantwortlich, dass Magerbiotope wie die Lüneburger Heide durch „Luftdüngung" nicht mager bleiben und zerstört werden. Nachgewiesen ist dieser messbare Stickstoffeintrag auch über den Luftpfad in der Nord- und Ostsee. Die Quellen für die Stickstoffverfrachtung über die Luft sind nur sehr schwer quantifizierbar. Die Beiträge der Landwirtschaft und des Verkehrs spielen dabei eine wesentliche Rolle.

2.2.4
Nitrat und Nitrit in Trinkwasser

Nitrat und Nitrit sind Verbindungen, die im Trinkwasser unerwünscht sind. Die momentan gültige Trinkwasser-Verordnung (TrinkwV) schreibt einen Grenzwert von 50 mg/l Nitrat und 0,1 mg/l Nitrit vor; die Empfehlung der EU-Trinkwasserrichtlinie sieht ebenfalls diese Werte vor. In Weinbaugebieten findet man im Grundwasser teilweise über 200 mg/l und in Gebieten mit intensiver Viehwirtschaft oder Gemüseanbau sogar bis zu 400 mg/l Nitrat.

Im folgenden soll dargestellt werden, wie aus dem im Dünger als Ammoniumstickstoff ausgebrachten Stickstoff die Grundwasserbelastung durch Nitrat zustande kommt. In den meisten Böden gibt es Tonteilchen. Sie sind recht gute Kationenaustauscher, ihre aktiven negativen Ladungszentren gehen mit den Kationen des Porenwassers im Boden Wechselwirkungen ein. Wird mit Ammoniumstickstoff gedüngt, so wird das Kation NH_4^+ an die Tonteilchen gebunden und nach Bedarf an die Pflanzen abgegeben. Der Stickstoff wird also an der Stelle fixiert, an der er benötigt wird. Wenn der Boden gut durchlüftet ist, findet allerdings durch Bakterien eine Stickstoffoxidation statt. Dieser Prozess wird Nitrifikation genannt. Dabei entsteht das Nitrat-Anion, das mit den Tonteilchen als negativ geladenes Ion keine Wechselwirkungen mehr eingeht. Der Stickstoff ist also nicht mehr fixiert und kann ins Grundwasser ausgewaschen werden.

Die Nitrifikation verläuft nach folgender Gleichung:

$$NH_4^+ + 2\ O_2 \leftrightarrows NO_3^- + H_2O + 2\ H^+ \tag{2.9}$$

1 g Ammonium verbraucht zur Nitrifizierung 4,6 g Sauerstoff.

Neben Nitrat werden H^+-Ionen produziert, der Boden wird sauer. Die Reaktion verläuft in zwei Teilschritten, die jeweils von einer Bakterienart durchgeführt werden:

1. Nitritation (Bakterium: Nitrosomonas)

$$NH_4^+ + 1{,}5\ O_2 \leftrightarrows NO_2^- + H_2O + 2\ H^+ \tag{2.10}$$

2. Nitratation (Bakterium: Nitrobakter)

$$NO_2^- + 0{,}5\ O_2 \leftrightarrows NO_3^- \tag{2.11}$$

Nitrosomonas-Bakterien sind sehr widerstandsfähig, sie können gut mit veränderten Rahmenbedingungen umgehen, während Nitrobakter sehr empfindlich auf pH-Wertänderungen, toxische Schwermetalle und andere Faktoren reagieren. Ab einem bestimmten Grad der Beeinträchtigung wird der Nitrobakter in seiner Stoffwechseltätigkeit gehemmt. Normalerweise arbeitet Nitrobakter schneller als Nitrosomonas, so dass kein Nitrit im Wasser zu finden ist. Wenn die Nitrobakter aufgrund für sie schädlicher Bedingungen gehemmt wird, bleibt die Nitrifikation bei der ersten Teilreaktion stehen und es wird Nitrit angereichert. Das nitrithaltige Grundwasser ist als Trinkwasser nicht mehr geeignet.

Zu der Zeit, als noch nicht mit leistungsstarken Traktoren gepflügt wurde, waren die Furchen oft nicht tief genug, um das gesamte Wurzelwerk der Pflanzen umzubrechen (Pflügtiefe ca. 15 cm). Das Wurzelwerk im nicht umgebrochenen Boden wurde mangels Sauerstoffversorgung nicht oder nur unzureichend biologisch aerob abgebaut. Es bildete sich eine Zone mit reduzierenden Bedingungen. Bei der Mobilisierung von Stickstoff als Nitrat wurde es in der Reduktionszone zu Stickstoff reduziert. Bodenbakterien nutzen Nitrat statt elementarem Sauerstoff als Oxidationsmittel zum Abbau der verbliebenen organischen Substanz. Dieser Vorgang heißt Denitrifikation:

$$5\ C_6H_{12}O_6 + 24\ NO_3^- \leftrightarrows 12\ N_2 + 18\ H_2O + 30\ CO_2 + 24\ OH^- \tag{2.12}$$

Der elementare Stickstoff entweicht als Gas in die Atmosphäre. Mit dem Einsatz stärkerer Zugmaschinen werden Pflügtiefen von bis zu 40 cm erreicht. Im Boden befindet sich folglich keine Denitrifikationszone mehr. Deshalb kann das Nitrat ungehindert ins Grundwasser gelangen.

Ursprünglich stand dem Land die durch heimische Leguminosen und Blaualgen fixierte Menge an Stickstoff zur Verfügung. Innerhalb der letzten 100 Jahre hat sich in Deutschland aber die im natürlichen Kreislauf befindliche Stickstoffmenge verdoppelt bis verdreifacht. Das ist vor allem auf folgende Faktoren zurückzuführen:

- Fixierung von Stickstoff mit dem Haber-Bosch-Verfahren:
  Durch dieses großtechnische Verfahren kann Ammonium aus Luft(stickstoff), Wasser und Kohle (heute Methan) hergestellt werden. Dieses Verfahren hat die in den Naturkreislauf eingebrachte Stickstoffmenge fast verdoppelt.

– Verfütterung von Leguminosen aus Übersee:
Die Leguminosen werden seit den 70er Jahren in Nord- und Südamerika ver-
marktet und dienen als stickstoffhaltiges Kraftfutter in der Tierernährung. Die
verfütterte Stickstoffmenge ist häufig wesentlich höher als sie die Tiere benötigen; überschüssiger Stickstoff wird wieder ausgeschieden und so über die Gülle
in den Kreislauf eingebracht.

Diese Faktoren führen neben den größeren Pflügtiefen zu einem erhöhten Gehalt
an Nitrat im Grundwasser und somit im Trinkwasser, wenn es aus Grundwasser
gewonnen wird. Deshalb werden in Gebieten mit Intensivlandwirtschaft (z. B.
Weinbau oder Gemüseanbau) oder mit hohen Beständen an Vieh im Grundwasser
bis zu 500 mg/l Nitrat gefunden. Die hohen Nitratgehalte sind i. d. R. mit einer
Absenkung des pH-Wertes verbunden. Diese Versäuerung kann bei entsprechenden geologischen Voraussetzungen zu erhöhten Schwermetallgehalten im Grundwasser führen. Ein Beispiel für hohe Nitrat- und Schwermetallgehalte im Grundwasser ist das „Knoblauchsland" bei Nürnberg, eine Gegend mit sehr vielen Gärt-
nereien. Die Grundwässer in diesen Gegenden können nicht mehr als Trinkwasser
genutzt werden oder sie müssen mit sehr aufwendigen Verfahren aufbereitet werden.

In der Abwassertechnik ist heutzutage die Elimination von Stickstoff-Verbin-
dungen Stand der Technik. Der für übermäßiges Pflanzenwachstum im Gewässer
verantwortliche Düngestoff Stickstoff wird in Kläranlagen durch Nitrifikation
(Umwandlung von Ammonium zu Nitrat) und anschließender Denitrifikation
(Umwandlung von Nitrat zu elementarem Stickstoff) aus dem Abwasser eliminiert. Diese mikrobiologischen Verfahren ermöglichen die Entfernung von 90 bis
95 % der Stickstoffverbindungen. Im Normalfall reichen jedoch Stickstoffelimina-
tionsraten von 60 bis 80 % um im Gewässer potentielle Schäden zu minimieren.
Dies gilt insbesondere dann, wenn auch gleichzeitig die Phosphor-Verbindungen
aus dem Abwasser eliminiert werden.

Im Gegensatz dazu wird Phosphor nicht durch Bakterien eliminiert wie der
Stickstoff; er muss der Abwasserreinigung in unlösliche Verbindungen überführt,
z. B. ausgefällt und entfernt, werden. Hierzu werden Eisen(III)- oder Aluminium-
salze eingesetzt.

Da Nitrat außer mit Wismut, das teuer und toxisch ist, keine schwerlöslichen
Verbindungen eingeht, ist eine Stickstoffelimination durch Fällung nicht möglich.
Theoretisch wäre eine gemeinsame Fällung von Ammonium und Phosphat möglich über die Verbindung Ammoniummagnesiumphosphat (NH_4MgPO_4). Allerdings ist diese Fällung nicht so vollständig, dass der Phosphorgehalt des Abwas-
sers unter 1 mg/l sinkt (Notwendigkeit hierfür s. o.). Außerdem liegen Ammonium
und Phosphat nie im notwendigen günstigen Mengenverhältnis vor, so dass meist
noch Phosphat zugegeben werden müßte. Diese Einschränkungen machen die
NH_4MgPO_4 – Fällung nicht zu einem brauchbaren Verfahren in Kläranlagen.

Die deutsche Trinkwasser-Verordnung vom Dezember 1990 sieht für Nitrat einen Grenzwert von 50 mg/l vor. Zum Vergleich sei die amerikanische Regelung
angeführt, in der die EPA einen Grenzwert von 10 mg/l an Nitrat-Stickstoff an-
gibt. Hier wird mit zwei verschiedenen Maßeinheiten gearbeitet:

Mit Nitratstickstoff (N_{NO3-}) und mit Nitrat (NO_3^-).

- 1 mmol NO_3^- = 62 mg
- 1 mmol N_{NO3-} = 14 mg

Daraus ergibt sich, dass 1 mg Nitratstickstoff (N_{NO3-}) 4,4 mg Nitrat (NO_3^-) entsprechen. Die 10 mg/l Nitratstickstoff in der amerikanischen Vorschrift entsprechen also 44 mg/l Nitrat der deutschen Trinkwasser-Verordnung; die amerikanische Regelung ist damit nur unwesentlich strenger als die deutsche.

In Deutschland werden diese zwei Maßsysteme zur Angabe des Nitratgehalts nebeneinander verwendet: bei Trinkwasser, wie bereits dargestellt, die Konzentration an Nitrat, bei Abwasser die Konzentration an Nitratstickstoff. In den meisten anderen Ländern wird sowohl im Trinkwasser als auch im Abwasser der Nitratgehalt in Nitratstickstoff (N_{NO3-}) angegeben.

2.2.4.1
Toxizität von Nitrat

Nitrat im Trinkwasser ist für einen gesunden menschlichen Organismus an sich nicht sonderlich toxisch, allerdings kann es bei instabilen Verhältnissen im Grenzbereich vom Dünn- zum Dickdarm zur Reduktion von Nitrat zu Nitrit kommen. Solche instabilen Verhältnisse treten auf, wenn Bakterien aus dem Dickdarm in den Dünndarm aufsteigen. Die Giftwirkung des Nitrits besteht darin, dass es eine sehr starke Bindung mit Hämoglobin, dem roten Blutfarbstoff, eingeht, der dann nicht mehr zum Sauerstofftransport zur Verfügung steht. Üblicherweise tritt dies bei einem gesunden Organismus und erwachsenen Menschen nur relativ selten in bedrohlichem Ausmaße ein.

Bei Kleinkindern jedoch sind solche Bakterienaufstiege vom Dickdarm in den Dünndarm recht häufig, zudem besitzen Kleinkinder im ersten Lebensjahr noch eine andere Form des Hämoglobins, das bei der Versorgung über die mütterliche Plazenta zu einer besseren Austauschmöglichkeit des Sauerstoffs vom mütterlichen zum embryonalen Hämoglobin diente. An dieser Form des Blutfarbstoffs bindet sich Nitrit allerdings – im Gegensatz zum „Erwachsenenhämologin" – irreversibel, und die Sauerstoffversorgung des kindlichen Organismus wird langfristig blockiert. Die darauf zurückzuführende Krankheit ist die sogenannte „Blausucht" (blaues Anlaufen infolge von Sauerstoffmangel) und kann zum Erstickungstod führen.

Allerdings sind in Deutschland seit dem Zweiten Weltkrieg keine eindeutig beschriebenen Fälle von Kindstod durch Blausucht als alleinige Todesursache mehr dokumentiert worden. Dies ist ein Hinweis auf die relativ gute Qualität des Trinkwassers über diesen Zeitraum. In Verbindung mit anderen Schwächungen des jungen Organismus jedoch können zusätzlich erhöhte Nitrat- oder Nitritgehalte tödlich enden. Die deutsche Trinkwasserverordnung sieht für Nitrit einen Grenzwert von 0,1 mg/l vor.

Nitrit ist auch in anderer Hinsicht noch von Bedeutung: Nitrit wird als Natriumnitrit in Schnellpökelsalz zur Lebensmittelkonservierung eingesetzt und fördert die Möglichkeit der Bildung von Nitrosaminen sowohl bei der Lebensmittelzubereitung als auch bei der Verdauung. Nitrosamine haben eine hohe Carzinigenität (Potential der Krebsbildung) und Mutagenität (Potential zur Erbgutveränderung). Sie können sich im sauren Milieu des Magens aus Nitrit in Gegenwart von Aminen bilden.

2.2.5
Gewässergefährdende Stoffe

Die Makro-Störstoffe, die im Gewässer Gefährdungen verursachen können, lassen sich in folgende Gruppen einteilen:

– Zehrstoffe wie abbaubare organische Stoffe, die den Sauerstoffgehalt des Gewässers durch ihren aeroben Abbau mindern;
– Nährstoffe wie Stickstoff- und Phosphorverbindungen, die als Düngestoffe das Pflanzenwachstum und damit die biogene Produktion von abbaubaren organischen Stoffen fördern;
– Hemmstoffe, die Wasserorganismen durch ihre toxische Wirkung beeinträchtigen.

Diese Stoffe kommen in völlig verschiedenen Konzentrationsbereichen im Gewässer vor. Die angegebenen Bereiche zeigen an, ab welcher Konzentration die Stoffe eine relevante Wirkung im Gewässer zeigen.

– Zehrstoffe   ab 10   mg/l
– Nährstoffe   0,1 mg/l bis 10 mg/l
– Hemmstoffe   10   µg/l bis 10 mg/l

Daneben gibt es in den Gewässern noch sogenannte Mikro-Störstoffe. Dazu gehören Pflanzenbehandlungs- und Schädlingsbekämpfungsmittel (PBSM), auch Pestizide genannt sowie endokrin und neuronal wirkende Stoffe.

2.2.5.1
Pflanzenbehandlungs- und Schädlingsbekämpfungsmittel (PBSM)

Der Grenzwert der TrinkwV liegt für einzelne PBSM bei 0,1 µg/l, der Summenparameter für mehrere PBSM liegt bei 0,5 µg/l. Dieser Summengrenzwert ist jedoch nicht ganz genau zu definieren. Denn es ist unrealistisch, dass alle etwa 500 bis 800 in Frage kommenden Stoffe (PBSM und deren Abbauprodukte) gleichzeitig in einem Gewässer in analytisch bestimmbaren Konzentration vorkommen. Die Verfasser der TrinkwV wollten mit diesen Grenzwerten deutlich zum Ausdruck bringen, dass PBSM im Trinkwasser gänzlich unerwünscht sind.

PBSM lassen sich nach folgendem Muster in verschiedene Klassen einteilen: „Wortanfang des zu bekämpfenden Organismus" + „zid".

Als wichtigste Vertreter, die vorwiegend in der Landwirtschaft Anwendung finden, seien hier die Herbizide (sog. „Unkraut"-vernichtungsmittel), die Bakterizide (Bakteriengifte), die Fungizide (Pilz- und Fäulnisbakterienvernichtungsmittel) und die Insektizide (Insektenvernichtungsmittel) genannt.

2.2.5.2
Endokrin wirksame Stoffe

Als endokrin wirkende Stoffe bezeichnet man Substanzen, die auf die Drüsensysteme hemmend oder stimulierend wirken. Häufig greifen sie in den Hormonhaushalt von Tieren ein. Als Beispiel seien hier Alligatoren, die in den Abwasserkanälen der Städte von Florida leben, angeführt. Bei den männlichen Tieren konnte eine völlige Verkümmerung der Geschlechtsorgane beobachtet werden. Als Grund nimmt man an, dass die in Duschgels vorkommenden Moschusverbindungen (Duftnoten) verweiblichend wirken. Dies führt zu Fortpflanzungsproblemen und letztlich zur Gefährdung des Fortbestandes verschiedener Arten.

In diesem Zusammenhang stehen auch die Beobachtungen in Gewässern unterhalb des Auslaufs großer Kläranlagen: Von den dort gefangenen Fischen sind häufig 80 % weiblich, was nicht dem natürlichen Gleichgewicht entspricht. Entweder sind die männlichen Tiere verendet oder aber sie haben eine chemische Geschlechtsumwandlung erfahren.

Es sind im Hormonsystem zwei Wirkweisen endokriner Stoffe bekannt:

- Der Hormonrezeptor im Organismus wird durch Fremdstoff besetzt und initiiert den hormoninduzierten Prozeß (der Fremdstoff täuscht das Hormon vor)
- Der Hormonrezeptorbelegung wird nur belegt, ohne dass eine Prozeßinduktion stattfindet. Die echten Hormone können nicht mehr wirken.

Endokrine Wirkungen sind bei verschiedenen Industriechemikalien wie Weichmachern (Phthalsäureester) beobachtet worden. Diese Kunststoffweichmacher sind flüchtig und fast überall, z. B. ubiquitär, nachweisbar.

2.2.5.3
Neuronal wirkende Stoffe

Bei solchen Substanzen sind Wirkungen auf Nervensysteme schon ab einer Konzentration von 10 pg/l festzustellen. Für neuronal wirksame Stoffe sind Muscheln ein sehr guter Indikator, da sie schon bei recht niedrigen Belastungen ihre Schalenklappen nicht mehr öffnen (Schließmuskel blockiert). Die genaue Identifikation dieser Stoffe gestaltet sich sehr schwierig. Häufig kann der Stoff nur durch seine Wirkung am entsprechenden Organismus detektiert werden. Die analytische Erfassung des Stoffes ist in den relevanten Konzentrationsbereichen nicht möglich.

Die Mikrostörstoffe sind im Gewässer in noch niedereren Konzentrationen relevant:

- Pestizide (PBSM)   0,1 µg/l bis 50 µg/l
- Endokrin wirkende Stoffe   ab 1 ng/l (?)
- Neuronal wirkende Stoffe   ab 10 pg/l (?)

Es ist kaum vorstellbar, was es bedeutet, dass 10 pg (Pikogramm!) eines Stoffes bewirken können, dass eine Muschel sich nicht mehr öffnen kann. Die Tabelle 2.4 veranschaulicht, was eine derartige Konzentration bedeutet.

Tabelle 2.4. Veranschaulichung von Konzentrationsgrößen am Beispiel der Lösung von einem Würfelzucker in verschiedenen Volumina Wasser

Gehalt	Masse pro kg	Konzentration	1 Würfelzucker aufgelöst in
1 % 1:100	10 g pro kg	10 g/kg	2 Tassen 0,27 l
1 ‰ 1:1.000	1 g pro kg	1 g/kg	~3 Flaschen 2,7 l
1 ppm 1:1.000.000	1 mg pro kg	10^{-3} 0,001 g/kg	1 Tankwagen 2.700 l
1 ppb 1:1.000.000.000	1 µg pro kg	10^{-6} 0,000001 g/kg	1 Tankschiff 2,7 Mio l
1 ppt 1:1.000.000.000.000	1 ng pro kg	10^{-9} 0,000000001 g/kg	Ostertalsperre 2,7 Mrd l
1 ppq 1:1.000.000.000.000.000	1 pg pro kg	10^{-12} 0,000000000001 g/kg	Starnberger See 2,7 Billionen l

Die Konzentrationsangabe 10 pg/l bedeutet also bei Zucker, dass sie bei der Dosierung von 10 Würfelzuckerstückchen im Starnberger See erreicht wird. Daraus wird ersichtlich, welch hohe Anforderungen an die Reinheit des Wassers gestellt werden müssen und wie sorgsam mit Wasser umgegangen werden muss. Schon kleinste Verunreinigungen können Wasser so verunreinigen, dass es für gewisse Anwendungen nicht mehr brauchbar ist.

2.3
Abbaubarkeit / Abbau von Stoffen

Die biochemische Abbaubarkeit stellt ein wichtiges Kriterium zur Beurteilung der Umweltrelevanz von Substanzen oder Substanzgemischen dar. Ein langsamer Abbau führt bei andauerndem Eintrag langfristig zu erhöhten Konzentrationen der betreffenden Substanz in der Umwelt. Dabei ist – je nach den individuellen Stoffeigenschaften – die Anreicherung in bestimmten Kompartimenten oder die ubiquitäre Verbreitung des Stoffes wahrscheinlich. Welche langfristigen Schadwirkungen damit zu befürchten sind, läßt sich nur vage abschätzen. Gute Abbaubarkeit eines Stoffes verhindert die Akkumulation oder ubiquitäre Verbreitung. Hier kann jedoch bei genügend schnellem Eintrag eine erhebliche Belastung des Selbstreinigungspotentials betroffener Gewässer oder anderer Ökosysteme eintreten.

Zur Beurteilung einer eventuell vorhandenen akuten Bakterientoxizität, die einem potentiell möglichen Abbau entgegensteht, sind Toxizitätstest notwendige Voraussetzung. Dabei sollte für solche Stoffe, die in Abwässern auftreten oder zu erwarten sind, neben der Wirkung auf heterotrophe Mikroorganismen auch die

Wirkung auf nitrifizierende Bakterien erfasst werden. Dies ist notwendig, da im Zuge der weitergehenden Abwasserreinigung bundesweit die weitgehende Elimination des im Abwasser enthaltenen Stickstoffes angestrebt wird und dazu in der Regel das biochemische Verfahren der Nitrifikation/Denitrifikation Anwendung findet. Separate Untersuchungen auf die Hemmung der Denitrifikation erübrigen sich, da solche Effekte mit dem kombinierten Abbaubarkeits- und Toxizitätstest erfasst werden.

An den Abbauvorgängen sind verschiedene Mikroorganismen beteiligt, die ihre Stoffwechselvorgänge auf verschiedene Art und Weise abwickeln. So brauchen alle Organismen eine Energiequelle. Im wesentlichen gibt es zwei Möglichkeiten, den Energiebedarf zu decken. So kann Licht als Quelle genutzt werden. Diese Mikroorganismen bezeichnet man als „phototroph". Wenn oxidierbares Material zur Energiegewinnung benutzt wird, dann sind sie „chemotroph". Als weitere Bedingung zum Wachstum brauchen alle Organismen eine Kohlenstoffquelle. Diejenigen, die Kohlenstoffdioxid (CO_2) verwerten, sind „autotroph"; die, die organische Stoffe nutzen, sind „heterotroph". Weiter wird für die Stoffwechsel-vorgänge ein Reduktionsmittel (Elektronendonator) und ein Oxidationsmittel (Elektronenakzeptor) gebraucht. Wenn als Elektronendonator organische Stoffe eingesetzt werden, nennt man die Organismen „organotroph"; falls dazu anorgani-sche Stoffe (wie H_2, H_2S, S, S^{2-}, NH_3, CO, Fe^{2+} ...) bevorzugt werden, sind sie „lithotroph". Als Oxidationsmittel werden im wesentlichen drei verschiedene Stoffe bzw. Stoffgruppen eingesetzt: molekularer Sauerstoff („aerob") oder Nitrit (NO_2^-) und Nitrat (NO_3^-), („anaerob") oder Sulfat (SO_4^{2-}), Kohlenstoffdioxid (CO_2) und organische Stoffe (anoxisch). Allerdings werden die Begriffe anaerob und anoxisch von den Bauingenieuren in der Abwassertechnik und den Biologen verschieden verwendet.

Spricht ein Biologe von „anaerob" versteht er darunter, dass zwar keine Luft mehr zur Verfügung steht, aber noch andere Elektronenakzeptoren/Oxidations-mittel (z. B. Nitrat). Deshalb ist die Denitrifikation für Biologen ein anaerober Vorgang, für Ingenieure ist er anoxisch. Alle Prozesse, die im Faulturm einer Kläranlage unter Ausschluss von elementarem Sauerstoff ablaufen und bei denen Schwefelwasserstoff und/oder Methan entsteht, werden bei Ingenieuren als anae-rob bezeichnet, bei den Biologen jedoch als anoxisch.

Tabelle 2.5. Verwendung der Begriffe anaerob und anoxisch bei Bauingenieuren und Biologen

Elektronenakzeptor	Ingenieure	Biologen
Sauerstoff	aerob	aerob
Nitrit / Nitrat	anoxisch	anaerob
Sulfat / Kohlendioxid / organische Stoffe	anaerob	anoxisch

Alle Organismen, die zum biochemischen Abbau organischer Substanzen fähig sind, müssen also chemotroph, heterotroph und organotroph sein. Zusätzlich können sie aerob, anoxisch oder anaerob sein. In vielen Verfahren der Umwelttechnik werden Mikroorganismen eingesetzt:

Aerobe Prozesse
- biologische Abwasserreinigung,
- Kompostierung von Abfällen,
- Bio-„leaching" von Erzen,
- Bio-Korrosion,
- Altlastensanierung.

Anaerobe Prozesse
- Biogasproduktion aus organischen Abfällen und Schlämmen,
- Deponiegasbildung,
- Bio-Korrosion,
- Altlastensanierung.

2.3.1
Aerober biochemischer Abbau

Der aerobe biochemische Abbau kann, wie die Abbildung 2.1 zeigt, als das Rückgängigmachen der Photosynthese gesehen werden. Aus organischen Stoffen und Sauerstoff wird in mikrobiologischen Vorgängen Kohlenstoffdioxid und Wasser produziert. Eine typische Abbaureaktion wäre:

Ethanol   + Sauerstoff   → Kohlendioxid   + Wasser

$$C_2H_5OH \quad + \quad 3\,O_2 \quad \rightarrow \quad 2\,CO_2 \quad + \quad 3\,H_2O \quad\quad (2.13)$$

46 g Ethanol verbrauchen 96 g Sauerstoff
1 g Ethanol verbraucht 2,1 g Sauerstoff

Die Reaktion zeigt, dass der Grad des Abbaus über den Sauerstoffverbrauch bilanziert werden kann.

Für solche Abbaureaktionen müssen gewisse Bedingungen erfüllt werden. Man braucht eine leistungsfähige Mikrobiozönose, geeignete Temperatur und Wasser. Der Abbauvorgang kann dann noch durch folgende Faktoren potentiell limitiert werden:

1. Angebot an organischem Substrat
2. Makronährstoffangebot (N, P, S, K)
3. Mikronährstoffangebot (Spurenelemente)
4. Sauerstoffangebot
5. Hemmung / Toxizität

Bei der Ermittlung der biochemischen Abbaubarkeit von organischen Stoffen muss dafür gesorgt werden, dass die notwendigen Bedingungen erfüllt sind und der einzige limitierende Faktor die Menge an organischem Substrat ist. Alle anderen Faktoren dürfen nicht limitierend sein. Es werden verschiedene Methoden zur Ermittlung des aeroben biochemischen Abbauverhaltens angewendet:

- klassische Verdünnungsmethode
  Sauerstoffbestimmung vor und nach der Bebrütung,
- CSB-Differenzmethode
  CSB-Bestimmung vor und nach der Bebrütung,
- Tests in Bioreaktoren
  Analyse des zu untersuchenden Stoffs in Abhängigkeit von der Zeit,
- Respirometrie
  Messung des verbrauchten Sauerstoffgases.

Exemplarisch wird hier das Verfahren der Respirometrie erläutert. Für systematische Untersuchungen des aeroben Abbauverhaltens chemischer Stoffe, die nicht nur Zeitabhängigkeiten sondern auch Konzentrationsabhängigkeiten erfassen, ist die respirometrische Verdünnungsmethode (Wagner 1974, 1976a; Wilderer et al. 1980) geeignet. Sie beruht auf einem die-away-Test, bei dem die Untersuchungssubstanz zusammen mit einer bakteriellen Mischbiozönose und einem bekanntermaßen gut abbaubaren Nährsubstrat (Matrix), an welches das Inokulum bereits adaptiert ist, im Respirometer inkubiert und bebrütet wird. Die Testsubstanz liegt dabei in den Ansätzen in verschiedenen Konzentrationen vor, die sich an der Wasserlöslichkeit, den zu erwartenden Konzentrationen in der Umwelt und dem zu erwartenden Sauerstoffverbrauch orientieren. Der durch biochemische Oxidationsprozesse verursachte Sauerstoffverbrauch dieser Ansätze wird in einer Messanordnung, wie sie für Untersuchungen des Gasstoffwechsels von Mikroorganismen und Kleinlebewesen entwickelt worden sind (Respirometer), über die Zeit verfolgt.

Aus der Zeit- und Konzentrationsabhängigkeit des Sauerstoffverbrauchs wird das Abbauverhalten bzw. die Toxizität des Stoffes ersichtlich. Die Kenntnis der Konzentrationsabhängigkeit des Abbauverhaltens ist bei der Beurteilung der Umweltrelevanz einer Substanz außerordentlich hilfreich. Von solchen Substanzen, die inertes oder hemmendes Verhalten gegenüber den heterotrophen Bakterien zeigen und die in Abwässern zu erwarten sind, soll in separaten Untersuchungen – ebenfalls im Respirometer – die Toxizität gegenüber nitrifizierenden Mikroorganismen geprüft werden. Diese Versuche werden ebenfalls als Konzentrationsreihen mit gleichbleibender Mikroorganismendichte in den Ansätzen durchgeführt. Um eine ausreichend hohe Konzentration an nitrifizierenden Mikroorganismen zu gewährleisten werden hier zur Animpfung Bakterien einer Zuchtkultur eingesetzt.

Abbildung 2.11 zeigt den Aufbau des Respirometers. Die im Probegefäß vorhandenen Bakterien bauen organische Substanz unter Sauerstoffverbrauch ab. Der über die Druckabnahme detektierte Sauerstoffverbrauch könnte aber durch entstehendes Kohlenstoffdioxid zumindest teilweise ausgeglichen werden. Deshalb wird im Respirometer ein CO_2-Absorber (mit Natronlauge getränkter Bimsstein) eingesetzt, so dass CO_2 aus der Gasphase entfernt.

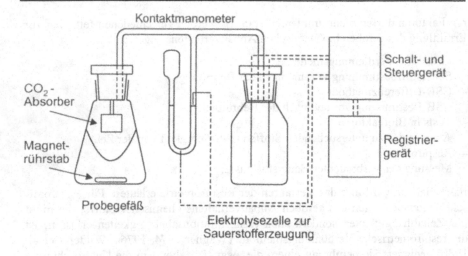

Abb. 2.11. Aufbau des Manostatischen Respirometers

Das Manometer ist mit Schwefelsäure gefüllt. Bei einer durch Sauerstoffverbrauch erzeugten Druckdifferenz erhöht sich der Flüssigkeitsstand; ist ein bestimmter Unterdruck erreicht, berührt die Schwefelsäure eine Elektrode, die daraufhin im Sauerstofferzeuger die Elektrolyse einer wässrigen Kupfersulfatlösung in Gang setzt. Hierbei entsteht elementares Kupfer und elementarer Sauerstoff. Dadurch steigt der Druck wieder an, und sobald die Elektrode wieder frei liegt, wird die Elektrolyse und damit die Sauerstoffgasbildung gestoppt.

Um ein Mol Elektronen zu entladen sind 96.000 Coulomb notwendig. Der Sauerstoff im Wasser hat zwei Außenelektronen, die entladen werden „müssen". Wenn also 192.000 Coulomb geflossen sind, wurden 16 g Sauerstoff erzeugt. Das heißt, dass durch die Messung und Registrierung des bei der Elektrolyse geflossenen Stroms eine Aussage über die durch Elektrolyse erzeugte Menge Sauerstoff möglich und gleichzeitig damit auch eine Aussage über den Verbrauch bzw. die umgesetzte Menge Sauerstoff möglich wird.

Dabei dient der Sauerstoffverbrauch in den Ansätzen als Maß für die bakterielle Aktivität. Die Abbaubarkeit und die Toxizität gegenüber heterotrophen Bakterien werden in einem Versuch nach der respirometrischen Verdünnungsmethode ermittelt. Die Substanzen werden in ca. 10 Konzentrationsstufen zusammen mit vorgeklärtem häuslichem Abwasser im Respirometer inkubiert und bebrütet. Bei diesen Versuchen können sowohl Konzentrations- als auch Zeitabhängigkeiten der Abbau- und Hemmvorgänge ermittelt und quantifiziert werden.

Von solchen Substanzen, die inertes oder hemmendes Verhalten gegenüber den heterotrophen Bakterien zeigen und mit deren Auftreten im Abwasser zu rechnen ist, wird in separaten Untersuchungen die Toxizität gegenüber nitrifizierenden Mikroorganismen geprüft. Diese Versuche werden als Konzentrationsreihen mit gleichbleibender Mikroorganismendichte in den Ansätzen durchgeführt. Dies ist notwendig, da eine eventuelle Hemmwirkung auch von der Konzentration an

Bakterien in den Ansätzen abhängt (Wagner und Kayser 1990). Für Substanzen, die sich als gut abbaubar erweisen sind Untersuchungen zur nitrifikationshemmenden Wirkung nicht notwendig, da solche Stoffe in der Kläranlage abgebaut und somit aus dem Wasser eliminiert werden.

Der Sauerstoffverbrauch in einem Ansatz (mit konstanter Konzentration der zu untersuchenden Substanz) über die Zeit ergibt sich aus dem Zusammenwirken von Wachstums- und Stoffwechselkinetik. Dabei ist letztere auch abhängig vom Ernährungszustand und vom Alter der Mikroorganismen. Die Darstellung dieses Verhaltens als Kurvenbild in sog. Zeitreihen ermöglicht, das Adaptationsgeschehen zu verfolgen.

Bei vorgegebener Zeit ergeben sich Konzentrationsreihen, die erkennen lassen, wo Bereiche des ungestörten Abbaus, der Hemmung und der Toxizität vorhanden sind. Veränderungen mit dem zeitlichen Fortschritt zeigen sich beim Vergleich von Konzentrationsreihen unterschiedlicher Zeitpunkte. Aus dem Verlauf dieser Daten lassen sich in der Regel quantitative Aussagen zu Abbau bzw. Hemmung gewinnen (Wagner 1982b, 1983, 1988b; Wagner u. Kayser 1990; Kayser 1991). Im Gegensatz zu den Zeitreihen ergeben sich hier die Meßpunkte aus verschiedenen Ansätzen, die zwar alle zum gleichen Zeitpunkt gestartet wurden, deren Entwicklung aber – selbst bei Parallelproben – nicht unbedingt völlig gleichartig verlaufen sind. Dies hat zur Folge, dass die Punkte der Konzentrationsreihen in sich nicht in ähnlicher Weise konsistent sind wie die Werte einer Zeitreihe, und verlangt die Anwendung statistischer Auswertemethoden (Linearitätskontrolle, Ausreißerkontrolle, Ausgleichsrechnung).

In den folgenden Abbildungen sind einige typische Abbauverhaltensmuster auf zwei verschiedene Arten dargestellt.

Zum einen ist der Sauerstoffverbrauch (y-Achse) über Konzentration (x-Achse) und Zeit (z-Achse) aufgetragen. Diese Bilder enthalten zusätzlich – als Netz gestrichelter Linien – den Sauerstoffverbrauch der Matrix (häusliches Abwasser). Liegt der Sauerstoffverbrauch des Ansatzes über dem der Matrix, so liegt ein Abbau der betreffenden Substanz vor, sind die Verbrauchswerte identisch, so verhält sich die Substanz inert. Sauerstoff-Verbrauchswerte unterhalb der reinen Matrix lassen auf toxisches Verhalten schließen. Bei den Versuchen zur Nitrifikationshemmung und zum anaeroben Abbau- und Toxizitätsverhalten ergeben sich ähnliche Abbildungen.

Zum anderen ist die Sauerstoffaufnahme in % des Theoretischen Sauerstoffbedarfs aufgezeichnet. Ein Verbrauch von 100 % zeigt eine Totalmineralisation der Testsubstanz an, 0 % bedeutet inertes Verhalten und negative Werte werden durch toxische Effekte auf den Abbau der Matrix hervorgerufen.

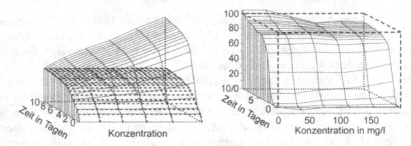

Abb. 2.12. Diethylenglykolmonobutylester. Die Substanz ist spontan gut abbaubar.

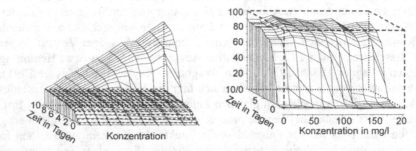

Abb. 2.13. Chinolin. Die Substanz wird nach einer anfänglichen lag-Phase gut abgebaut.

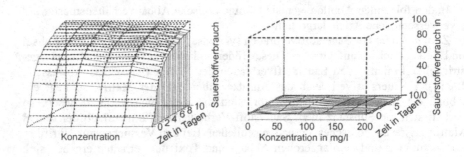

Abb. 2.14. Dimethylsulfoxid. Die Substanz verhält sich inert.

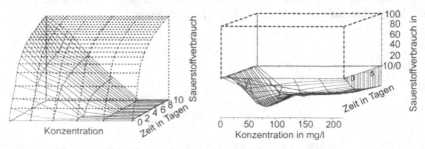

Abb. 2.15. Benzylcetyldimethylammoniumchlorid. Die Substanz wirkt toxisch.

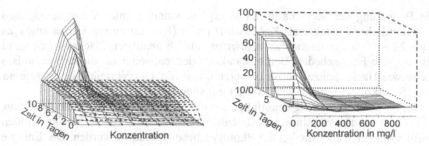

Abb. 2.16. 2,4-Dimethylphenol. Die Substanz zeigt ein komplexes Abbauverhalten, in geringer Konzentration nach kurzer hemmender Phase relativ gut abbaubar, bei höheren Konzentrationen toxisch.

2.3.2
Anaerober biochemischer Abbau und Bakterientoxizität

Beim anaeroben Abbau (nach der Bezeichnung von Ingenieuren) wird aus organischen Stoffen als Oxidationsmittel und Reduktionsmittel Methan und Kohlenstoffdioxid gebildet. Chemisch betrachtet ist diese Reaktion eine Disproportionierung. Wieviel Kohlenstoff reduziert und wieviel oxidiert wird, hängt vom Sauerstoffgehalt bzw. von der Oxidationszahl der Ausgangssubstanz ab.

Der zeit- und konzentrationsabhängige Verlauf der Methan- und Kohlendioxidproduktion bei der anaeroben Behandlung einer Testsubstanz gibt somit nach entsprechender Auswertung der Meßdaten (Faulgasmenge und –zusammensetzung) Aufschluss über das anaerobe Abbau- und Toxizitätsverhalten dieser Substanz. Verschiedentlich wurde die Analyse der Faulgase zur Beurteilung des Abbauverhaltens industrieller Abwässer unter anaeroben Bedingungen eingesetzt (z. B. Brune et al. 1983; Steiner et al. 1983). Systematische Untersuchungen der anaeroben Abbaubarkeit, insbesondere an Reinsubstanzen, wurden nach vorliegenden Informationen ausschließlich von der Arbeitsgruppe Wagner durchgeführt (Wagner u. Jenkins 1982; Wagner 1988b). Die Versuche und die Auswertung entsprechen weitgehend den bei den aeroben Untersuchungen eingesetzten Verfahren: Es werden definiert abgestufte Verdünnungen einer Testsubstanzlösung mit vorkultiviertem Faulschlamm inkubiert und bebrütet. Die bakterielle Stoffwechselaktivität wird anhand der Gasanalysen gemessen und deren Abhängigkeit von Konzentration und Zeit bestimmt und ausgewertet.

Beispiel: Anaerober Abbau von Ethanol

Ethanol	→	Kohlendioxid	+	Methan
2 C_2H_5OH	→	CO_2	+	3 CH_4
92 g Ethanol	ergeben	44 g Kohlendioxid	und	48 g Methan
1 g Ethanol	ergibt	0,48 g Kohlendioxid	und	0,52 g Methan
	→	0,24 l Kohlendioxid	und	0,73 l Methan
	→	0,97 l Gas		

Die Bedeutung des Methans in der Energiegewinnung unter Verwendung landwirtschaftlicher Produkte als Kohlenstoffquelle (Biogas) nimmt immer mehr zu. Etwa 20 – 50 % der momentan landwirtschaftlich genutzten Fläche würde genügen, um den Energiebedarf Deutschlands zu decken, wenn auf dieser Fläche Biomasse wie Hackschnitzel, Stroh etc. erzeugt würde. Der Vorteil: Die Energie aus dem „Solarkollektor Photosynthese" ist gut speicherbar.

Die Methanverbrennung benötigt genau die Menge Sauerstoff (siehe Abbildung 2.1), die beim Photosyntheseprozeß entstanden ist. Es wird die Menge Kohlenstoffdioxid freigesetzt, die bei der Photosynthese verbraucht wurden. Die Energiegewinnung aus Biogas ist demnach CO_2-neutral.

2.4
Reviewfragen

1. Die Bundesrepublik Deutschland hat eine Fläche von 357.021 km². Im Durchschnitt regnet es 803 mm im Jahr. Wie viel Mrd. m³ Jahres-Niederschlagsmenge macht das für die ganze Bundesrepublik? (Ergebnis auf 3 geltende Ziffern)

2. Bei einem Dorffest läuft über Nacht ein 50 l Fass Bier aus. Das Bier gelangt in den Teich vor dem Rathaus. Welche Sauerstoffkonzentration erwarten Sie am nächsten Morgen in dem Teich, wenn Sie annehmen, dass er am Abend zuvor mit Luft gesättigt war? (Weitere Daten: BSB_5 von Bier: 65.000 mg/l, Temperatur des Teichs: 20° C, Volumen des Teichs: 300 m³)

3. Welchen CSB hat 1 g Methanol? (Methanol sei CH_3OH; atomare Massen: C = 12 g/mol, O = 16 g/mol, H = 1 g/mol)

4. Ordnen Sie die Darstellungen des Abbauverhaltens 2.12 bis 2.16 den Kurven in der folgenden Graphik zu!

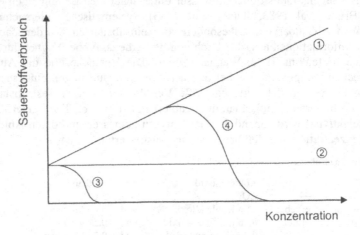

5. Welches Abbauverhalten hat ein umweltfreundliches Desinfektionsmittel?
6. Was ist ein anaerober Abbau? Formulieren Sie die chemische Gleichung der anaeroben Abbaureaktion von Traubenzucker ($C_6H_{12}O_6$)!
7. Was versteht man unter Nitrifikation? Beschreiben Sie die Teilreaktionen!
8. Welchen Zusammenhang gibt es zwischen Nitrifikation und Nitrat im Grundwasser?
9. Wie verändert sich der pH-Wert von Wasser bei der Nitrifikation? (Geben Sie die Reaktionsgleichungen an!)
10. Welche Stoffe führen zur Eutrophierung der Gewässer?
11. Im Dorfteich sterben die Fische. Von der Polizei werden folgende Daten der Wasserqualität ermittelt: Sauerstoffkonzentration 18,5 mg/l; pH-Wert: 8,8; Ammonium-Stickstoff: 6 mg/l; Nitratstickstoff: 12 mg/l; Phosphor: 0,9 mg/l; Nitritstickstoff: 0,2 mg/l und Calcium 45 mg/l. Welche Ursachen hatte das Fischsterben?
12. Wie viel Einwohnergleichwerte (EGW) kann 1 g Phosphor im Gewässer durch Photosynthese erzeugen?
13. Was besagt das Vollenweider-Diagramm?
14. Wie viel mg Sauerstoff werden pro mg Stickstoff bei der Nitrifikation verbraucht?

3 Naturschutzbiologie

Thorsten Aßmann, Werner Härdtle
Institut für Ökologie und Umweltchemie, Universität Lüneburg

3.1
Was ist Naturschutzbiologie?

3.1.1
Einführung und Definition

Naturschutz zielt darauf, die biologische Vielfalt (Biodiversität) in ihrer Gesamtheit weltweit und langfristig zu erhalten. Das Aussterben von Arten, die Zerstörung von Ökosystemen und der heute global zu beobachtende, besorgniserregende Verlust an biologischer Vielfalt führten dazu, dass der Begriff Biodiversität in der öffentlichen und wissenschaftlichen Diskussion zunehmend an Bedeutung gewann. Zugleich wuchs die Notwendigkeit, diese Entwicklung wissenschaftlich zu analysieren und Strategien auszuarbeiten, um dem fortschreitenden Aussterben von Arten und der Zerstörung von Lebensräumen wirksam begegnen zu können.

Der Verlust an Biodiversität ist in erster Linie ein global-ökologisches Problem. Somit kommt in dieser Analyse auch der Biologie ein hoher Stellenwert zu. Seit etwa 15 Jahren hat sich, vor allem im angloamerikanischen Raum, ein eigenständiger Wissenschaftszweig etabliert, die *Naturschutzbiologie* oder *„conservation biology"*. Diese ist interdisziplinär an der Schnittstelle zwischen biologischer Grundlagenforschung und praktischem Naturschutz angesiedelt. Wichtige inhaltliche Grundlagen liefern aus der Biologie z. B. die Populationsgenetik, die Taxonomie, die Vegetationskunde, die Ökologie, die Ethologie und die Biogeographie. Mittlerweile liegen mehrere englischsprachige Lehrbücher zur Naturschutzbiologie vor (Soulé u. Wilcox 1980, Fiedler u. Jain 1992, Samways 1994, New 1995, Spellerberg 1996). In deutscher Übersetzung ist das Lehrbuch von Primack (1995) verfügbar.

Der vorliegende Beitrag versucht, eine Einführung in die heutigen Fragen, den Forschungsstand und die Erkenntnisse der Naturschutzbiologie zu geben. Dabei finden besonders solche Teildisziplinen eine stärkere Akzentuierung, die sich aufgrund von jüngeren Erkenntnissen für eine moderne Naturschutzbiologie und -forschung als wegweisend erwiesen und dem Naturschutz in Europa, insbesondere in Mitteleuropa, ein eigenständiges Profil gaben. Zu diesen Teildisziplinen zählen beispielsweise die Populationsbiologie, die Vegetationskunde sowie die angewandte Landschaftsökologie. Für einen erfolgreichen Naturschutz erscheint besonders eine Synthese dieser Teildisziplinen sinnvoll.

Im Rahmen der Behandlung einzelner Themenfelder haben wir uns bemüht, die für ein Verständnis notwendigen Grundkenntnisse aus der Ökologie und der Biologie mit zu vermitteln. In der verdichteten Form der Darstellung mag der vorliegende Beitrag aber nicht alle wichtigen Fragen und Erkenntnisse in der Naturschutzbiologie erschöpfend behandeln. Wo immer als notwendig erachtet, werden deshalb in den entsprechenden Abschnitten Hinweise auf vertiefende und weiterführende Standardwerke wie auch Spezialliteratur gegeben.[1]

3.1.2
Geschichtlicher Überblick

Bestrebungen, die Biodiversität oder doch zumindest Teile von ihr zu erhalten, sind älter als der Begriff Naturschutz. Bereits im Mittelalter versuchte man auf bestimmten Flächen, Arten zu erhalten. Reh (*Capreolus capreolus*) und Rothirsch (*Cervus elaphus*) haben in Mitteleuropa vielleicht nur deshalb überlebt, weil sie begehrtes Jagdobjekt der Adligen waren und deshalb „geschützt" wurden. Noch heute zeugen Waldbezeichnungen wie „Tiergarten" oder „Gehege" von der historischen Nutzungsart. Zu den ersten „Schutzgebieten" gehört das heute an der polnisch-russischen Grenze gelegene Waldgebiet „Bialowieza", das bereits 1564 zum Erhalt der Auerochsen (*Bos primigenius*) gesichert wurde (Tabelle 3.1). Dadurch konnte diese Art jedoch nicht gerettet werden. Das vermutlich letzte Individuum starb 1627. Im Schutzgebiet blieb jedoch eine Wisent-Population erhalten, die heute in einem Gehege gehalten wird. Die letzten wildlebenden Vorkommen dieser Art wurden 1921 im Kaukasus ausgelöscht.

Die ersten Schutzgebiete in Deutschland stellen das Drachenfelser Ländchen im Siebengebirge (Rheinland) und der „Naturpark Lüneburger Heide" (heute Naturschutzgebiet „Lüneburger Heide") dar. Eine besondere Bedeutung für den Naturschutz und seine Entwicklung hatten seit der zweiten Hälfte des 19. Jahrhunderts Naturwissenschaftliche Vereine, in denen sich naturkundlich Interessierte organisierten. Auch die Gründung des ersten Vereins, der sich überwiegend Aspekten des Schutzes von Tierarten widmete, fiel in diese Zeit: 1875 entstand der Deutsche Verein zum Schutz der Vogelwelt, der Vorgänger des Deutschen Bundes für Vogelschutz (DBV) war. Zum Ende des 20. Jahrhunderts wurde dieser Verband in den Naturschutzbund Deutschland (NABU) umbenannt. Zahlreiche Mitglieder dieser Vereine haben sich seit dem 19. Jahrhundert für Belange des Natur- und Landschaftsschutzes in ihren Regionen eingesetzt.

---

[1] Herzlich danken möchten wir Herrn Dipl.-Biol. Peter Rasch (Osnabrück) für die Überarbeitung der Abbildungen, Frau Martina Lemme (Osnabrück), Frau Fritzi Prüßner (Lüneburg), Herrn Dipl.-Biol. Bodo Falke (Osnabrück), Herrn Priv.-Doz. Dr. Carsten Hobohm (Lüneburg) und Herrn Dipl.-Biol. Jens Günther (Osnabrück) für fruchtbare Diskussionen und kritische Durchsicht des Manuskriptes sowie Frau Dr. Margret Bunzel-Drüke (Soest) für die Erlaubnis, ihre Darstellungen ausgestorbener Säugetiere reproduzieren zu dürfen.

Tabelle 3.1. Geschichtlicher Überblick zum Naturschutz

Jahr	Ereignis
1564	Bialowieza
1836	Drachenfelser Ländchen
1864	Naturwissenschaftlicher Verein Bremen
1870	Norddeutscher Verein gegen das Moorbrennen
1872	Nationalpark „Yellowstone"
1875	Deutscher Verein zum Schutz der Vogelwelt
1883	Handbuch über Rauchschäden an der Vegetation (Forstliche Hochschule Tharandt)
1888	Prägung des Begriffs *Naturschutz* durch E. Rudorff
1898	Naturschutz-Diskussion im Preußischen Abgeordnetenhaus
1901	C.A. Weber: „Über die Erhaltung von Mooren und Heiden Norddeutschlands im Naturzustande, sowie über die Wiederherstellung von Naturwäldern"
1906	Erste „Staatliche Stelle für Naturdenkmalpflege" in Preußen
1910	Nationalpark „Hamra"
1918	Nationalpark „Covadonga und Picos de Europa"
1921	Naturschutzgebiet „Naturpark Lüneburger Heide" (heute NSG „Lüneburger Heide")
1922	Nationalpark „Gran Paradiso"
1923	Verbot des Moorbrennens
1935	Reichsnaturschutzgesetz, Reichsstelle für Naturschutz
1945	Zentralstelle für Naturschutz (Egestorf)
1948	„International Union for the Conservation of Nature and Natural Resources (IUCN)"
1953	Institut für Landesforschung und Naturschutz (Halle)
1959	Aufhebung des Schutzstatus für das NSG „Esterweger Dose"
1966	„Red Data Book" der IUCN
1970	Proklamation des Europäischen Naturschutzjahres durch den Europarat, Bildung eines ersten deutschen Umweltministeriums in Bayern
1971	Erste Rote Liste
1972	Berufung des Rates von Sachverständigen für Umweltfragen durch die Bundesregierung zur Vorlage regelmäßiger Umweltgutachten
1973	Ratifizierung des Washingtoner Artenschutzabkommens durch die Bundesrepublik Deutschland, „Endangered Species Act (ESA)" (USA)
1974	Umweltbundesamt
1975	Bund für Umwelt und Naturschutz (BUND)
1976	Bundesnaturschutzgesetz, Bundesforschungsanstalt für Naturschutz und Landschaftspflege
1977	Rote Liste gefährdeter Tiere und Pflanzen der Bundesrepublik Deutschland
1978	„First International Conference on Conservation Biology"
1979	Naturschutzgroßprojekte der Bundesrepublik Deutschland, EU-Vogelschutzrichtlinie
1982	Erstmalige Einführung des Pauschalschutzes eines Biotoptyps in ein Landesgesetz (Bayern)
1985	Ungefähr 1 % der Festlandsfläche der Bundesrepublik stehen unter Naturschutz
1985	„Society for Conservation Biology" (USA) zählt 3.600 Wissenschaftler als Mitglieder
1986	Bundesumweltministerium, Novellierung des Bundesnaturschutzgesetzes und der Bundesartenschutzverordnung
1987	Erprobungs- und Entwicklungsvorhaben im Bereich Naturschutz und Landschaftspflege (E+E-Vorhaben)
1992	FFH-Richtlinie, Umweltkonferenz in Rio de Janeiro
1993	Bundesamt für Naturschutz
1998	Umsetzung der FFH-Richtlinie im Bundesnaturschutzgesetz

Vornehmlich auf Ziele des Umweltschutzes war der Norddeutsche Verein gegen das Moorbrennen ausgerichtet. Ende des 19. Jahrhunderts wurden riesige Flächen der einst terrainbedeckenden Hochmoore Norddeutschlands regelmäßig gebrannt, um Buchweizen (*Fagopyrum esculentum*) und in dessen Folge Spörgel (*Spergula arvensis*) sowie Roggen (*Secale cereale*) anzubauen. Allein in der Provinz Hannover wurden jährlich bis zu 10.000 ha gebrannt. Das Ausmaß des Moorbrennens war so groß, dass die Sonne in einigen Städten (z. B. Bremen) tagelang verdunkelt blieb. In dieser Zeit wurden auch die ersten Untersuchungen zur Auswirkung von Umweltverschmutzungen auf die Vegetation vorgenommen. 1888 prägte E. Rudorff den Begriff *Naturschutz*.

Zehn Jahre später fand eine wichtige Sitzung zum Naturschutz im Preußischen Abgeordnetenhaus statt. 1900 beauftragte der Preußische Minister für Landwirtschaft, Domänen und Forsten den Naturwissenschaftlichen Verein zu Bremen, ein Gutachten zur „Erhaltung von Naturdenkmälern" anzufertigen. Auch C.A. Weber, Vorstandsmitglied dieses Vereins, erstellte ein Gutachten, das im Folgejahr in den Abhandlungen des Vereins publiziert wurde (Weber 1901). In diesem Gutachten, das dem Zeitgeist entsprechend „romantische" Züge trägt, sind bereits zahlreiche „moderne" Forderungen des Naturschutzes beziehungsweise der Naturschutzbiologie formuliert (z. B. Prozessschutz, Pufferzonen, Unterlassen von Entwässerung) und wichtige Biotoptypen berücksichtigt (z. B. Hochmoore, Niedermoore, Bruchwälder, Heiden). Den Empfehlungen der Gutachten wurde in der Folgezeit jedoch wenig Beachtung geschenkt, und ein Schutz der vorgeschlagenen Gebiete blieb weitgehend aus. Die letzte Möglichkeit, ein ungestörtes Hochmoor im norddeutschen Tiefland zu erhalten, scheiterte, als 1959 der Schutzstatus für das ehemalige NSG „Esterweger Dose" auf Antrag der Torfindustrie aufgehoben wurde.

Die Staatliche Stelle für Denkmalspflege in Danzig übernahm ab 1906 auch Naturschutzaufgaben und war die Vorgängerinstitution für die 1935 gegründete Reichsstelle für Naturschutz sowie die 1945 gebildete Zentralstelle für Naturschutz in Egestorf (Lüneburger Heide). Unter den Bezeichnungen Bundesanstalt für Naturschutz und Landschaftspflege (ab 1953) beziehungsweise Bundesforschungsanstalt für Naturschutz und Landschaftspflege (ab 1976) geführt, wurde diese Institution 1993 zum Bundesamt für Naturschutz (BfN). In der ehemaligen DDR nahm ab 1953 das Institut für Landesforschung und Naturschutz (ILN) in Halle die entsprechenden Aufgaben wahr. Heute ist das Bundesamt für Naturschutz in Bonn die zentrale wissenschaftliche Behörde des Bundes für den nationalen und internationalen Naturschutz und die Landschaftspflege. Es berät das Bundesumweltministerium in fachrelevanten Fragen, betreut seit 1979 Naturschutzgroßprojekte des Bundes sowie die seit 1987 erstmals durchgeführten naturschutzrelevanten Pilotprojekte (Erprobungs- und Entwicklungsvorhaben im Bereich Naturschutz und Landschaftspflege: E+E-Vorhaben), genehmigt Ein- und Ausfuhr geschützter Tier- und Pflanzenarten, forscht und informiert über Naturschutzfragen.

Das erste Naturschutzgesetz in Deutschland wurde 1935 erlassen und 1976 durch das Bundesnaturschutzgesetz abgelöst. In Verbindung mit außenpolitischen Aktivitäten und Ereignissen (z. B. Rote Liste bedrohter Tier- und Pflanzenarten der Welt, Proklamation des Europäischen Naturschutzjahres, Ratifizierung des

Washingtoner Artenschutzabkommens) entwickelten sich angesichts des beschleunigten Rückgangs von Arten und Lebensräumen seit den 1970er Jahren die nationale Gesetzgebung und behördliche Organisation des Naturschutzes. An dieser Entwicklung waren auch die regionalen sowie überregionalen Naturschutzvereinigungen beteiligt. Einen vorläufigen Höhepunkt erreichte diese behördliche Regelung des Naturschutzes durch die von der Europäischen Union erlassene „Flora-Fauna-Habitat"- (FFH-) Richtlinie, die inzwischen auch in der Bundesrepublik Deutschland umgesetzt wird.

Nach dem Zweiten Weltkrieg wurde die „International Union for the Conservation of Nature and Natural Resources" gegründet. Inzwischen erfolgte unter Beibehaltung der Abkürzung „IUCN" eine Umbenennung in „World Conservation Union". Wesentliche Aufgabe der IUCN ist die Anfertigung von Roten Listen bedrohter Arten (als „Red (Data) Books" bezeichnet) und die Zusammenstellung geschützter Gebiete.

Naturschutz wird in zahlreichen Ländern der Erde praktiziert. Zu den ältesten europäischen Nationalparken, die in den 1910er und 1920er Jahren gegründet wurden, gehören „Covadonga und die Picos de Europa" in Nordwest-Spanien, „Gran Paradiso" in den Grajischen Alpen (Nordwest-Italien) und „Hamra" in Südschweden. In den 1960er Jahren wurden in Frankreich („Vanois", Westalpen) und in Norwegen („Rondane", Oppland und Hedmark) die ersten Nationalparke gegründet. Der Erhalt traditionell bewirtschafteter Landschaften (z. B. Hudelandschaften und Niederwälder) bildet auf den Britischen Inseln ein wichtiges Naturschutzziel, das auch in großen Nationalparken (z. B. „Exmoor" und „Dartmoor") umgesetzt wird.

In den USA haben Naturschutzbemühungen und die Ausweisung von großflächigen Schutzgebieten eine lange Tradition (1872: Yellowstone-Nationalpark). Seit 1973 werden in den USA vom Aussterben bedrohte Tierarten und ihre Lebensräume durch den „Endangered Species Act" (ESA) geschützt. Für die Arterhaltung des Nördlichen Fleckenkauzes (*Strix occidentalis caurina*) wurden fast 10 Millionen Dollar ausgegeben. M.E. Soulé organisierte 1978 die erste internationale Konferenz zur Naturschutzbiologie und rückte damit biologische Grundlagen in das Bewusstsein des Naturschutzes. Seitdem hat die „Society for Conservation Biology" zahlreiche Mitglieder gewonnen.

Ähnlich wie in Europa und Nordamerika existieren auch in Afrika, Südamerika und Asien Nationalparke. Der Schutz dieser Gebiete ist jedoch oft schwieriger, weil (durch die Armut der Bevölkerung bedingt) Wilderer die Bestände zahlreicher bedrohter Arten dezimieren. Bedeutende Schutzgebiete, die jährlich von vielen Touristen besucht werden, sind in Afrika die „Serengeti" und der „Ngorongoro-Krater" (beide Tansania) und in Asien der „Royal-Chitwan-Nationalpark" (Nepal). Australien weist sehr große Nationalparke auf, z.T. mit unberührter oder nahezu unberührter Natur, und stellte 1983 das größte Korallen-Riff der Welt als „Great Barrier Reef Marine Park" unter Schutz.

In den letzten Jahrzehnten wurden nach intensiven Zuchtbemühungen in Gefangenschaft gehaltener Tiere auch Wiedereinbürgerungsprogramme beziehungsweise Aussetzungen zur Stützung noch vorhandener Bestände durchgeführt. Bei einigen Arten sind diese Aktionen erfolgreich verlaufen (z. B. Ganges-Gavial *Gavialis gangeticus* in Nepal und Luchs *Lynx lynx* in Mitteleuropa).

3.2
Biodiversität

3.2.1
Was ist Biodiversität?

Seit der Umweltkonferenz der Vereinten Nationen in Rio de Janeiro 1992 versteht man unter Biodiversität die gesamte Vielfalt der lebenden Organismen inkl. aller ökologischer Wechselbeziehungen. Diese Definition ermöglicht die Unterscheidung von 3 Ebenen der Biodiversität: (1) genetische Variabilität und Differenzierung von Populationen einer Art, (2) Artenvielfalt und (3) Diversität der Lebensgemeinschaften beziehungsweise Ökosysteme.

Genetische Diversität einer Art kann sich sowohl in äußerlich sichtbaren Merkmalen (z. B. Haarfarbe beim Menschen) als auch auf der Ebene der Moleküle (z. B. Blutgruppen) äußern. Diese Eigenschaften werden an die nächste Generation vererbt. Für das Überleben von Arten kann genetische Variabilität von Bedeutung sein. Für die Zucht von Nutzpflanzen und Haustieren ist diese Ebene der Biodiversität seit langer Zeit wichtig, und auch heute wird immer noch auf Wildformen zurückgegriffen, wenn neue Sorten gezüchtet werden.

Artenvielfalt oder *Artendiversität* umfasst das Gesamtspektrum der Arten von Viren, Bakterien und Einzellern bis hin zu vielzelligen Pflanzen, Tieren und Pilzen. Zahlreiche Arten nutzt der Mensch als direkte oder indirekte Ressource (z. B. Holz und pharmakologisch bedeutsame Inhaltsstoffe).

Arten können nicht losgelöst voneinander existieren, sondern bilden gemeinsame Vorkommen, die *Lebensgemeinschaften* (= Biozönosen). Infolge ähnlicher Umweltansprüche und einseitiger oder gegenseitiger Abhängigkeit in einem Biotop (= Lebensraum) können die Arten überleben und bilden überwiegend durch ernährungsbiologische Beziehungen ein Verknüpfungsgefüge. Biotop und Biozönose bilden in der Regel ein Ökosystem, das durch Kreislauf der Stoffe und damit verbundenen Energiefluss gekennzeichnet ist. Aufgrund der vielfältigen Umweltbedingungen gibt es zahlreiche, unterschiedlich zusammengesetzte Lebensgemeinschaften. Viele von ihnen haben nicht nur durch das Vorkommen von Arten für den Menschen besondere Bedeutung, sondern auch aufgrund anderer „Leistungen" (z. B. Filtern von Wasser und Luft).

Zahlreiche Autoren unterteilen die Diversität der Lebensgemeinschaften wie folgt: *Alpha-Diversität* ist die Zahl der Arten an einer Stelle oder in einer Lebensgemeinschaft zu einem Zeitpunkt und gibt damit an, wie viele Arten direkt oder indirekt in einem Ökosystem interagieren. Die *Gamma-Diversität* beschreibt die Vielfalt einer Landschaft, die mehr als einen Lebensraum aufweist. Als *Beta-Diversität* wird die Veränderung der Artenzahl entlang eines Gradienten über mehrere Lebensräume hinweg bezeichnet.

3.2.2
Wie viele Arten gibt es?

Je nach Organismengruppe und Forschungsausrichtung verstehen Biologen unter einer Art unterschiedlich definierte Gruppen von Individuen. Oft wird das *Biologische Artkonzept* (*biological species concept*) zugrunde gelegt. Danach ist eine Art eine Gruppe sich mit- und untereinander reproduzierender Populationen, die von anderen solchen Gruppen reproduktiv isoliert sind. Auf Fossilien, Bakterien oder sich asexuell reproduzierende Pflanzen kann diese Definition nicht angewendet werden. Für solche Organismengruppen wurden andere Artkonzepte entwickelt (z. B. Evolutionäres Artkonzept, Morphologisches Artkonzept) (Claridge et al. 1997).

Für Laien mag es erstaunlich sein, dass Biologen bis heute nicht wissen, wie viele Arten es auf der Erde gibt. Schätzungen der Gesamtartenzahl sind mit großen Ungenauigkeiten behaftet und unterliegen einer lebhaften wissenschaftlichen Diskussion. Der Hauptgrund dafür liegt in der enorm großen Artenzahl. Nahezu alle Biologen gehen davon aus, dass erst ein Teil der bekannten Arten „beschrieben" worden ist. Im Rahmen einer solchen Erstbeschreibung werden die besonderen Kennzeichen der Art, die Unterscheidungsmerkmale zu verwandten Arten und ein Name angeführt. Erst nach der Publikation in einer Fachzeitschrift gilt eine Art als der „Wissenschaft" bekannt. Hinsichtlich der relativen Artenzahlen der Organismengruppen besteht ein gewisser Konsens zwischen den Wissenschaftlern. So gelten die Insekten als artenreichste Gruppe (Abbildung 3.1).

Abb. 3.1. Darstellung der relativen Artenzahlen ausgewählter Organismengruppen (nach Wheeler 1990)
Die Größe der abgebildeten Tiere und Pflanzen repräsentiert die Zahl beschriebener Arten der betreffenden Gruppe. Der Käfer steht für die Insekten, die Milbe für die übrigen Arthropoden, der Elefant für die Säugetiere, usw. Aufgrund der extrem hohen Zahl beschriebener Insektenarten müsste der Käfer in dieser Abbildung noch größer sein.

Besonders hohe Schätzwerte sind von einigen Tropenökologen publiziert worden. Diese Autoren haben Baumkronen mit Insektiziden behandelt und die herunterfallenden Insekten bestimmt (*chemical knockdown* oder *fogging*). T.L. Erwin konnte auf nur 19 Individuen der Baumart *Luehea seemannii* in Panama bereits 1.200 Käferarten nachweisen. Zusätzlich machte er mehrere Annahmen, die aufgrund unseres derzeitigen Wissens nicht verifiziert werden können, und schätzte die Zahl der auf der Erde vorkommenden Insektenarten auf 30 Millionen. N. Stork vermutet nach Untersuchungen auf Borneo sogar 10 bis 80 Millionen Arthropodenarten weltweit. Andere Schätzungen ergeben Werte zwischen 6 und 9 Millionen tropischer Arten dieser Tiergruppe. Alle diese Angaben sind mit großen Fehlerraten behaftet. Doch auch nach „niedrigen" Schätzwerten leben mehr als 10 Millionen Arten auf der Erde (Tabelle 3.2).

Sowohl hinsichtlich der Zahl beschriebener als auch geschätzter Arten sind die Insekten als die größte Organismengruppe anzusehen. Innerhalb der Insekten sind besonders artenreich die Zweiflügler (Diptera), zu denen auch die Fliegen und Mücken gehören, die Hautflügler (Hymenoptera), die z. B. Schlupfwespen, Bienen und Wespen umfassen, und die Käfer (Coleoptera), die wahrscheinlich ca. 25 % aller Organismenarten stellen. Die Wirbeltiere (Vertebrata) sind die am besten untersuchte Tiergruppe. Bei den Säugetieren, von denen über 4.300 Arten bekannt sind, werden immer noch neue Spezies beschrieben. Eine erhebliche Menge an unbekannten Arten ist bei dieser Tiergruppe jedoch sehr unwahrscheinlich. Die Pilze gehören zweifellos zu den vergleichsweise wenig bearbeiteten Organismen. In den Teilen der Erde, wo die Pilze intensiver bearbeitet worden sind, kommen im Durchschnitt 5 oder 6 Pilzarten auf eine Gefäßpflanzenart. Legt man ungefähr 300.000 höhere Pflanzenarten zugrunde, ist es wahrscheinlich, dass die Pilze die in Tabelle 3.2 angegebene Artenzahl von einer Million überschreiten.

Tabelle 3.2. Zahl der beschriebenen Arten ausgewählter Organismengruppen, geschätzte Gesamtartenzahl und Prozentangabe der bekannten Arten (nach Groombridge 1992)

Organismengruppe	Beschriebene Arten	Geschätzte Artenzahl	%
Insekten	950.000	8.000.000	12
Gefäßpflanzen	250.000	300.000	83
Spinnentiere	75.000	750.000	10
Pilze	70.000	1.000.000	7
Weichtiere	70.000	200.000	35
Wirbeltiere	45.000	50.000	90
Krebstiere	40.000	150.000	27
Algen	40.000	200.000	20
Einzeller	40.000	200.000	20
Fadenwürmer	15.000	500.000	3
Bakterien	4.000	400.000	1
Viren	5.000	500.000	1

Organismengruppen mit kleinen Vertretern sind in der Regel schlecht untersucht, ihre tatsächlichen Artenzahlen lassen sich nur unter großem Vorbehalt schätzen. Das gilt nicht nur für Bakterien oder Viren, sondern auch für die Fadenwürmer (Nematoda), deren 15.000 beschriebene Arten nur einen Bruchteil der tatsächlich vorhandenen darstellen.

3.2.3
Geographische Verteilung der Biodiversität

3.2.3.1
Gradienten der Artendiversität

Arten sind nicht gleichmäßig auf der Erde verteilt. Vielmehr lassen sich breitengradabhängige Verteilungsmuster für viele Organismengruppen feststellen. Auf den Kontinenten lassen sich Gradienten abnehmenden Artenreichtums von den tropischen Äquatorregionen in Richtung auf die Pole erkennen. In großen Trockengebieten (Wüsten und Halbwüsten) sind die Artenzahlen für die meisten Tier- und Pflanzengruppen niedrig. Beispiele für die Diversitätszonen sind die Artendichten der Gefäßpflanzen (Cox u. Moore 1999) und der Schwalbenschwänze (Papilionidae), einer Familie der Tagfalter (Abbildung 3.2).

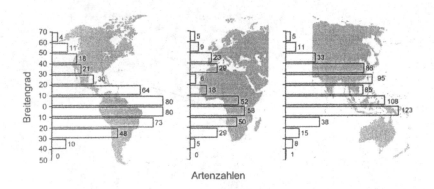

Abb. 3.2. Breitengradabhängige Gradienten von Schwalbenschwanz-Arten (Papilionidae) in Amerika, Westeurasien und Afrika sowie Ostasien und Australien (Daten aus Collins u. Morris 1985)

Der Artenreichtum lässt sich durch eine einfache Beziehung zu den Breitengraden nicht hinreichend beschreiben. Für mehrere Regionen und Organismengruppen konnte gezeigt werden, dass der Artenreichtum mit der Nettoprimärproduktion eng korreliert ist. In den Tropen existiert ein Klima, das für die Primärproduktion als günstig anzusehen ist: Es ist warm, feucht und die jahreszeitlichen Schwankungen sind gedämpft. Unter solchen Bedingungen gedeiht eine üppige Vegetation, die oft einen komplexen Schichtaufbau zeigt. Im Falle der tropischen Regenwälder lassen sich oft mehrere Baumkronenschichten differenzieren. Naturnahe Wälder in den gemäßigten Breiten zeichnen sich durch weniger, i.d.R. zwei Baumschichten aus. Beide Waldtypen unterscheiden sich also im Ausmaß ihrer Struktur voneinander, die für viele Tierarten eine Schlüsselfunktion haben kann. Da die räumliche Anordnung der Vegetation eine wesentliche Komponente der Umwelt darstellt, in der ein Tier frisst, sich bewegt, sich verstecken kann und reproduziert, ist anzunehmen, dass diese Form der Diversität direkt auf die Besiedlung durch Tierarten wirkt. In der Tat konnte gezeigt werden, dass mit zunehmender Strukturkomplexität die Artenzahlen mehrerer, aber nicht aller Tiergruppen zunehmen (z. B. bei Heuschrecken, Reptilien, Vögeln; Abbildung 3.3). Ein großer Strukturreichtum ist auch für viele Pflanzenarten wichtig, da er unterschiedliche Lichtverhältnisse und Wuchsbedingungen schafft.

Primärproduktion und Strukturdiversität, die wichtige Einflussgrößen der Artendiversität zahlreicher Organismengruppen darstellen, sind sicherlich nicht die einzigen Parameter, die zu berücksichtigen sind, wenn die Biodiversität einer Region oder einzelner Ökosysteme umfassend verstanden werden soll. Weitere ökologische, evolutionsbiologische und geologische Aspekte sind heranzuziehen.

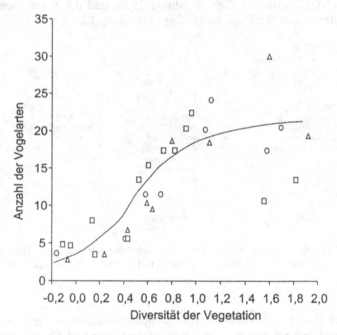

Abb. 3.3. Artendiversität der Vögel mediterraner Lebensräume in Abhängigkeit von der Vegetationsstruktur (Daten aus Cody 1975)
Auf der Abszisse ist ein Index abgetragen, der die Diversität der Vegetationsstruktur beschreibt. Dreiecke: Kalifornien. Kreise: Zentralchile. Quadrate: Südwest-Afrika.

So weisen mehrere Untersuchungsergebnisse darauf hin, dass manchmal der Artenreichtum bei mittleren oder gar niedrigen Produktivitätsraten am höchsten sein kann: Die Artenzahl des Phytoplanktons nimmt mit zunehmender Trophie ab und zwei der artenreichsten Pflanzengesellschaften der Erde (die Fynbos in Südafrika und die Buschheiden in Australien) wachsen auf sehr nährstoffarmen Böden, während unter nährstoffreicheren Bedingungen derselben Regionen eine geringere Artendiversität festgestellt wurde. Weitere Einflussgrößen, die auf die Biodiversität wirken, werden in diesem Buch noch vorgestellt. Eine umfassende Diskussion findet sich bei Krebs (1994), Cox u. Moore (1999) und Hobohm (2000).

Auch in Europa lässt sich eine Abnahme der Biodiversität von Süd nach Nord feststellen. Die größte Dichte an Gefäßpflanzenarten weist der Mittelmeerraum auf. Auch andere Gebiete der Erde mit ähnlichem Klima zeichnen sich durch hohe Artenzahlen aus (z. B. Südafrika, Kalifornien). Vermutlich sind das häufige Auftreten von Feuer und die klimatischen Veränderungen der Vergangenheit Voraussetzung für ökologische Anpassungsprozesse und geographische Trennung gewesen, die wiederum die Promotoren für schnelle Artbildungsbildungsprozesse darstellen (Cowling et al. 1996).

Ähnliche Verteilungen der Diversitätszonen, wie sie viele terrestrische Tier- und Pflanzenarten aufweisen, gibt es auch bei einigen Organismengruppen der Weltmeere. Allerdings ist das Verständnis der marinen Artendiversität noch gering. So ist z. B. unbekannt, weshalb die Fauna arktischer Gewässer artenarm, diejenige vor der antarktischen Küste jedoch viel artenreicher ist.

3.2.3.2
„Hotspots"

Artendiversität folgt nicht nur breitengradabhängigen Gradienten, sondern weist bei vielen Tier- und Pflanzengruppen Gebiete auf, die sich durch besonders hohe Artenzahlen auszeichnen. Eine wesentliche Rolle spielen dabei Endemiten. Einige Autoren definieren „Biodiversity Hotspots" als Gebiete mit besonders hoher Konzentration endemischer Arten und außergewöhnlich starkem Lebensraumverlust. In Abbildung 3.4 sind die 25 wichtigsten „Biodiversity Hotspots" wiedergegeben. Zur Abgrenzung wurden nicht nur Gefäßpflanzen, sondern auch gut untersuchte Tiergruppen (Säugetiere, Vögel, Reptilien und Amphibien) herangezogen. Zusammen umfassen die 25 Regionen nur 1,4 % der Landfläche der Erde, beherbergen aber über 44 % aller Pflanzen- und ca. 35 % aller Wirbeltierarten (Tabelle 3.3). Von der Gesamtfläche dieser „Biodiversity Hotspots" sind weniger als 40 % geschützt.

Besonders wichtige „Hotspots" stellen die tropischen Anden, die Sunda-Region, Madagaskar, die tropischen Tieflandregenwälder Brasiliens und die Karibik dar, die zusammen 20 % aller Gefäßpflanzen- und 16 % der bearbeiteten Wirbeltierarten beherbergen, obwohl die Summe ihrer Flächen nur ca. 0,4 % der Landfläche der Erde beträgt. Der Anteil endemischer Arten ist in diesen Gebieten sehr hoch: In den tropischen Anden kommen ca. 45.000 Gefäßpflanzenarten vor, von denen über 40 % endemisch für diese Region sind. Damit kommen über 6 %

aller Gefäßpflanzen der Erde ausschließlich in diesem südamerikanischen „Biodiversity Hotspot" vor.

Bei den tropischen „Biodiversity Hotspots" gibt es eine gute Übereinstimmung zwischen dem Vorkommen endemischer Arten der Gefäßpflanzen und der Wirbeltiere. So beherbergt die an pflanzlichen Endemiten reichste Region, die tropischen Anden, mit fast 1.600 Endemiten unter den berücksichtigten Tierarten auch die größte zoologische Diversität. In den mediterran geprägten oder anderen trockenen Gebieten der Welt ist die Übereinstimmung aber offenbar sehr viel schlechter. So stehen 4,3 % endemischer Gefäßpflanzen im Mittelmeerraum nur 0,9 % endemischer Wirbeltierarten gegenüber.

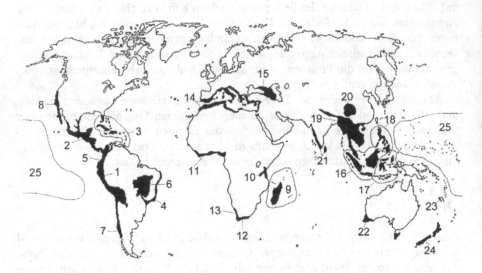

Abb. 3.4. „Biodiversity Hotspots" (nach Myers et al. 2000; Nummern siehe Tabelle 3.3)

3.2.3.3
Einfluss der Warm- und Kaltzeiten auf die Biodiversität in Europa

Vor ungefähr 45 Millionen Jahren im Eozän begann die geschätzte Jahresmitteltemperatur Mitteleuropas von über 20°C auf ungefähr 15°C im Pliozän (vor zwölf bis zwei Millionen Jahren) zurückzugehen. Das sich anschließende Pleistozän ist durch zyklische Erwärmungs- und Abkühlungsphasen geprägt. Während der Warmzeiten (= Interglaziale) betrug die Jahresmitteltemperatur ungefähr 10°C, während zumindest die letzten Kalt- oder Eiszeiten (= Glaziale) Jahresdurchschnittstemperaturen unter 0°C aufwiesen. Mit einer Dauer von ca. 100.000 Jahren im Mittel währten die Glaziale bedeutend länger als die Interglaziale mit ca. 15.000 Jahren.

Tabelle 3.3. Die bedeutendsten „Biodiversity Hotspots" (nach Myers et al. 2000)

	Gebiet	Größe (km²)	Gefäßpflanzenarten	Tierarten
1	Tropische Anden	1.258.000	45.000 (6.7 %)	1.567 (5.7%)
2	Mittelamerika	1.155.000	24.000 (1,7 %)	2.859 (4,2 %)
3	Karibik	263.500	12.000 (2,3 %)	1.518 (2,9 %)
4	Wälder im Osten Brasiliens	1.227.600	20.000 (2,7 %)	1.361 (2,1 %)
5	Chocó/Darién/West-Ecuador	260.600	9.000 (0,8 %)	1.625 (1,5 %)
6	Mittelbrasilien	1.783.200	10.000 (1,5 %)	1.268 (0,4 %)
7	Mittelchile	300.000	3.429 (0,5 %)	335 (0,2 %)
8	Kalifornien (Floristische Region)	324.000	4.426 (0,7 %)	584 (0,3 %)
9	Madagaskar	594.150	12.000 (3,2 %)	987 (2,8 %)
10	Wälder in Tansania und Kenia	30.000	4.000 (0,5 %)	1.019 (0,4 %)
11	Guineische Wälder	1.265.000	9.000 (0,8 %)	1.320 (1,0 %)
12	Kapregion (Floristische Region)	74.000	8.200 (1,9 %)	562 (0,2 %)
13	Karoo	112.000	4.849 (0,6 %)	472 (0,2 %)
14	Mittelmeer-Region	2.362.000	25.000 (4,3 %)	770 (0,9 %)
15	Kaukasus	500.000	6.300 (0,5 %)	632 (0,2 %)
16	Sunda-Region	1.600.000	25.000 (5,0 %)	1.800 (2,6 %)
17	Wallacea	347.000	10.000 (0,5 %)	1.142 (1,9 %)
18	Philippinen	300.800	7.620 (1,9 %)	1.093 (1,9 %)
19	Indo-Burma	2.060.000	13.500 (2,3 %)	2.185 (1,9 %)
20	Südwest-China	800.000	12.000 (1,2 %)	1.141 (0,7 %)
21	Sri Lanka und westliche Ghats	182.500	4.780 (0,7 %)	1.073 (1,3 %)
22	Südwest-Australien	309.850	5.469 (1,4 %)	456 (0,4 %)
23	Neukaledonien	18.600	3.332 (0,9 %)	190 (0,3 %)
24	Neuseeland	270.500	2.300 (0,6 %)	217 (0,5 %)
25	Polynesien und Mikronesien	46.000	6.557 (1,1 %)	342 (0,8 %)
	Summe	17.444.300	- (44 %)	- (35 %)

Hinter den Artenzahlen der Regionen ist in Prozent der Anteil endemischer Arten der betreffenden Region an der Gesamtartenzahl weltweit angegeben (300.000 Gefäßpflanzen beziehungsweise 27.298 Wirbeltiere ohne Fische). Eine Summenbildung ist für die Artenzahlen schwierig, da sich zahlreiche Verbreitungsareale überlappen.

Diese klimatischen Veränderungen führten dazu, dass die im Eozän vorherrschenden immergrünen tropischen und subtropischen Gehölze durch sommergrüne Bäume und Sträucher ersetzt wurden. Während der Eiszeiten verschwanden Bäume und Sträucher sogar weitgehend aus Mitteleuropa. Auf den Permafrostböden dominierte eine Steppentundra, die sich überwiegend aus Gräsern (Poaceae), Gänsefußgewächsen (Chenopodiaceae) und Beifuß-Arten (*Artemisia*) zusammensetzte. Während der kälteren Phasen der Eiszeiten stieß der riesige skandinavische Eisschild bis in das nördliche Mitteleuropa vor und hinterließ dort große Moränen. Die Alpen waren ebenfalls weitgehend von Eis bedeckt und Talgletscher formten die großen Seen der Randalpen (z. B. Boden- und Gardasee). Die kältesten Phasen der Eiszeiten überdauerten Gehölzarten nur in kleinen, isolierten Waldrefugien, die auf feuchte Flussniederungen und submontane Lagen der europäischen Randgebiete im Westen, Süden und Osten sowie die nicht vergletscherten Teile der europäischen Gebirge (Alpen, Karpaten, Pyrenäen) beschränkt waren.

Aus diesen Refugien begann vor über 10.000 Jahren, nachdem sich das Klima erwärmt hatte, die Einwanderung der Baumarten und vieler anderer Pflanzen- und Tierarten nach Mitteleuropa. Drei Beispiele sollen diesen je nach Art unterschiedlichen Prozess verdeutlichen:

Die Fichte (*Picea abies*) besaß in der letzten Eiszeit drei Refugialräume: Mittelrussland, südliche Karpaten und Südost-Alpen. Während der eiszeitlichen Separation erfolgte eine morphologische Differenzierung der Reliktpopulationen. Abbildung 3.5 zeigt die Ausbreitung der Fichte in Richtung Westen. Aus Mittelrussland wurde Skandinavien, aus den Karpaten die Sudeten sowie die nördlichen mitteleuropäischen Mittelgebirge und aus den Südost-Alpen die nördlich und westlich gelegenen Alpenteile sowie der Schwarzwald besiedelt. Bei diesem Ausbreitungsprozess in Richtung Westen ist es zu einer genetischen Verarmung gekommen, d.h. dass die östlichen Populationen größere genetische Variabilität aufweisen als die westlichen Populationen (Lagercrantz u. Ryman 1990). Für viele Tier- und Pflanzenarten ist eine vergleichbare genetische Verarmung als mögliche Begleiterscheinung des Ausbreitungsprozesses aus den Refugialgebieten postuliert worden (z. B. Hewitt 1996, 1999).

Die Rotbuche (*Fagus sylvatica*) wies eiszeitliche Refugien auf der Balkanhalbinsel, in den Karpaten, in Kalabrien sowie im Nordwesten der Iberischen Halbinsel auf. Molekulargenetische Untersuchungen zeigen, dass aus den östlichen oder südöstlichen Refugialgebieten die Einwanderung nach Mitteleuropa erfolgte. Die sich aus Süditalien nordwärts ausbreitenden Populationen erreichten offenbar nur die Alpen (Demesure et al. 1996).

Die Weißtanne (*Abies alba*) überdauerte die letzte Eiszeit in fünf Refugialgebieten. Die Populationen in den Pyrenäen und Süditalien breiteten sich nur kleinräumig aus, während aus den anderen Reliktpopulationen in Südfrankreich, Norditalien und Südosteuropa eine starke Ausbreitung erfolgte, die zu einer Vermischung in den Alpen und Beskiden führte (Konnert u. Bergmann 1995).

Abb. 3.5. Ausbreitungswege der Fichte (*Picea abies*) aus den eiszeitlichen Refugialräumen *1* Südostalpen. *2* Karpaten. *3* Mittelrußland.

Europa zeichnet sich durch eine relative Artenarmut an Gehölzen und Sträuchern aus: 300 Arten und Unterarten dieses Kontinents stehen über 650 Arten im Nordosten Nordamerikas gegenüber. Früher wurde dieses Phänomen als eine Folge der Eiszeiten gedeutet: Die in West-Ost-Richtung verlaufenden Hochgebirge (Pyrenäen, Alpen) sollten als Hindernis bei den „Wanderungen" zu Beginn und nach den jeweiligen Eiszeiten gewirkt haben. In Nordamerika sind die höheren Gebirge weitgehend in Süd-Nord-Richtung angeordnet (Rocky Mountains, Appalachen), so dass sie bei „Arealbewegungen" ein geringeres Hindernis darstellten. Diese Erklärungsmöglichkeit wird durch neuere Untersuchungen jedoch nicht gestützt. Wahrscheinlicher ist, dass die eiszeitlichen Waldrefugien in Europa viel kleiner waren als in Nordamerika und deshalb weniger Arten überlebt haben (Huntley 1993).

Besonders markante Refugialgebiete weisen die Alpen in ihren südlichen Randgebieten auf, die nicht vergletschert waren. Diese heute an Endemiten reichen Regionen werden als „Massifs de Refuge" bezeichnet. Besonders ausgeprägt ist der Endemismus in der Flora der Seealpen und Ligurischen Alpen, Lombardischen Randalpen und Karnischen sowie Julischen Alpen. Ausbreitungsschwache, ungeflügelte, endemische Insektenarten, die nur unter subalpinen oder alpinen Bedingungen leben, finden sich ebenfalls in diesen Gebieten (z. B. die Monte-Baldo-Gebirgsschrecke *Pseudoprumna baldensis* und zahlreiche Laufkäfer der Gattungen *Trechus* und *Pterostichus*). Es ist davon auszugehen, dass diese Arten die Eiszeiten in ihren heutigen Verbreitungsgebieten oder doch zumindest in räumlicher Nähe überdauert haben.

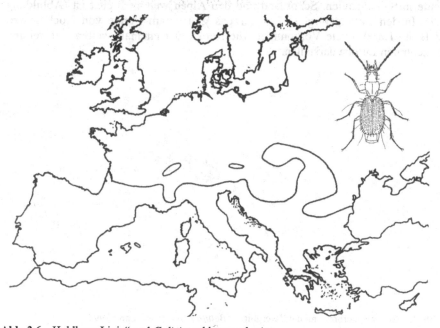

Abb. 3.6. „Holdhaus-Linie" und *Galiciotyphlotes weberi*

Nur südlich der eiszeitlichen Permafrostgrenze in Europa kommen blinde, an Höhlen oder Spalten und Hohlräume tiefer Bodenschichten angepasste Käferarten vor, die aufgrund ihres geringen Ausbreitungspotentials stark zum Endemismus neigen. Die Nordgrenze des Vorkommens solcher Arten, die nach ihrem Entdecker auch als „Holdhaus-Linie" bezeichnet wird, ist in Abbildung 3.6 dargestellt. Eine vergleichbare Verbreitungsgrenze ist auch aus Nordamerika bekannt. Wie artenreich diese südeuropäische Fauna ist, belegen allein die über 500 blinden Laufkäferarten (Carabidae), die ausschließlich südlich dieser Grenze vorkommen. Auch aus anderen Käferfamilien sind zahlreiche Arten mit entsprechender Lebensweise und Morphologie bekannt. Trotz der bereits großen bekannten Artenzahlen ist diese Fauna immer noch nicht erschöpfend bearbeitet worden, wie viele Neuentdeckungen in den letzten Jahren gezeigt haben (zum Beispiel der Laufkäfer *Galiciotyphlotes weberi*).

Durch beabsichtigte und zufällige Aussetzungsexperimente ist erwiesen, dass zumindest einige dieser Arten in der Lage sind, Populationen weit nördlich der „Holdhaus-Linie" aufzubauen. Ökologische Gründe für die aktuelle Verbreitung sind deshalb unwahrscheinlich, vielmehr ist das aktuelle Verbreitungsbild der Tiergruppe eine direkte Folge der Eiszeiten, d.h. die weiter nördlich vorkommenden Arten sind durch die widrigen klimatischen Bedingungen der Eiszeiten ausgestorben. Eine Besiedlung Mitteleuropas ist aufgrund des extrem geringen Ausbreitungspotentials in absehbaren Zeiträumen auszuschließen.

In der Flora und Fauna Mitteleuropas gibt es auch heute noch einige Reliktarten, die während der letzten Eiszeit oder in kühlen nacheiszeitlichen Klimaphasen weit verbreitet waren. Zu diesen Arten gehört die Zwergbirke (*Betula nana*), die heute in Skandinavien, Schottland und den Alpen weit verbreitet ist (Abbildung 3.7). In den Mittelgebirgen Mitteleuropas gibt es am Rande von Hochmooren (z. B. im Harz) lokale Vorkommen, die Relikte der ehemals weiten Verbreitung im zentralen Europa darstellen.

Abb. 3.7. Rezente Verbreitung der Zwergbirke (*Betula nana*) (nach Lang 1994)

Die Sibirische Azurjungfer (*Coenagrion hylas*) kommt heute nur im Nordalpenraum (Unterart: *C. h. freyi*) und in Nordostsibirien (Unterart: *C. h. hylas*) vor. Viele weitere Tier- und Pflanzenarten zeigen solche getrennten Verbreitungsgebiete (Disjunktionen), die als Folge der Eiszeiten interpretiert werden.

Verschiedene Untersuchungsmethoden und Funde ermöglichen die Rekonstruktion der eiszeitlichen Fauna und Vegetation. Zahlreiche Knochen in Höhlen belegen das Vorkommen einer an Kälte angepassten Säugetierfauna Europas, zu der auch Mammut (*Mammuthus primigenius*), Wollnashorn (*Coelodonta antiquus*), Moschusochse (*Ovibos moschatus*), Ren (*Rangifer tarandus*), Höhlenbär (*Ursus spelaeus*) und Höhlenhyäne (*Crocuta crocuta spelaea*) gehörten (Abbildung 3.8). Wärmebedürftige Arten wie Waldelefant (*Palaeoloxodon antiquus*), Waldnashorn (*Dicerorhinus kirchbergensis*), Höhlenlöwe (*Panthera leo spelaea*) und Leopard (*Panthera pardus*) hatten während der Eiszeiten Refugialräume im südlichen Europa.

Die Insektenfauna lässt sich an Hand subfossiler Reste in Torfen und Sedimenten rekonstruieren. Viele der Arten, die während der Eiszeiten in Mitteleuropa verbreitet waren, sind heute noch in Skandinavien und teilweise in den Alpen verbreitet (z. B. der Rüsselkäfer *Otiorhynchus dubius*), während andere nur im östlichen Sibirien und Kanada vorkommen, also in Europa ausgestorben sind (z. B. der Laufkäfer *Carabus maeander*).

Abb. 3.8. Beispiele für Säugetierarten, die während der letzten Eiszeit in Mitteleuropa weit verbreitet waren: Mammut, Höhlenhyäne, Höhlenbär, Ren, Moschusochse und Wollnashorn (Quelle: Bunzel-Drüke 1997)

Pollenanalysen aus Torfen und Seeablagerungen stellen eine Rekonstruktionsmöglichkeit für die Vegetationsentwicklung in prähistorischer und historischer Zeit dar. Diesen Ergebnissen zufolge stellte sich in Mitteleuropa nach der letzten Eiszeit eine Vegetation ein, die insbesondere von Wäldern geprägt war. Weitgehend baumfrei waren (nach diesen Untersuchungen) nur die großen Hochmoore, Teile von Verlandungszonen und Flußauen (Röhrichte, Schotterflächen, Sandbänke, Flutrasen) sowie manche Lebensräume in den Alpen (Muren, alpine Matten). Alle anderen baumfreien Lebensräume stellten nur kleinräumige Sonderstandorte dar (z. B. steile Felshänge).

Manche Zoologen meinen hingegen, dass baumfreie Lebensräume auch durch Säugetiere geschaffen worden sind. So kann der Biber (*Castor fiber*) durch Anstau von Bächen Wald zum Absterben bringen. Nach Aufgabe der Dämme durch die Tiere entstehen dann Wiesen, bevor der Wald aufgrund von Sukzession solche Flächen wieder besiedelt. Auch das Auftreten einiger Weidegänger spricht für das Vorkommen offener Lebensräume in Mitteleuropa. Der Disput über die beiden unterschiedlichen Szenarien wird zur Zeit noch geführt. Es gibt für beide Annahmen Argumente und Gegenargumente.

Zweifellos erfuhr die Landschaft Mitteleuropas einen tiefgreifenden Wandel, als Ackerbau betreibende Menschen einwanderten (in Norddeutschland im Neolithikum, der Jungsteinzeit): Der größte Teil dieses Raums wird seitdem durch den Menschen genutzt. Äcker und Siedlungen wurden angelegt; Wälder dienten dem Holzeinschlag und als Waldweide. Dies führte zu einem Anstieg der landschaftlichen Diversität, der wahrscheinlich mit einer Zunahme der Tier- und Pflanzenarten verbunden war. Sicher ist jedenfalls, dass Reste solcher Landschaften, die durch günstige Umstände bis heute erhalten blieben, sich durch eine hohe Anzahl von Tier- und Pflanzenarten auszeichnen. Durch technischen Fortschritt sowie Verfügbarkeit von Kunstdünger und Giftstoffen (z. B. Insektizide) veränderte sich die landwirtschaftliche Nutzung im vergangenen Jahrhundert tiefgreifend. Damit war ein Rückgang der Flora und Fauna in Mitteleuropa verbunden.

3.2.4
Rückgang der Biodiversität

Seit dem Beginn des Lebens auf der Erde hat die Zahl der Arten und damit das Ausmaß der Biodiversität zugenommen. Dieser Anstieg verlief jedoch nicht kontinuierlich, sondern wies Phasen mit starkem Zuwachs der Artenzahlen genauso auf wie Zeiten mit relativ geringfügigen Veränderungen und massenhaftem Artensterben. Mit Hilfe von Fossilien können fünf wichtige Phasen massenhaften Artensterbens rekonstruiert werden (Abbildung 3.9): Ordovizium, Devon, Perm, Trias und Kreide. Über die Gründe für das jeweilige Massenaussterben herrscht unter den Paläontologen noch Uneinigkeit. Vermutlich sind tiefgreifende Veränderungen in der Umwelt verantwortlich gewesen (z. B. Einschlag eines Asteroiden oder Vulkanausbrüche). Ein Zeitraum von zehn bis 100 Millionen Jahren war nötig, um das Ausmaß der Diversität vor den betreffenden Massenaussterben zu erreichen.

Abb. 3.9. Entwicklung der Diversität mariner Tierfamilien (nach Sepowski 1992)
Die Pfeile kennzeichnen Phasen massenhaften Artensterbens.

Fossilien geben über den Zeitraum zwischen erstem und letztem Nachweis auch Informationen über die durchschnittliche Lebensdauer einer Art. Je nach Tier- oder Pflanzengruppe weichen die ermittelten Werte voneinander ab. Als grobe Näherung kann eine Lebensspanne von einer bis zehn Millionen Jahren angesehen werden.

Da die tatsächlichen Artenzahlen weitgehend unbekannt sind, ist es sehr schwierig, Angaben über die Aussterberaten seit dem Auftreten des Menschen zu machen. Für Säugetiere und Vögel, beides relativ gut untersuchte Gruppen, sind 1 beziehungsweise 1,8 % nachweislich seit 1600 n.Chr. ausgestorbener Arten dokumentiert (IUCN 1996). Mit großer Wahrscheinlichkeit liegen die wirklichen Werte höher, da zahlreiche Arten von der Wissenschaft unbemerkt ausgestorben sind. Mindestens 100 Vogel- und Säugetierarten sind im letzten Jahrhundert nachweislich ausgestorben. Bei ungefähr 14.000 Arten ergibt sich daraus eine Extinktionsrate von ungefähr 1 % pro 100 Jahre und eine zu erwartende durchschnittliche Lebensdauer der Arten von ungefähr 10.000 Jahren. Dieser Wert mag hoch erscheinen, liegt aber zwei oder drei Zehnerpotenzen unter den nach Fossilfunden ermittelten Lebensspannen von Arten.

Mehrere Autoren haben unabhängig voneinander versucht, die Aussterberaten von Vogel- und Säugetierarten für die Zukunft abzuschätzen und kommen zu ähnlichen Ergebnissen. Danach wird eine Art dieser Tiergruppen im Durchschnitt nur ca. 200 bis 400 Jahre leben, wenn die aktuellen Bestandstrends anhalten (Lawton u. May 1995).

Die Gründe für das Erlöschen von Lebensgemeinschaften, Arten und Populationen sind vielfältig und werden in den folgenden Abschnitten erläutert (z. B. Habitatverlust, Fragmentierung, eingeführte Arten, Umweltgifte). Als wesentlicher Verursacher für die aktuellen Veränderungen der Biodiversität wird der Mensch angesehen. Wenn er in der Gegenwart so weitreichend in die Umwelt eingreift, stellt sich die Frage nach dem Einfluss des prähistorischen Menschen.

3.2.5
Aussterben der eiszeitlichen Megafauna

Am Ende der letzten Eiszeit starben zahlreiche Arten der Megafauna aus. Für dieses Phänomen werden drei Erklärungsmöglichkeiten lebhaft diskutiert:

1. Klimahypothese
2. Overkillhypothese
3. Naturkatastrophenhypothese

Die *Klimahypothese* versucht das Aussterben als Folge von Klimaveränderungen zu erklären, die sich negativ auf die Lebensbedingungen der betreffenden Arten (z. B. Futterqualität, Wassermangel) ausgewirkt haben. Der Wechsel von der letzten Eiszeit in die gegenwärtige Warmzeit gilt jedoch nicht als der extremste klimatische Wandel am Ende einer Eiszeit. Deshalb ist es schwer nachvollziehbar, dass ausgerechnet am Ende der letzten Eiszeit so viele Arten ausstarben, die frühere Klimaveränderungen überlebt haben. Zudem muss erklärt werden, weshalb sowohl die Fauna der Kältesteppen als auch die warmzeitlichen Arten (in Europa z. B. Waldelefant, Waldnashorn) keine Refugien ausbilden konnten.

Nach der *Overkillhypothese* ist der prähistorische Mensch als Jäger im Wesentlichen für den Zusammenbruch der Megafauna verantwortlich. In manchen Gebieten kann eine Synchronie zwischen dem Auftreten des Menschen mit relativ fortschrittlichen Jagdtechniken und dem Beginn des Aussterbens potentieller Beutetiere aufgezeigt werden (Martin 1984):

Australien erreichte der Mensch ungefähr vor 40.000 Jahren. Danach starben Beutellöwe, Riesenwombat, mehrere bis zu 2,5 m hohe Kängurus, mindestens drei nashornähnliche und zwei tapirähnliche Beuteltiere aus.

In Nordamerika verschwanden nach dem Auftreten von Menschen mit modernen Jagdmethoden vor 11.000 Jahren die meisten Großtiere (wahrscheinlich 55 Arten): drei Rüsseltierarten (z. B. Mastodon und Mammut), Säbelzahntiger und -katze, Gepard, Yak, Saiga, drei Verwandte des Moschusochsen, mehrere Riesenfaultiere, Hirsch-Elch, West-Kamel und Pferd. Nur wenige Arten überlebten (Elch, Schneeziege, Moschusochse, Bison, Karibu).

Das später besiedelte Südamerika beherbergte vor der Ankunft des Menschen eine reiche Großtierfauna, zu der z. B. vier Rüsseltierarten, mehrere Kamele, Riesenpanzertier, mehrere der bis zu drei Tonnen schweren Riesenfaultiere und Säbelzahntiger gehörten.

Der Neandertaler jagte wahrscheinlich nur mit Lanzen, Messern und Fallen. Als er in Europa lebte, besiedelte eine reiche Großtierfauna diesen Kontinent. Nach dem Auftreten des mit Fernwaffen jagenden Menschen sind zahlreiche Arten ausgestorben (Tabelle 3.4, Abbildung 3.10).

Als evolutives Zentrum des Menschen wird Afrika angesehen. Dort entwickelte sich der moderne Mensch. Gerade auf diesem Kontinent konnten besonders viele Großtiere überleben. Vielleicht hatten die Arten hier die Möglichkeit, sich in einem lange währenden Prozess an die menschlichen Jagdstrategien anzupassen.

Tabelle 3.4. Säugetiere, die während oder nach der letzten Eiszeit in Europa ausgestorben sind (nach Bunzel-Drüke 1997)

Art	Während der letzten Eiszeit ausgestorben	Nach der letzten Eiszeit ausgestorben
Waldelefant (*Palaeoloxodon antiquus*)	X	
Waldnashorn (*Dicerorhinus kirchbergensis*)	X	
Wollnashorn (*Coelodonta antiquus*)	X	
Wildesel (*Equus hydruntinus*)		X
Mammut (*Mammuthus primigenius*)		X
Moschusochse (*Ovibos moschatus*)		X
Höhlenbär (*Ursus spelaeus*)		X
Riesenhirsch (*Megalocerus giganteus*)		X

Ob der prähistorische Mensch so zahlreich war und über das technische Potential verfügte, weit verbreitete Arten wie das Mammut, das mehrere Kontinente besiedelte, wirklich durch Nachstellung auszurotten, wird von einigen Forschern bezweifelt. Ein Argument gegen die Overkillhypothese stellt das weitgehende Fehlen von Jagd- und Schlachtplätzen dar. An den wenigen nordamerikanischen Fundstätten der ausgehenden letzten Eiszeit mit Kulturspuren und Großsäugetierresten wurden überwiegend Bisons gefunden, die auch heute noch vorkommen, nur selten ausgestorbene Arten. Manche Vertreter der Overkillhypothese nehmen deshalb an, dass die vermutete Ausrottung sehr schnell erfolgte.

Wahrscheinlich unterscheiden sich die zeitlichen Szenarien des Aussterbens in Europa und Nordamerika voneinander: Während die Megafauna in Nordamerika weitgehend synchron ausstarb, erloschen die Vorkommen in Europa und Asien zu unterschiedlichen Zeiten. Für beide Kontinente müssten nach der Overkillhypothese dann verschiedene „Ausrottungsprozesse" postuliert werden.

Die *Naturkatastrophenhypothese* geht von einem Naturereignis aus, das sich katastrophal auf die Megafauna auswirkte. Diskutiert werden z. B. klimatische Veränderungen, die wegen des lebhaften Vulkanismus zum Ende der letzten Eiszeit nicht auszuschließen sind. Mit der Annahme eines solchen Ereignisses lässt sich ein weitgehend zeitgleiches Aussterben von Arten erklären, aber das asynchrone Aussterben auf den Kontinenten sowie innerhalb von Europa und Asien spricht gegen diese Hypothese. Die jüngsten Mammut-Reste Europas sind ungefähr 13.000 bis 12.000 Jahre alt. Auf der Wrangel-Insel, die ungefähr seit dieser Zeit vom sibirischen Festland getrennt ist, kam die Art bis vor mindestens 4.700 Jahren vor (Vartanyan et al. 1993).

Da es für die drei häufiger diskutierten Erklärungsmöglichkeiten jeweils Argumente als auch Gegenargumente gibt, muss nach aktuellem Kenntnisstand der Grund für das pleistozäne Aussterben der Megafauna als noch ungeklärt angesehen werden.

Abb. 3.10. Beispiele für europäische Säugetierarten, die während der letzten Eiszeit oder danach ausgestorben sind: Riesenhirsch, Waldnashorn, Wildesel und Waldelefant (Quelle: Bunzel-Drüke 1997)

3.2.6
Bedeutung der Biodiversität

Populationen, Arten und Lebensgemeinschaften können einen erheblichen wirtschaftlichen Wert aufweisen. Die genetische Diversität von natürlichen Populationen der Haustiere und Nutzpflanzen kann für Zuchtprogramme mit dem Ziel höheren Ertrags, größerer Resistenz oder anderer Vorhaben von Bedeutung sein. Viele medizinisch wirksame Substanzen werden aus Pflanzen gewonnen. Ein von Primack (1995) angeführtes Beispiel stellt das Taxol der Pazifischen Eibe (*Taxus brevifolia*) dar. Diese Pflanzenart kommt in Nordamerika vor und wurde bis vor einigen Jahren bei der forstwirtschaftlichen Nutzung der Wälder gefällt und liegengelassen. Nadeln und Rinde dieser Eiben-Art enthalten Taxol, das als Heilmittel gegen zahlreiche Krebserkrankungen eingesetzt wird. Die Heilwirkung des Pflanzeninhaltsstoffes führte dazu, dass *Taxus brevifolia* heute intensiv genutzt wird und Plantagen zur besseren kommerziellen Nutzung angelegt wurden. Weitere Beispiele für Heilstoffe, die in wild lebenden Pflanzenarten vorkommen, finden sich bei Farnsworth (1992). Angesichts des rasanten Rückgangs der Artendiversität, insbesondere in den Tropen, und der geringen Kenntnis pflanzlicher Inhaltsstoffe haben einige Konzerne der pharmazeutischen Industrie bereits Samenbanken angelegt, um sich zumindest einen Teil des ökonomischen Potentials zu sichern.

Auch Tierarten können von ökonomischer Bedeutung sein. Die Erforschung zahlreicher menschlicher Krankheiten wurde durch Tierarten erst ermöglicht oder zumindest vereinfacht. So spielte das Neunbinden-Gürteltier (*Dasypus novemcinctus*) eine wichtige Rolle bei der Entwicklung eines Impfstoffes gegen Lepra. Von besonderer Bedeutung sind potentielle Antagonisten zu sogenannten Schädlingen. Ein Beispiel dafür ist die schnelle Bekämpfung des Schwimmfarns *Salvinia molesta*, der in Südost-Brasilien beheimatet ist. Aus dem Ursprungsgebiet wurde die Art in andere tropische Regionen der Erde verschleppt. In kurzer Zeit konnte sich die Pflanze dort so stark vermehren, dass die Gewässer nicht mehr als Verkehrswege dienen konnten und der Fischfang, eine wichtige Erwerbsquelle in vielen Gebieten, nahezu zum Erliegen kam. Erst nachdem man den Rüsselkäfer *Cyrtobagous salviniae* aus dem Herkunftsgebiet der Pflanzen aussetzte, gingen die Schwimmfarn-Bestände stark und damit auf ein ökonomisch vertretbares Maß zurück (Room 1990).

Viele Arten besitzen als Bioindikatoren das Potential, bestimmte Umweltbelastungen durch ihr Vorkommen oder Fehlen anzuzeigen. Dazu gehören z. B. einige epiphytische Flechten, die empfindlich auf Verunreinigungen (z. B. „sauren Regen") reagieren. Andere Arten reagieren auf Pestizide oder auf Schwermetalle mit Veränderungen ihrer Bestände (z. B. einige marine Wirbellose). Die Untersuchung von Bioindikatoren ist einfacher und damit auch kostengünstiger als die direkte Bestimmung der betreffenden Umweltparameter.

Lebensgemeinschaften können ebenfalls einen besonderen ökonomischen Wert haben. So geben jährlich Menschen der Industrienationen viele Milliarden Dollar für Ökotourismus, Naturfilme und -bücher aus. Vor diesem Hintergrund lässt sich auch der Wert von Nationalparks und anderen Schutzgebieten abschätzen. Nicht so offensichtlich, aber von vermutlich größerer Bedeutung sind die klimastabilisierende Wirkung tropischer Regenwälder, die Filterwirkung von Pflanzengesellschaften bei Luftverunreinigungen oder der Abbau von Schad- beziehungsweise Abfallstoffen durch Pflanzen und Mikroorganismen. Eine besonders günstige Grundwasserneubildung mit geringen Mengen des auch für den Menschen schädlichen Nitrats zeichnet eine bedrohte mitteleuropäische Lebensgemeinschaft, die Sandheiden (Genisto-Callunetum), aus (Pott et al. 1998).

Zahlreiche Naturschützer lehnen eine ökonomische Begründung des Naturschutzes ab und führen ethische Motive an. Danach hat jede Art um ihretwillen ein „Recht" zu existieren und besitzt einen Eigenwert, der sich aus ihrer einzigartigen Evolution und ökologischen Einbindung ergibt. Die vorzeitige Ausrottung verhindert zukünftige Generationen der Tier- und Pflanzenarten genauso wie mögliche Evolutionsprozesse, die zu neuen Arten führen könnten. Da der Mensch in praktisch jedes Ökosystem einwirkt oder es zumindest beeinflusst, hat er eine besondere Verantwortung für den Erhalt der Arten. Für zahlreiche Menschen ergibt sich aufgrund ihrer religiösen Bindung (z. B. Buddhisten) die Verpflichtung, andere Lebewesen vor unnötigen Schädigungen zu bewahren. Aus dieser Ansicht lässt sich ebenfalls die Verpflichtung zum Schutz von Arten herleiten.

Auch für den Menschen sind Umweltressourcen nicht unbegrenzt vorhanden. Eine Übernutzung sollte zwangsläufig zu einer Reduktion der Umweltkapazität und damit zu einer verminderten Lebensgrundlage führen. Einige Autoren nehmen sogar an, dass die Stabilität der Ökosysteme von allen Arten abhängt. Ein Verlust an Arten sollte demzufolge auch negative Auswirkungen auf den Menschen haben. Untersuchungen zur Stabilität von Ökosystemen stützen eine solche Annahme nur teilweise. Die Hypothese, dass eine zunehmende Artendiversität die Stabilität eines Ökosystems erhöht, ist für einige Lebensgemeinschaften zu bejahen, für andere jedoch nicht (Johnson et al. 1996). Trotzdem hat der Mensch nicht nur Mitmenschen gegenüber, sondern auch anderen Arten, mit denen er zusammen lebt, sich so zu verhalten, dass alle möglichst lange leben können. Für die Industrienationen bedeutet dies, dass sie ihren exzessiven Ressourcenverbrauch einschränken müssten.

3.2.7
Indices zur Messung der Artendiversität

Die Messung der Artendiversität spielt eine bedeutende Rolle in der Naturschutzbiologie. Nach dem Sammeln, Sortieren und Determinieren entstehen lange Listen mit den nachgewiesenen Arten und ihren Häufigkeiten. Diversitätsindices sind numerische Beschreibungen oder deskriptive Statistiken, die einen Vergleich zwischen unterschiedlichen Erfassungen erlauben. Die Artendiversität weist zwei wesentliche Parameter auf:

1. Zahl der Arten in einer Probe oder Lebensgemeinschaft und
2. die relative Häufigkeit der Individuen jeder Art in der Probe oder Lebensgemeinschaft.

Die wesentlichen Größen zur Berechnung von Indices der Artendiversität sind damit die Artenzahl (S) und die relative Häufigkeit der Individuen der Arten (p_i). Es gibt zahlreiche Möglichkeiten, beide Parameter zu gewichten und Indices zu ermitteln. Wichtig sind vor allem Indices, die den Artenreichtum beschreiben, und solche, die die relative Häufigkeit der Arten und ihre Gesamtzahl berücksichtigen (S und p_i).

Angaben zum Artenreichtum sind die wichtigste Möglichkeit, Biodiversität zu beschreiben. Manchmal ist es schwierig, alle Arten zu erfassen. Häufig nimmt die Zahl nachgewiesener Arten mit der Größe der untersuchten Fläche (auch innerhalb eines Lebensraumes) zu. Wenn diese Arten-Areal-Beziehung nicht linear verläuft, ist es notwendig, standardisierte Flächengrößen miteinander zu vergleichen oder die Untersuchungsflächen so groß zu wählen, dass eine asymptotische Annäherung an eine Artenzahl festgestellt werden kann (Sättigungskurve). Ein anderes, einfaches Maß ist die festgestellte Artenzahl pro festgesetzte Anzahl von Individuen (in der Regel 1.000). Für Gefäßpflanzen, Moose und Flechten lässt sich die Artenzahl eines Lebensraumes in den gemäßigten und kalten Klimaregionen genauso gut bestimmen wie für Wirbeltiere. Insekten und zahlreiche andere Tiergruppen sind jedoch oft aufgrund der Verteilung der Individuen im Raum und der enormen Artenzahlen nicht oder nur mit erheblichem methodischen Aufwand vollständig zu erfassen. Mit Hilfe von Computerprogrammen, die auf dem Jackknife-Verfahren oder alternativ der Bootstrap-Technik basieren, lässt sich auch für solche Tiergruppen die Artenzahl eines Lebensraumes verlässlich abschätzen (Colwell u. Coddington 1994).

Indices, die auch die *relative Häufigkeit* von Arten berücksichtigen, stellen eine Funktion des Artenreichtums und der Evenness oder Äquität dar. Die Äquität – manchmal auch als Äquitabilität bezeichnet – ist ein Maß für die Gleichverteilung der Individuen auf die nachgewiesenen Arten und berücksichtigt die Artenzahl nicht. In zwei unterschiedlichen Lebensgemeinschaften, die verschiedene Artenzahlen aufweisen, und deren Arten in jeweils gleichen relativen Häufigkeiten auftreten, ist die Evenness gleich.

Der vielleicht bekannteste Index ist der Shannon-Index (manchmal auch als Shannon-Wiener-Index bezeichnet):

$$H_S = -\sum_{i=1}^{S} p_i \log p_i \qquad (3.1)$$

H_S schwankt innerhalb eines Lebensraumes in der Regel zwischen 1,5 und 3,5, nur selten werden Werte von 4,5 überschritten. Da bei einem Vergleich mehrerer Lebensräume die H_S-Werte nicht erkennen lassen, ob sie aufgrund unterschiedlicher Artenzahlen oder verschiedener relativer Häufigkeiten der Arten differieren, benutzt man als Vergleichsmaß die Evenness E_S:

$$E_S = \frac{H_S}{\ln S} \qquad (3.2)$$

Die Werte für E_S liegen zwischen 0 und 1.[2]

3.2.8
Reviewfragen

1. Definieren Sie den Begriff Biodiversität!
2. Warum zeichnen sich die tropischen Regionen der Erde durch eine große Biodiversität aus?
3. Welchen Einfluss nahm der Mensch in der Neuzeit auf die Biodiversität der Erde?
4. Ermitteln Sie für die Umgebung ihrer Stadt oder für Ihren Landkreis Artenzahlen der wichtigsten Tier- und Pflanzengruppen (mehrere Insektenfamilien, Spinnen, Wirbeltiere, Gefäßpflanzen, Moose)!

---

[2] Eine ausführliche Darstellung von Diversitätsindices findet sich bei Magurran (1988), Lande (1996) und Smith u. Wilson (1996).

3.3
Populationsbiologische Grundlagen

3.3.1
Aussterberisiko kleiner Populationen

Eine Population ist als Fortpflanzungsgemeinschaft in einem Gebiet definiert, das durch weitgehend unbesiedelte Lebensräume von vergleichbaren Fortpflanzungsgemeinschaften derselben Art getrennt ist. Die meisten Arten bestehen aus einigen bis vielen Populationen, wohingegen wenige Arten mit einem extrem begrenzten Verbreitungsgebiet nur eine einzige Population aufweisen. Dazu gehören vermutlich das Büschelige Gipskraut (*Gypsophila papillosa*) aus dem Monte Baldo-Gebiet und andere Endemiten, die nur einen Gipfel in den Alpen beziehungsweise einem anderen Hochgebirge oder einen vergleichbar isolierten Lebensraum (z. B. eine Insel) besiedeln. In jedem Fall ist der Erhalt einer Art davon abhängig, dass ihre Populationen überleben. Der Populationsbiologie kommt deshalb innerhalb der Naturschutzbiologie eine Schlüsselrolle zu.

Ist eine Population erst auf eine niedrige Anzahl von Individuen zurückgegangen, ist ihre Wahrscheinlichkeit auszusterben größer, als wenn sie individuenstark wäre. Das Aussterben solcher Populationen kann unter diesen Umständen auch erfolgen, wenn der Lebensraum günstige Voraussetzungen aufweist, d.h. offensichtlich alle notwendigen Ressourcen für das Überleben der Art vorhanden sind.

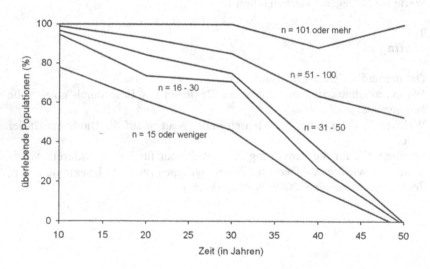

Abb. 3.11. Überlebende Populationen von Dickhornschafen (*Ovis canadensis*) in Abhängigkeit von Populationsgröße und Zeit (nach Berger 1990)
n Populationsgröße.

Als Beispiel für die erhöhte Aussterbewahrscheinlichkeit kleiner Populationen wird häufig das von Berger (1990) vorgestellte Beispiel der Dickhornschafe (*Ovis canadensis*) aus dem südwestlichen Nordamerika angeführt. Innerhalb von 50 Jahren starben von 120 untersuchten Populationen alle diejenigen aus, die weniger als 50 Individuen zu Beginn der Untersuchung aufwiesen. Populationen mit mehr als 100 Tieren überlebten nahezu vollzählig, und Bestände mit Individuenzahlen zwischen 50 und 100 Schafen überlebten zu mehr als 50 % bis zum 50. Untersuchungsjahr (Abbildung 3.11). Ähnliche Ergebnisse zur Aussterbewahrscheinlichkeit kleiner Populationen sind auch von anderen Arten veröffentlicht worden. In den folgenden Abschnitten werden die Gründe für das reduzierte Überlebenspotential kleiner Populationen aufgezeigt.

3.3.2
Genetische Variabilität

3.3.2.1
Grundlagen

Grundlage für die Vererbung ist das *Gen*. In der Regel hat es einen Einfluss auf Eigenschaften des Organismus, den sogenannten Phänotyp. Gene werden vererbt, so dass der Phänotyp auch bei den Nachkommen ausgebildet ist. Außer bei einigen Viren bestehen Gene aus Desoxyribonukleinsäure (DNS oder DNA). Die DNA ist ein Polymer aus Desoxyribonukleotiden, die wiederum aus einer Base, einem Zucker (= Desoxyribose) und einer oder mehreren Phosphatgruppen bestehen. Die Basen stellen Derivate des Purins (Adenin und Guanin) und des Pyrimidins (Thymin und Cytosin) dar. DNA tritt in komplementären Doppelsträngen auf, in denen sich über Wasserstoffbrückenbindungen Adenin (A) mit Thymin (T) und Guanin (G) mit Cytosin (C) paaren. Die Information der Gene ergibt sich aus der Sequenz dieser Basen. Bei Eukaryoten bildet die DNA im Zellkern zusammen mit bestimmten Proteinen (Histone) Chromosomen, deren Zahl je nach Art zwischen eins und 1260 schwankt. Die meisten höheren Organismen sind diploid, d.h. sie besitzen von jedem Chromosom zwei Kopien, die sie jeweils von ihren Eltern erhalten haben.

Genetische Variabilität oder Variation entsteht durch *Mutationen* auf der Ebene der DNA. Als Mutation wird in der Regel die Änderung in der Basensequenz eines Gens bezeichnet.[3] Durch Mutationen entstehen damit *Allele*, unterschiedliche Formen eines Gens. Je nach Gen und Population schwankt die Zahl der Allele und ihre Häufigkeit. Da diploide Organismen von jedem Chromosom zwei Kopien aufweisen, liegen auch die Gene in 2 Kopien vor. Weisen beide Gene dieselbe Basensequenz der DNA auf, sind also identische Allele vorhanden, bezeichnet man solche Organismen als *homozygot*. Unterscheiden sich die Gene, existieren also zwei unterschiedliche Allele des gleichen Gens, handelt es sich um ein *heterozygotes* Individuum. Als Heterozygotie wird der durchschnittliche Anteil hete-

---

[3] Manchmal versteht man unter Mutation auch die Umbildungen der Chromosomen oder Veränderungen der Chromosomenzahl.

rozygoter Individuen in einer Population bezeichnet (oft bezogen auf ein oder mehrere Gene).

Auch wenn zwei Allele eines Gens (= Genlocus = Locus) auftreten, bedeutet dies nicht, dass sie beide zum Phänotyp des betreffenden Organismus beitragen müssen. Ist das eine Allel dominant, unterdrückt es die Expression des rezessiven Allels. Codominante Allele tragen hingegen synergistisch zum intermediären Phänotyp bei.

Nicht nur genetische Informationen entscheiden über die Ausbildung eines Organismus. Umwelteinwirkungen können einen erheblichen Einfluss ausüben. Dies wird besonders bei quantitativen Merkmalen deutlich, an deren Ausbildung mehrere Gene beteiligt sind. So wirkt sich Nahrungsmangel oder geringe Nahrungsqualität negativ auf die Körpergröße vieler Organismen aus. Als Heritabilität bezeichnet man die Erblichkeit eines Merkmals. Für viele quantitative Merkmale bei Insekten und Säugetieren schwankt sie zwischen 20 und 60 %. Der verbleibende Teil der Varianz wird durch die Umwelt bedingt.

Die Häufigkeit von Allelen in einer Population, die Allel- oder Genfrequenz, hängt von vier Einflussgrößen ab: Mutation, Selektion, genetische Drift und Genfluss. *Mutationen* schwanken stark von Gen zu Gen und von Organismengruppe zu Organismengruppe. Die Mutationsrate beträgt im Durchschnitt 10^{-6} pro Genlocus und Generation. Die meisten der entstandenen Mutationen sind für ihre Träger nachteilig, d.h. sie beeinflussen die Fitness negativ. Unter Fitness versteht man die Fähigkeit eines Phänotyps, seine Erbanlagen zum Genpool der nächsten Generation beizutragen. *Selektion* führt dazu, dass für die betreffenden Organismen sich negativ auswirkende genetische Varianten nur niedrige Frequenzen in natürlichen Populationen aufweisen. Vorteilhafte Allele haben eine höhere Fitness ihrer Träger zur Folge und durch Selektion nimmt ihre Häufigkeit im Genpool zu. Selektiv neutrale oder von der Selektion bevorzugte Mutationen stellen nur einen kleinen Teil aller Mutationsereignisse dar. Unter *genetischer Drift* (auch als Gendrift oder Zufallsauslese bezeichnet) fasst man zufällige, also nicht von der Selektion beeinflusste Veränderungen in den Allelfrequenzen zusammen. Je weniger Individuen in einer Population vorkommen, desto größer sind im Mittel die Veränderungen in den Häufigkeiten der Allele. Besteht eine Population zeitweilig nur aus sehr wenigen Individuen, sind die Kräfte der genetischen Drift besonders wirksam. Man spricht in solchen Fällen auch von einem „Bottleneck"- oder Flaschenhals-Effekt. Auch in großen Populationen erfolgt Gendrift, nur sind die Veränderungen des Genpools in vergleichbaren Zeiteinheiten viel geringer. Selektion, genetische Drift und Mutation können dazu führen, dass sich Populationen genetisch voneinander unterscheiden. Dieser Differenzierungsprozess ist für die Entstehung von neuen Arten und damit für evolutive Prozesse von essentieller Bedeutung. Durch Individuen, die von einer Population in eine andere Population wandern, oder allgemeiner durch Austausch genetischen Materials zwischen Populationen erfolgt eine Angleichung der Allelfrequenzen zwischen den betreffenden Fortpflanzungsgemeinschaften. Dieser Prozess wird als *Genfluss* bezeichnet.[4]

---

[4] Ausführlichere Einführungen in die Populations- und Evolutionsgenetik finden sich bei Hartl u. Clark (1988), Sperlich (1988), Futuyma (1990), Ridley (1996) und Maynard Smith (1998).

3.3.2.2
Methoden und bevorzugte Objekte in der Populationsgenetik

Wie kann die genetische Variabilität von natürlichen Populationen bestimmt werden? Klassische Untersuchungsobjekte stellen Farbvarianten oder andere phänotypisch gut sichtbare Eigenschaften (z. B. Flügelausbildung) dar. Durch Kreuzung der unterschiedlichen Phänotypen ist es möglich, die genetische Basis eines solchen Polymorphismus zu bestimmen. Solche Versuche wurden bereits von G. Mendel und später von zahlreichen anderen Populationsgenetikern durchgeführt. Die genetische Basis zahlreicher phänotypischer Merkmale wird jedoch nicht nur von einem, sondern von mehreren bis zahlreichen Genloci gesteuert. *Biometrische Untersuchungen*, d.h. die Vermessung von quantitativen Merkmalen (z. B. Körperlänge, Körperproportionen) und die anschließende statistische Analyse, können in der Naturschutzbiologie eine wichtige Informationsquelle sein. Man muss bei biometrischen Untersuchungen stets berücksichtigen, dass die Umwelt auf die Ausbildung zahlreicher quantitativer Merkmale einen modifizierenden Einfluss hat. Ein wesentlicher Vorteil einiger quantitativer Merkmale ist ihre Bedeutung für die Fitness der betreffenden Individuen und damit der gesamten Population (z. B. Geburtsgewicht, Gewicht vor der Überwinterung, Fettreserven) (Storfer 1996).

Mitte der 1960er Jahre entdeckte man, dass Allozyme, von unterschiedlichen Allelen kodierte Enzyme, sich hinsichtlich ihrer Laufweite im elektrischen Feld unterscheiden können. In den folgenden Jahrzehnten wurde die *Allozym-Gelelektrophorese* zu der am häufigsten eingesetzten Methode in der Populationsgenetik. Man benötigt dazu Blutproben oder Gewebehomogenate, die auf ein Gel aus Polyacrylamid, Stärke oder einem anderen Medium aufgetragen werden, an das elektrische Spannung angelegt wird. Stärker geladene Allozyme wandern weiter als solche, die unter den gewählten Pufferbedingungen eine geringere Ladung aufweisen. Nach der Elektrophorese werden die Allozyme angefärbt, indem die Gele in eine Färbelösung überführt werden. In dieser befinden sich das Substrat, das von dem zu untersuchenden Enzym umgesetzt wird, und eine Substanz, die mit dem Produkt der enzymatischen Reaktion direkt oder indirekt reagiert und dabei einen wasserunlöslichen Farbstoff bildet. Durch diese selektive Färbemethode entstehen Banden nur dort im Gel, wo die betreffenden Allozyme das Substrat zum Produkt umgesetzt haben. Aus den Bandenmustern lassen sich dann die Phänotypen und damit auch die Genotypen der untersuchten Individuen bestimmen (Abbildung 3.12). Wesentliche Vorteile dieser Methode sind die relativ geringen Kosten, ihre einfache Handhabung und die Möglichkeit, in kurzer Zeit viele Individuen bearbeiten zu können. Als Nachteil ist anzusehen, dass wahrscheinlich nur ungefähr ein Drittel der tatsächlich vorhandenen Allozyme mit dieser Methode detektiert wird. Viele Varianten werden also übersehen beziehungsweise lassen sich nur mit deutlich höherem Aufwand nachweisen.

Eine weitere häufig eingesetzte Methode wurde in den 1970er Jahren entwickelt und nutzt den „*Restriktionsfragmentpolymorphismus*" (*restriction fragment length polymorphism*, RFLP) der DNA. Von besonderer Bedeutung sind dabei Restriktionsenzyme, die die DNA an ganz bestimmten Stellen mit einer spezifischen Basensequenz schneiden. Die so entstandenen unterschiedlich langen Fragmente der DNA werden in einer Elektrophorese nach ihrer Länge aufgetrennt (kürzere Stücke laufen im Gel schneller als lange) und auf Filterpapier transferiert. Durch chemische Behandlung wird die doppelsträngige DNA auf dem Filterpapier einsträngig gemacht. Einsträngige DNA kann nun mit einer radioaktiv markierten DNA-Sonde hybridisieren, d.h. mit der zugegebenen radioaktiven DNA Doppelstränge bilden, wenn die Basensequenzen komplementär sind. Damit bilden sich an den Stellen, wo DNA-Fragmente mit Basensequenzen des zu untersuchenden Gens auf dem Gel vorkommen, radioaktiv markierte Banden, die autoradiographisch sichtbar gemacht werden können. Aus dem Vorkommen beziehungsweise Fehlen von Banden gleicher Laufweite bei unterschiedlichen Organismen kann dann auf das Vorkommen beziehungsweise Fehlen von DNA mit der Basensequenz geschlossen werden, die von dem eingesetzten Restriktionsenzym gespalten wird.

Die *Polymerase-Kettenreaktion* (*polymerase chain reaction*, PCR) ist eine seit Mitte der 1980er Jahre eingesetzte Methode zur Vervielfältigung (Amplifikation) von bestimmten DNA-Fragmenten unter in vitro-Bedingungen. Dazu werden zwei kurze (oft 20 bis 30 Basenpaare umfassende) DNA-Abschnitte, sogenannte Primer, synthetisiert, die Anfang und Ende der zu untersuchenden DNA-Region definieren und eingrenzen. Nachdem Ziel-DNA und Primer zusammengegeben wurden, erfolgt in drei Schritten, die zyklisch (oft 30 bis 45 Mal) wiederholt werden, die Amplifikation:

1. Durch Erhitzen wird die Ziel-DNA in Einzelstränge aufgetrennt (Temperaturoptimum: 94°C).
2. Die Primer können mit den komplementären Sequenzen der Ziel-DNA hybridisieren und grenzen den zu amplifizierenden Bereich ein (Temperaturbereich: 36 bis 52°C).
3. Eine hitzebeständige DNA-Polymerase aus einem thermophilen Bakterium (z. B. *Thermus aquaticus*) ergänzt den DNA-Strang neben den Primern. Dabei erkennt die Polymerase den Primer als Startsequenz und verknüpft die Nukleotide zu einem neuen komplementären Strang (Temperaturoptimum: 71°C).

Die letzte Phase wird durch einen Temperaturanstieg beendet, und die Polymerase-Kettenreaktion startet wieder mit einer Auftrennung der DNA in Einzelstränge. Zumindest bei den ersten Zyklen nimmt die Zahl der Kopien der Ziel-DNA exponentiell zu, so dass von einem DNA-Abschnitt über eine Million Kopien hergestellt werden können. Die so amplifizierte DNA kann direkt sequenziert werden (Suzuki et al. 1991).

Es besteht auch die Möglichkeit, keine spezifischen Primer zu nutzen, die als Paar eine bestimmte DNA-Sequenz flankieren, sondern „Zufallsprimer" mit Sequenzen einzusetzen, die zwar konstant sein müssen, aber nicht zu einem bestimmten Gen gehören (*random amplified polymorphic DNA*, RAPD). Oft sind diese Primer kurz und umfassen nur ungefähr zehn (fünf bis 20) Basenpaare. Nach einer PCR können die Produkte der Amplifikation auf ein Gel aufgetragen und nach ihren Größen getrennt werden.

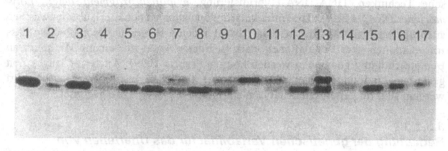

Abb. 3.12. Esterase-Allozym-Gel mit Proben von 17 Individuen des Laufkäfers *Carabus auronitens* aus dem Schwarzwald
Die Proben 4, 7, 9, 11 und 13 zeigen zwei Banden und stammen von heterozygoten Individuen, die übrigen Proben weisen je eine Bande auf und wurden homozygoten Käfern entnommen.

In den letzten zwei Jahrzehnten sind auch hypervariable DNA-Abschnitte mit Hilfe von RFLPs und RAPDs untersucht worden. Der Begriff „DNA-Fingerprinting" wird dann benutzt, wenn alle oder die meisten Individuen einer sich sexuell reproduzierenden Art an ihren DNA-Bandenmustern identifiziert werden können. Besondere Bedeutung hat dabei DNA, die nicht für Gene kodiert und aus sich wiederholenden Sequenzen weniger Basenpaare besteht. Solche DNA-Abschnitte werden als *repetitiv* bezeichnet. Die meisten Eukaryoten-Genome enthalten drei repetitive Sorten Tandem-artig angeordneter DNA, d.h., die sich wiederholenden Basensequenzen treten nebeneinander auf (Charlesworth et al. 1994):

1. *Mikrosatelliten.* Wiederholungen kurzer (oft nur 2 bis 5 Basenpaare umfassender) Nukleotidsequenzen. Die Zahl der Wiederholungen schwankt stark, beträgt im Mittel ungefähr 100 Wiederholungen. Mikrosatelliten-DNA ist über das Genom verteilt, beim Menschen findet sie sich an ungefähr 30.000 Stellen, und ist nicht nur bei Wirbeltieren, sondern auch bei Pflanzen und Insekten nachgewiesen worden.
2. *Minisatelliten.* Wiederholungen längerer (ungefähr 15 Basenpaare umfassender) Nukleotidsequenzen. Die Gesamtlänge der ebenfalls übers Genom verteilten Wiederholungen beträgt ungefähr 500 bis 2.000 Nukleotide. Minisatelliten wurden bei Wirbeltieren, Pilzen und Pflanzen untersucht.
3. *Satelliten-DNA.* Die Größe der wiederholten Einheiten variiert stärker, beträgt häufig wie der Mikro- und Minisatelliten 5 bis 15 Basenpaare, in anderen Fällen weisen die Basensequenzen Wiederholungseinheiten von ca. 100 Basenpaaren auf. Satelliten-DNA kommt oft in großen Blöcken mit 1.000 und mehr Wiederholungen in der Nähe der Centromere oder Telomere der Chromosomen vor und ist in der Regel nicht so variabel wie die Mikro- und Minisatelliten.

Neben den hier vorgestellten Methoden bestehen zahlreiche weitere Untersuchungsmöglichkeiten und -objekte in der Populationsgenetik (z. B. immunologische Techniken, DNA-DNA-Hybridisierung, *amplified fragment length polymorphic DNA*, AFLP). Die molekulare Populationsgenetik erlaubt inzwischen auch die Analyse von Faeces, Haaren und anderen Hinterlassenschaften, so dass Informationen über Populationen stark bedrohter Arten mit einem Minimum an Beeinträchtigung gewonnen werden können (Tabert 1999). Auch vor langer Zeit gestorbene Individuen, die in Museen oder ähnlichen Institutionen aufbewahrt werden, sind für genetische Analysen zumindest teilweise noch geeignet.[5]

3.3.2.3
Bedeutung der genetischen Variabilität für das Überleben von Populationen

Anpassung an die Umwelt erreichen Organismen durch Veränderungen der Allelfrequenzen. Vorteilhafte Allele werden durch Selektion während des Anpassungsprozesses häufiger. Unter den herrschenden Umweltbedingungen sich negativ auf die Fitness auswirkende genetische Varianten nehmen in ihrer Häufigkeit ab. Wenn beispielsweise ein Insekt durch ein Allozym in der Lage ist, Nektar von Blüten besser zu verwerten, kann es vielleicht mehr Eier legen. Die Selektion wird dann Träger dieser Variante bevorzugen. Eine Zunahme der vorteilhaften Variante bedeutet jedoch nicht, dass die betreffende Population mehr Individuen umfassen wird, denn die Populationsgröße kann durch Räuber oder Ressourcen begrenzt werden.

Nach Einführung der Allozym-Gelelektrophoresen Mitte der 1960er Jahre stellte man fest, dass viele natürliche Populationen sich durch große genetische Variabilität an zahlreichen Genen auszeichnen (Abbildung 3.13). Wie kommt es zu diesem Ausmaß an Variabilität innerhalb von Individuen und Populationen?

Die *Selektionisten* interpretieren dieses Ergebnis als Folge von Selektionsprozessen, die in einer variablen Umwelt dazu führen, dass mal ein Allel, mal ein anderes Allel bevorzugt wird. Außerdem führen sie an, dass heterozygote Individuen eine erhöhte Fitness aufweisen (*Heterosis* oder Heterozygotenvorteil).

Nach den *Neutralisten* erfolgt der größte Teil der evolutiven Veränderungen auf der molekularen Ebene nicht durch Selektion, sondern durch zufällige Fixierung selektiv neutraler oder nahezu neutraler Varianten. Die genetische Drift ist nach diesem Konzept besonders wichtig. Die „Neutralitätstheorie der molekularen Evolution" (Kimura 1987) bedeutet nicht, dass Selektion keine Rolle bei der adaptiven Evolution spielt. Sie interpretiert Heterozygotie jedoch als Übergangsphase zwischen Input durch Mutationen und zufälliger Extinktion aufgrund genetischer Drift.

---

[5] Aktuelle Übersichten über die molekularen Methoden in der Populations- und Naturschutzbiologie finden sich bei Jarne u. Lagoda (1996) und Sunnucks (2000).

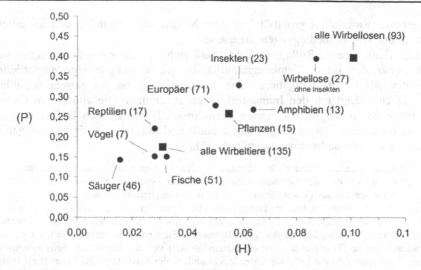

Abb. 3.13. Ausmaß genetischer Variabilität in natürlichen Populationen (Daten aus Nevo 1978) *P* Anteil polymorpher Genloci, die aufgrund von Allozym-Gelelektrophoresen ermittelt wurden. *H* Heterozygotie, gemittelt über die untersuchten Allozym-Genloci. Die Zahl der untersuchten Arten ist hinter der Organismengruppe in Klammern angegeben.

Für einige Allele konnte gezeigt werden, dass sie mit großer Wahrscheinlichkeit die Fitness ihrer Träger erhöhen. So weisen zahlreiche Gene Allelhäufigkeitsgradienten auf, die mit Umweltgradienten korrelieren. Außerdem sprechen die voneinander abweichenden Eigenschaften der Allozyme für die adaptive Bedeutung der Allele.

Die Lactatdehydrogenase (LDH) von *Fundulus heteroclitus*, einem an der Ostküste Nordamerikas vorkommenden Fisch, ist ein solches Beispiel. Die im Norden häufigste Variante weist bei niedrigen Temperaturen eine höhere katalytische Effizienz auf als die im wärmeren Süden häufigste Variante.

Der Polymorphismus der Phosphoglucose Isomerase (PGI) beeinflusst Überlebenswahrscheinlichkeit, Flugzeit, Paarungserfolg und Fekundität von Weißlingen (Pieridae) der Gattung *Colias*. Die unterschiedlichen PGI-Phänotypen unterscheiden sich in der Hitzebeständigkeit der Allozyme und der katalytischen Effizienz. In Freilandexperimenten konnte gezeigt werden, dass einige heterozygote Schmetterlinge eine höhere Fitness aufweisen als ihre homozygoten Artgenossen. Die Fitness der heterozygoten Individuen hängt auch von den Witterungsbedingungen ab. In warmen Sommern wirkt die Selektion gegen PGI-Phänotypen mit geringer Thermostabilität.

Für diese beiden und weitere Fälle ist das adaptive Potential der molekularen Variabilität gut belegt (zusätzliche Beispiele stellt Mitton 1997 vor). Für viele andere genetisch variable Genloci konnte jedoch trotz intensiver Forschung nicht gezeigt werden, dass genetische Varianten je nach Umweltbedingungen unterschiedliche Fitness ihrer Träger bedingen. Die einfache Ablehnung oder Annahme einer der beiden Theorien ist deshalb nicht möglich. Auch andere Forschungsansätze haben bisher keine Klarheit erbringen können. Festzuhalten bleibt aber, dass genetische Variabilität grundsätzlich eine Möglichkeit darstellt, sich an unterschiedliche Umweltbedingungen anzupassen.

Eine dominierende Rolle beim Erhalt zahlreicher Allele spielt die Selektion bei den Genen des Haupt-Histokompatibilitätskomplexes (*major histocompatibility complex, MHC*) der Säugetiere. Eine wichtige Aufgabe der extrem variablen MHC-Gene hängt mit den Immunreaktionen zusammen. Die von diesen Genen codierten Membranproteine binden Fremdmoleküle (z. B. von Bakterien oder Viren, die in den Körper eingedrungen sind) und präsentieren sie körpereigenen Molekülen, die eine Immunantwort herbeiführen.

Welche Konsequenzen uniforme Gene dieses Komplexes haben können, zeigt der Gepard (*Acinonyx jubatus*), bei dem der Monomorphismus durch drei Typen von Hauttransplantaten belegt wurde: Allotransplantate (Transplantate von nicht verwandten Individuen einer Art) heilten genauso gut wie Autotransplantate (Transplantate, bei denen Spender und Empfänger identische Individuen sind). Am 28. Tag nach der Übertragung entwickelte sich bei Allo- und Autotransplantaten sogar Haarwuchs mit den gepardtypischen Flecken. Abgestoßen wurden hingegen Xenotransplantate (Transplantate von einer fremden Art) von der Hauskatze (*Felis sylvestris*). Diese Ergebnisse sind ein Indiz für fehlende Variabilität der MHC-Gene (O'Brien et al. 1986). Im Gegensatz zu anderen Katzenarten zeigt der Gepard eine erhöhte Krankheitsanfälligkeit (z. B. gegenüber der Katzenperitonitis). In Populationen, die genetisch monomorph sind, trifft der Krankheitserreger immer auf dasselbe Abwehrsystem. Hat er sich an ein Individuum angepasst, hat er sich gleichzeitig an alle Individuen der Population adaptiert. Der geringe oder weitgehend fehlende Polymorphismus bei den MHC-Genen des Geparden kann folglich die ausgeprägte Krankheitsanfälligkeit dieser Art erklären.

Geringe genetische Variabilität führt bei einigen Arten zu reduzierter Fitness, bei anderen jedoch nicht. Der nördliche See-Elefant war vorübergehend bis auf ca. 20 Tiere dezimiert. Die Bestände haben sich inzwischen wieder erholt, obwohl die genetische Variabilität der Art gering ist (Tabelle 3.5). Das Englische Schlickgras (*Spartina anglica*) ist ein Hybrid aus *S. maritima* und einer eingeführten nordamerikanischen Art (*S. alterniflora*). Nach Allozym-Untersuchungen sind die englischen Populationen genetisch weitgehend monomorph (Raybould et al. 1991). Es wird angenommen, dass die Art durch ein einziges Hybridisierungsereignis genetisch monomorpher Eltern entstanden ist. Trotzdem breitete sich *S. anglica* sehr rasch im Wattenmeer der südlichen Nordsee aus. Auch an der chinesischen Küste bedeckt die Art inzwischen riesige Flächen.

Tabelle 3.5. Beispiele für Tierarten, die sich durch geringe genetische Diversität auszeichnen

Art, Unterart	Bemerkungen
Gepard (*Acinonyx jubatus*)	Allozym-Gelelektrophorese, H = 0,013, O'Brien et al. 1983 Transplantate, MHC, O'Brien et al. 1986
Asiatischer Löwe (*Panthera leo persica*)	Allozym-Gelelektrophorese, keine Variabilität gefunden, Wildt et al. 1987
Afrikanischer Löwe (*Panthera leo* s.str.), Ngorongoro-Krater	Allozym-Gelelektrophorese, 30 % der Variabilität der Serengeti-Population, O'Brien u. Evermann 1988
Nördlicher See-Elefant (*Microunga angustirostris*)	Allozym-Gelelektrophorese, keine Variabilität gefunden, Bonnell u. Selander 1974 Allozym-Gelelektrophorese, keine Variabilität gefunden, 2 Varianten der mitochondrialen DNA, Hoelzel et al. 1993
Wisent (*Bison bonasus*)	Allozym-Gelelektrophorese, H = 0,012, Hartl u. Pucek 1994

H Heterozygotie (gemittelt über die untersuchten Genloci).

Ein bekanntes Beispiel für Anpassungsprozesse ist die besonders am Birkenspanner (*Biston betularia*) erforschte Veränderung der Häufigkeit von Farbvarianten. Dieser Spanner (Geometridae) kommt in drei häufigen Farbvarianten vor:

1. die Form *typica* mit weißer Grundfarbe und dunklen Binden und Flecken auf Flügeln und Körper
2. die Form *carbonaria* mit dunkel gefärbten Flügeln und Körper
3. die Form *insularia* mit intermediärer Färbung

Auf mit Flechten bewachsenen Baumstämmen (insbesondere von Birken *Betula pendula*) fällt die Form *typica* nur wenig auf, im Gegensatz zur Form *carbonaria*. Sind die Flechten durch Luftverunreinigungen abgestorben und die Borke geschwärzt, ist die zuletzt genannte Form hingegen weniger auffällig. In Gebieten mit starker Umweltverschmutzung (z. B. Kohlereviere) nahm in der Vergangenheit die Frequenz der Formen *carbonaria* und *insularia* zu. Als sich die Umweltbedingungen durch Filteranlagen und andere Maßnahmen besserten, nahm die Frequenz der dunklen Farbvarianten ab.

Diese Veränderungen in den Häufigkeiten der Formen wurden als Folge der Auslese durch Vögel und andere Fressfeinde des Birkenspanners gedeutet. Die Rolle der visuellen Selektion durch Prädation als treibende Kraft belegen auch Aussetzungs- und Wiederfangexperimente mit markierten Schmetterlingen. In Gebieten, wo die Form *typica* häufiger ist, werden auch relativ mehr helle Tiere wiedergefangen als in Untersuchungsgebieten, wo *carbonaria* oder *insularia* höhere Abundanzen zeigen. Die Überlebenswahrscheinlichkeit der Farbvarianten hängt also von der Umwelt ab (Abbildung 3.14).

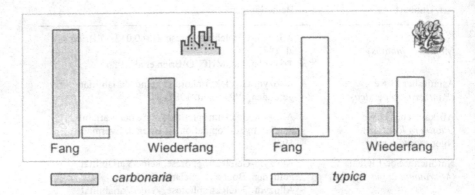

Abb. 3.14. Aussetzungs- und Wiederfangexperimente mit zwei Farbvarianten des Birkenspanners (*Biston betularia*) (nach Sperlich 1988)
Links: Industriegebiet. *Rechts:* Unbelastete Landschaft. Graue Säulen repräsentieren die Häufigkeit der Form *carbonaria*, weiße Säulen die Häufigkeit der Form *typica*. *Fang:* Frequenzen der Wildpopulation. *Wiederfang:* Frequenzen der zurückgefangenen Schmetterlinge. Die Häufigkeiten der markierten und ausgesetzten Farbvarianten betrug jeweils 50 %.

3.3.2.4
Verlust genetischer Variabilität und Fitness

Das Ausmaß genetischer Drift hängt von der effektiven Populationsgröße ab, die ein Maß dafür ist, wie viele Individuen ihre Gene an die nächste Generation vererben. Die effektive Populationsgröße N_e der sich tatsächlich fortpflanzenden Individuen ist in der Regel erheblich kleiner als die tatsächliche Populationsgröße. Bei der Ermittlung von N_e müssen zahlreiche populations- und artspezifische Parameter wie das Geschlechterverhältnis, der Fortpflanzungserfolg und Schwankungen in der Populationsgröße berücksichtigt werden. Für eine Population mit variierender Zahl von Individuen, die sich reproduzieren, ergibt sich die effektive Populationsgröße für t Generationen nach folgender Formel:

$$\frac{1}{N_e} = \frac{1}{t}\left(\frac{1}{N_1} + \frac{1}{N_2} + \frac{1}{N_3} + ... + \frac{1}{N_t}\right) \tag{3.3}$$

N_1, N_2, N_3 und N_t stellt die Anzahl der Individuen dar, die in der Generation 1, 2, 3 oder t reproduziert haben. Für eine Population, in der 113, 52, 13, 210 und 130 Individuen an der Reproduktion teilgenommen haben, ist $N_e = 43$ und liegt damit deutlich unter dem arithmetischen Mittelwert von 104 Individuen. Generationen mit wenigen Individuen beeinflussen N_e stärker als solche mit hohen Individuenzahlen. Weitere Möglichkeiten, N_e zu bestimmen, werden bei Hartl u. Clark (1988) angeführt.

In Populationen kann das Verhältnis der effektiven Populationsgröße N_e zur tatsächlichen Populationsgröße N (N_e/N) extrem schwanken, Crawford (1984) führt Quotienten zwischen 0,01 und 0,95 an. Man muss folglich sehr vorsichtig sein, wenn man versucht, aufgrund der tatsächlichen Populationsgröße die effektive Populationsgröße zu schätzen.

Wie stark sich niedrige effektive Populationsgrößen auf Allelfrequenzen auswirken können, zeigt Abbildung 3.15. In der mit einem Computerprogramm simulierten Population, die 25 Individuen umfasst, ist eines der beiden zu Beginn gleichhäufigen Allele bereits nach 42 Generationen verschwunden. Bei 250 Individuen sind die Schwankungen in den Allelfrequenzen deutlich, die Fixierung eines der beiden Allele erfolgt in dem berücksichtigten Zeitraum jedoch nicht. Geringer sind die Schwankungen der Allelhäufigkeiten bei der größten Population mit $N_e = 2.500$. Die Wahrscheinlichkeit, dass kleine Fortpflanzungsgemeinschaften genetische Variabilität verlieren, ist folglich größer als bei individuenreichen Populationen. Für zahlreiche Tier- und Pflanzenarten konnte belegt werden, dass große Populationen im Durchschnitt genetisch variabler sind als kleine Populationen (z. B. Young et al. 1996).

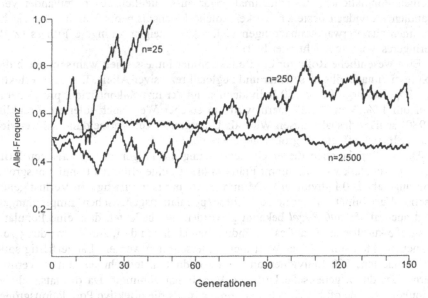

Abb. 3.15. Computer-Simulationen zu den Veränderungen der Allelfrequenzen von drei unterschiedlich großen Populationen (Daten aus Bodmer u. Cavalli-Sforza 1976)

Besonders drastisch ist die Abnahme genetischer Variabilität, wenn nur wenige Individuen reproduzieren (Flaschenhals-Effekt; Abschnitt 3.3.2.1). Häufig wird als Maß für die Auswirkung von Flaschenhals-Effekten die durchschnittliche Heterozygotie herangezogen. Wie Leberg (1992) zeigte, ist die Zahl der pro Genlocus verbleibenden Allele jedoch ein besonders sensitiver Indikator. Gerade für seltene Allele ist die Wahrscheinlichkeit groß, bei einem „Bottleneck" zufällig „verloren zu gehen". Bei einigen Tier- und Pflanzenarten haben Flaschenhals-Effekte oder niedrige effektive Populationsgrößen zu einer geringen genetischen Variabilität geführt. Beispiele sind Tabelle 3.5 zu entnehmen.

Seltene Allele haben wahrscheinlich oft keinen unmittelbaren Vorteil für ihre Träger. Unter abweichenden oder neuen Umweltbedingungen können sie jedoch von besonderer Bedeutung sein. Damit besitzen viele Populationen ein adaptives Potential, das gleichzeitig mit dem Verschwinden seltener Allele erlischt.

Inzucht beziehungsweise *Inzuchtdepression* stellen neben dem Verlust genetischer Variabilität ebenfalls ein genetisches Problem kleiner Populationen dar. Bei den meisten Tierarten paaren sich verwandte Individuen nicht miteinander. Oft sind Mechanismen entwickelt, die Inzucht verhindern (z. B. Individualgerüche, Verlassen des Geburtsortes). Bei zahlreichen Pflanzen kommen morphologische und physiologische Eigenschaften vor, die eine Selbstbestäubung verhindern. In kleinen Populationen, die manchmal sogar ausschließlich aus miteinander verwandten Individuen bestehen, wirken solche Mechanismen oft nicht. Die Nachkommen aus Verwandtenpaarungen vieler Arten zeigen geringere Fitness (z. B. geringeres Körpergewicht, Sterilität).

Eine wesentliche Rolle für die Reduktion der Fitness spielt wahrscheinlich die Expression nachteiliger, seltener und zugleich rezessiver Allele. Bei einer effektiven Populationsgröße von 50 Individuen steigt der Inzuchtkoeffizient pro Generation um 1 %. Von Tierzüchtern wird ein solcher Wert noch toleriert. Franklin (1980) schlägt deshalb diesen Wert als Untergrenze zur Vermeidung schwerwiegender Inzuchteffekte für große Säugetiere vor.

Da bei Populationen dieser Größenordnung die Folgen der genetischen Drift noch relativ stark wirken, nimmt Fränklin (1980) eine effektive Populationsgröße von ungefähr 500 Individuen als Minimum an, um längerfristig den Verlust genetischer Variabilität zu vermeiden. Diese populationsgenetischen Empfehlungen sind auch als *50/500-Regel* bekannt geworden. Sie bedeutet, dass eine Populationsgröße kurzfristig bis auf ca. 50 Individuen absinken darf, zur Vermeidung von Inzuchteffekten sollte dieser Wert nicht unterschritten werden. Längerfristig sollten mindestens 500 Individuen an der Reproduktion teilnehmen, um zu verhindern, dass durch genetische Drift die Variabilität abnimmt. Da die tatsächliche Populationsgröße oft bis zu zehnmal größer ist als die effektive Populationsgröße, postulieren einige Autoren Populationsgrößen von mindestens 2.500 oder 5.000 Individuen als Untergrenze zur Vermeidung der genetischen Drift.

Weniger bekannt, aber ebenfalls folgenschwer kann sich die *Auszuchtdepression* auf eine Population auswirken. Wenn Vertreter unterschiedlicher Unterarten oder stark differenzierter Populationen miteinander gekreuzt werden, kann es zu einer Reduktion der Fitness kommen.

In eine Population des Alpensteinbocks (*Capra ibex ibex*), die mit Tieren aus den Alpen erfolgreich in der Hohen Tatra angesiedelt worden ist, wurden Bezoarziegen (*Capra ibex aegagrus*) und der Nubische Steinbock (*Capra ibex nubiana*) eingekreuzt (Templeton 1986). Die Hybriden begannen die Brunft bereits im Herbst und nicht wie für den Steinbock typisch im Winter. Die Folge war, dass die Kitze im Winter geboren wurden und in der Regel starben.

3.3.3
Struktur und Dynamik von Populationen

3.3.3.1
Regulierte und nicht regulierte Populationen

Werden Individuen einer Art gehalten und sind zunächst alle Ressourcen mehr als ausreichend vorhanden, die für das Überleben und Reproduzieren notwendig sind, so nimmt die betreffende Laborpopulation anfangs exponentiell zu. Während dieser Phase des Populationswachstums kommen umso mehr Individuen hinzu, je mehr Individuen bereits da sind (positive Rückkopplung). Irgendwann sind jedoch die Ressourcen begrenzt und der Populationszuwachs wird umso geringer, je mehr Individuen vorhanden sind (negative Rückkopplung); die Population nähert sich asymptotisch einem Wert an, der *Umweltkapazität* (*carrying capacity*) (Abbildung 3.16). Damit beschreibt der Begriff Umweltkapazität K eine bestimmte Populationsgröße, bei der „Null-Wachstum" erfolgt, d.h. die Größe der Population sich nicht ändert. Befindet sich die Populationsgröße oberhalb dieser Gleichgewichtsdichte, sinkt die Individuenzahl, bis K wieder erreicht ist. Die Entwicklung einer idealen Population mit sigmoidem Anstieg der Individuenzahl wird als *logistische Wachstumskurve* bezeichnet.

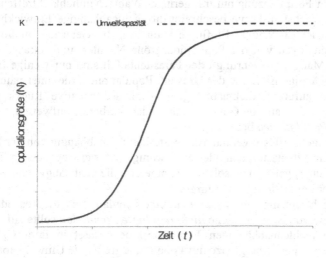

Abb. 3.16. Logistische Wachstumskurve einer Population

Das logistische Wachstum einer Population lässt sich leicht mathematisch beschreiben. Die spezifische Zuwachsrate r ergibt sich aus der individuellen Geburtenrate b (durchschnittliche Anzahl an Nachkommen pro Individuum pro Zeiteinheit) und der individuellen Sterberate d (durchschnittliche Anzahl der Todesfälle pro Individuum pro Zeiteinheit). Die Parameter b, d und damit r werden zu einem Zeitpunkt gemessen, zu dem die Population noch sehr klein ist. Durch Multiplikation von N und r ergibt sich eine fundamentale Gleichung für exponentielles Wachstum:

$$\frac{dN}{dt} = rN \tag{3.4}$$

Diese Exponentialfunktion kann mit dem Ausdruck (K-N)/K multipliziert werden:

$$\frac{dN}{dt} = rN\left(\frac{K-N}{K}\right) \tag{3.5}$$

Danach nimmt dN/dt ab, wenn N wächst. Ist N=K, ist der Ausdruck gleich Null und damit ist auch dN/dt gleich Null. Wenn die Populationsgröße niedrig ist, also N im Verhältnis zu K klein ist, ist dN/dt ungefähr gleich rN. Der Ausdruck (K-N)/K ist damit für den sigmoiden Kurvenverlauf wichtig.

Auf ganz ähnliche Weise kann auch berücksichtigt werden, dass viele Populationen eine *kritische Mindestdichte* M nicht unterschreiten dürfen:

$$\frac{dN}{dt} = rN\left(\frac{K-N}{K}\right)\left(\frac{N-M}{N}\right) \tag{3.6}$$

Unterhalb der Populationsgröße M ist der Zuwachs negativ, d.h. die betreffende Population stirbt aus (z. B. weil die Dichte der Individuen so gering ist, dass sich die Geschlechter zur Fortpflanzung nur mit geringer Wahrscheinlichkeit treffen).

Die logistische Wachstumskurve beschreibt die dichteabhängige Entwicklung einer Population. Dichteabhängige Einflüsse verändern die Geburten- und/oder Sterberate in Abhängigkeit von der Populationsgröße N. Inter- und intraspezifische Konkurrenz, Mangel an Nahrung oder Parasitenbefall sind nur wenige Beispiele für dichteabhängige Einflüsse der Umwelt. Populationen, die unter natürlichen Bedingungen aufgrund dichteabhängiger Einflüsse negative Rückkopplungsmechanismen von N auf die Geburten- und/oder Sterberate aufweisen, werden als *regulierte Populationen* bezeichnet.

Dichteunabhängige Einflüsse verändern die Sterberate unabhängig von der Populationsdichte. Umweltkatastrophen oder auch weniger schwerwiegende Einflüsse (z. B. strenge Winter) gehören zu solchen Parametern, die unabhängig von N zu einer Reduktion der Populationsgröße führen.

Wirken keine dichteabhängigen Prozesse auf eine Population, ist die Reproduktionsrate unabhängig von N. Eine solche *nicht regulierte Population* sollte zufällig und/oder nur von dichteunabhängigen Parametern beeinflusst in ihrer Größe schwanken. Eine bestimmte Obergrenze der Populationsgröße, die Umweltkapazität, muss angenommen werden. Oberhalb dieser Individuendichte erfolgt aufgrund begrenzter Ressourcen negatives Populationswachstum. Eine mit solchen Eigenschaften versehene Population sollte relativ schnell aufgrund stochastischer Einflüsse aussterben. Durch Computersimulationen kann dies auch einfach gezeigt werden.

Die Vorstellung, dass nicht regulierte Populationen existieren können, wurde insbesondere von Andrewartha u. Birch (1954) vertreten. Die Autoren postulieren, dass Populationen häufig aussterben und wiedergegründet werden. Eine Erklärungsmöglichkeit für das langfristige Überleben von Populationen, die keine dichteabhängigen Reproduktionsraten aufweisen, wurde von Den Boer (1968) als Risikostreuung (*spreading of risk*) vorgestellt. Die räumliche und zeitliche Heterogenität der Habitate kann zu einer räumlich und zeitlich variierenden Reproduktionsrate führen, die für die gesamte Population eine relative Stabilität bedingt. Auch die genetische und umweltbedingte Heterogenität der Individuen und verschiedene Altersklassen können mit ihren unterschiedlichen Wahrscheinlichkeiten des Überlebens und der Reproduktion zur Risikostreuung einer Population erheblich beitragen.

Für zahlreiche Arten beziehungsweise Populationen sind dichteabhängige Prozesse nachgewiesen worden (z. B. einige Gefäßpflanzen, Wirbeltiere, Insekten), für andere Organismen gelang dies trotz intensiver Untersuchungen und vieler Untersuchungsjahre jedoch nicht (z. B. bei dem Laufkäfer *Carabus auronitens*, Giers-Tiedtke et al. 1998). Eine umfassende Diskussion zur Regulation von Populationsgrößen findet sich bei Den Boer u. Reddingius (1996).

3.3.3.2
Populationsgrößeschwankungen

Die meisten natürlichen Populationen zeigen unterschiedlich starke Schwankungen ihrer Populationsgrößen. Bei regulierten Populationen werden sie durch dichteunabhängige Einflüsse bedingt. Ein bekanntes Beispiel für solche Schwankungen stellt der Graureiher (*Ardea cinerea*) dar. In strengen Wintern sterben mehr Individuen als in Jahren mit durchschnittlicher Witterung. Je nach Reduktion der Populationsgröße benötigt der Graureiher zwei bis mehrere Jahre zur Erholung der Bestände (Abbildung 3.17). Noch größer fällt die Amplitude der Populationsgrößeschwankungen bei einigen Insekten aus. Durch Langzeituntersuchungen an Laufkäfern in Heiden, Mooren und Wäldern der Drenthe (Niederlande) von 1959 bis zur Mitte der 1990er Jahre konnten Amplituden von bis zu drei Zehnerpotenzen festgestellt werden (Den Boer 1981, Den Boer u. Van Dijk 1994). Auch bei dieser Tiergruppe sind Witterungseinflüsse mit großer Wahrscheinlichkeit für Veränderungen der Populationsgröße verantwortlich. Veränderungen in den Abundanzen von Tier- und Pflanzenarten können auch durch Prädatoren oder Konkurrenten bedingt sein. Dagegen werden zufällige Veränderungen der Umwelt als *Umweltstochastizität* bezeichnet.

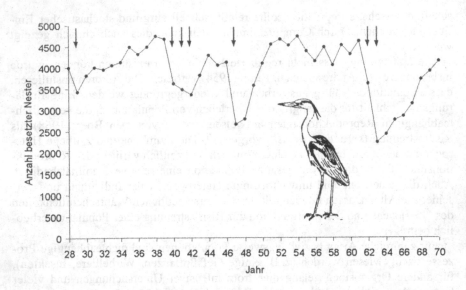

Abb. 3.17. Veränderungen in der Zahl besetzter Nester des Graureihers in England und Wales (Daten aus Stafford 1971)
Zeitraum: 1928-1970. Pfeile kennzeichnen strenge Winter.

Es ist anzunehmen, dass diejenigen Populationen mit den größeren Dichteschwankungen auch einem erhöhten Aussterberisiko unterliegen. Ein Maß für die Aussterbewahrscheinlichkeit einer Population kann die Amplitude der Populationsgrößeschwankungen sein. Bei der Analyse umfangreicher Langzeitdaten fanden Pimm u. Redfearn (1988), dass die Standardabweichungen der Populationsgrößen mit der Gesamtdauer des Untersuchungszeitraums zunehmen. Erst nach 16 oder 32 Untersuchungsjahren ist keine Zunahme der Standardabweichung mehr festzustellen. Für die meisten Tier- und Pflanzenarten liegen solche umfangreiche Aufzeichnungen zur Dynamik der Populationen nicht vor.

3.3.3.3
Demographische Stochastizität und Allee-Effekt

Besteht eine Population aus wenigen Individuen, kann sich demographische Stochastizität auswirken. Darunter versteht man zufällige Unterschiede in den Geburten- und Sterberaten, die nicht durch Umwelteinflüsse bedingt sind. Häufig bezieht sich demographische Stochastizität auf zufällige Veränderungen in der Anzahl männlicher und weiblicher Nachkommen. Nimmt man zum Beispiel eine sich sexuell reproduzierende Art an, deren Paare mit gleicher Wahrscheinlichkeit in einem Jahr 0 bis 4 Nachkommen haben, beträgt die Wahrscheinlichkeit über 1 %, dass bei 3 Paaren zufällig kein oder nur ein Individuum in der nächsten Generation entsteht. Diese Wahrscheinlichkeit besteht bei unveränderter Populationsgröße für jede Generation. Außerdem nimmt die Wahrscheinlichkeit, dass die Population nur noch aus Individuen eines Geschlechts besteht, bei sinkender Populationsgröße stark zu.

Bei Wirbeltieren, die in einem Sozialverbund leben, kann die Unterschreitung einer bestimmten Individuenzahl (kritische Mindestdichte) dazu führen, dass die individuelle Fitness aufgrund sozialer Fehlfunktionen abnimmt (*Allee-Effekt*). Dies kann zum Aussterben der Population führen.[6]

Bei Krallenaffen (Callithricidae) können einige Weibchen nur dann erfolgreich reproduzieren, wenn „Helfer" aus dem Sozialverband sich am Transport der Jungtiere beteiligen. Auch Raubtiere, die obligatorisch in Rudeln jagen (z. B. der Afrikanische Wildhund *Lycaon pictus*), weisen eine kritische Gruppengröße auf, unterhalb der die Gruppe mit großer Wahrscheinlichkeit ausstirbt.

Die Wandertaube (*Ectopistes migratorius*) ist wahrscheinlich aufgrund des Allee-Effekts ausgestorben (Cockburn 1995). Vor ihrem dramatischen Rückgang war die Wandertaube mit 10^9 geschätzten Individuen vermutlich der häufigste Landvogel Nordamerikas. Abschuss, Fang und die Beseitigung von hochstämmigen Bäumen reduzierten die Individuenzahl, aber die entscheidende Ursache für das Aussterben war sicherlich die fehlende Verpaarung in der Restpopulation, vermutlich aufgrund fehlender sozialer Stimuli.

3.3.3.4
Inselbiogeographie

Die wohl bekannteste Theorie der Inselbiogeographie wurde von R. MacArthur und E. Wilson Ende der 1960er Jahre publiziert. Ausgehend von einer konstanten Beziehung zwischen der Flächengröße von Inseln und der Artendiversität einer Organismengruppe nahmen die Autoren ein Gleichgewicht zwischen Besiedlungs- und Aussterberate an.

Die Beziehung zwischen der Artenzahl und der Flächengröße lässt sich wie folgt beschreiben:

$$S = CA^z \tag{3.7}$$

S ist die Artenzahl einer Insel mit der Fläche A; C und Z sind Konstanten, die für Inselgruppen und Tier- oder Pflanzengruppen spezifisch sind (Z beträgt im Mittel ungefähr 0,25). Bei einer Zunahme der Inselfläche um den Faktor 10 steigt die Artenzahl nicht etwa um denselben Faktor, sondern verdoppelt sich. Bei graphischen Darstellungen der Beziehung zwischen Artenzahl und Flächengröße wird deshalb häufig ein halblogarithmischer oder doppeltlogarithmischer Auftrag gewählt (Abbildung 3.18).

---

[6] Einen Überblick zur Bedeutung des Allee-Effekts geben Stephens u. Sutherland (1999) und Courchamp et al. (1999).

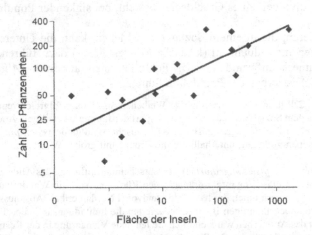

Abb. 3.18. Zahl der Landpflanzenarten der Galapagos-Inseln in Abhängigkeit von der Inselgröße (Daten aus Preston 1962)
Fläche der Inseln in Quadratmeilen.

MacArthur u. Wilson (1967) erklärten diese Arten-Areal-Beziehung[7] von Inseln durch die Annahme eines Gleichgewichts zwischen Aussterbe- und Kolonisationsrate. Die Aussterberate ist auf kleineren Inseln aufgrund der geringeren Individuenzahlen größer. Die Besiedlungswahrscheinlichkeit einer Insel ist niedriger, wenn sie vom Festland oder anderen besiedelten Inseln weiter entfernt ist. Je nach Größe und Lage der Insel sollten sich für eine Organismengruppe stabile Gleichgewichte für Extinktion und Kolonisation ergeben (Abbildung 3.19).

In den 1970er und 1980er Jahren wurden zahlreiche Untersuchungen durchgeführt, um das Gleichgewichtsmodell zu testen. In der Tat folgen manche Organismen- und Inselgruppen den Vorhersagen des Modells. Allerdings konnte auch gezeigt werden, dass einige Tiergruppen sich nicht in einem Gleichgewicht zwischen Extinktion und Kolonisation befinden und dass die Zunahme der Artenzahl bei ansteigender Inselfläche oft nicht auf die reduzierte Aussterberate zurückzuführen ist. Wahrscheinlich ist, dass größere Inseln eine größere Vielfalt an Lebensräumen und Lebensgemeinschaften aufweisen. Da zahlreiche Arten nur in einem oder wenigen Lebensräumen vorkommen, erhöht die Vielfalt an Lebensräumen auch die Artendiversität. Die Lebensraumheterogenität ist damit eine wesentliche Komponente der Arten-Areal-Beziehung bei Inseln.[8]

---

[7] Im deutschsprachigen Raum hat sich die Bezeichnung Arten-Areal-Beziehung (vielleicht als nicht korrekte Übersetzung des englischen Wortes „area") eingebürgert, obwohl der Begriff Arten-Flächen-Beziehung korrekter wäre.

[8] Ausführliche Darstellungen zur Inselbiogeographie finden sich bei Grant (1998) und Cox u. Moore (1999).

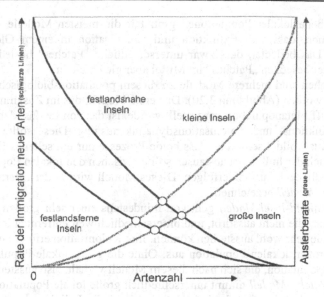

Abb. 3.19. Gleichgewichtsmodell für die Artenzahl unterschiedlich großer Inseln (nach Mac-Arthur u. Wilson 1967)
Die Einwanderungsrate ist als schwarze Linie, die Aussterberate als graue Linie dargestellt.

3.3.3.5
Metapopulationskonzept

In den beiden letzten Jahrzehnten ist das von Levins (1969) erstmals formulierte Konzept der Metapopulationen verstärkt in das Bewusstsein der Populationsökologen gerückt. Im Metapopulationskonzept versteht man unter einem „Patch"[9] einen zusammenhängenden Raum, der alle Ressourcen eines Habitats aufweist, von anderen vergleichbaren „Patches" jedoch durch eine Matrix, d.h. für die betreffende Art ungeeignete Lebensräume, getrennt ist. Eine *lokale Population* ist eine Gruppe von conspezifischen Individuen, die ein „Patch" besiedeln und mit anderen lokalen Populationen durch Individuenaustausch interagieren. Zumindest einzelne Individuen verlassen das „Patch", in dem sie aufgewachsen sind, bewegen sich durch unbesiedelbare Lebensräume und suchen ein anderes „Patch" auf. Als *Metapopulation* bezeichnet man heute eine Gruppe lokaler Populationen, die in einem Individuenaustausch zueinander stehen. In der Regel besiedelt eine Metapopulation einen gut abgrenzbaren Raum, der durch eine große Distanz zu anderen Metapopulationen getrennt ist. Individuenaustausch zwischen solchen Metapopulationen stellt eine Ausnahme dar. Zumindest einige der lokalen Populationen weisen ein „*Turnover*" auf, so dass es eine *Extinktions-* und *Kolonisationsdynamik*

---

[9] In der deutschsprachigen Literatur zum Metapopulationskonzept wird der Begriff „Patch" nicht übersetzt.

auf der Ebene lokaler Populationen gibt. Für die meisten Modelle wird zudem angenommen, dass sich Extinktion und Kolonisation in einem Gleichgewicht befinden. Das bedeutet, dass zwar unterschiedliche „Patches" besiedelt werden, die Zahl der besetzten „Patches" im Mittel aber gleich bleibt.

Inzwischen sind mehrere Modelle zu diesem populationsbiologischen Konzept publiziert worden (Abbildung 3.20). Das erste Modell, das im Zusammenhang mit dem Begriff Metapopulation vorgestellt wurde, ist das von Levins, der bereits von einer Extinktions- und Kolonisationsdynamik ausging. Diese sollte jedoch nur schwach ausgebildet sein, d.h., dass beide Prozesse nur ein seltenes Ereignis darstellen. Auch der Individuenaustausch sollte zwischen den lokalen Populationen in unterschiedlichem Ausmaß erfolgen. Dieses Modell wird in der Literatur auch als *klassisches Modell* bezeichnet.

Das *Festland-Insel-Modell* geht von mindestens einer sehr großen lokalen Population aus, die nicht ausstirbt, und unterschiedlich weit entfernten lokalen Populationen, die sehr wohl aussterben können. Ihre Kolonisation erfolgt ausschließlich von der großen lokalen Population aus. Ohne die große lokale Population würde eine Metapopulation, die sich nach diesem Modell verhält, also aussterben.

Das *„Patch"-Modell* nimmt unterschiedlich große lokale Populationen an, von denen zumindest die einander benachbarten in einem Individuenaustausch zueinander stehen. Vermutlich folgen die meisten Metapopulationen diesem Konzept.

Ist die Kolonisationsrate niedriger als die Extinktionsrate, nimmt die Zahl der lokalen Populationen kontinuierlich ab. Ein Aussterben der Metapopulation sollte im *Ungleichgewichtsmodell* langfristig die Folge sein. Alle anderen Modelle gehen von einem Gleichgewichtszustand zwischen Extinktion und Kolonisation aus.

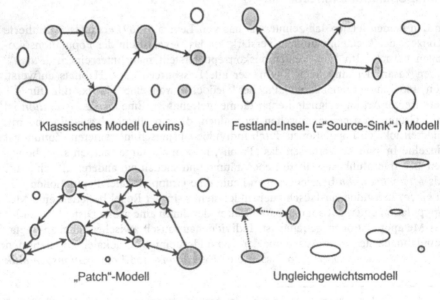

Klassisches Modell (Levins)   Festland-Insel- (="Source-Sink"-) Modell

„Patch"-Modell   Ungleichgewichtsmodell

Abb. 3.20. Metapopulationsmodelle

Kombinationen aus zwei oder mehreren Modellen sind möglich. Manche solcher Modelle sind auch mit eigenen Namen belegt worden (z. B. das „Core-Satellite"-Modell, das eine Kombination aus dem Festland-Insel- und dem „Patch"-Modell darstellt).

Inzidenz-Funktionen beschreiben, wie sich die Wahrscheinlichkeit des Vorkommens einer Art oder Population in Abhängigkeit von bestimmten Eigenschaften der „Patches" verändert. Hanski (1997) bestimmte für das Festland-Insel-Modell und für das „Patch"-Modell Inzidenz-Funktionen, die auf einer Markowschen Kette beruhen, in der jedes „Patch" eine konstante Übergangswahrscheinlichkeit zwischen den Zuständen „besetzt" oder „unbesetzt" hat. Die Inzidenz-Funktionen sind nur in mathematisch aufwendigen Verfahren zu bestimmen. Im Folgenden kann mit dem Ziel eines besseren Verständnisses der Metapopulationsdynamik nur ein kleiner Einblick in solche Formeln vermittelt werden.

Unter der Voraussetzung eines Gleichgewichtes zwischen Extinktion und Kolonisation beschrieb Diamond (1975a) die Inzidenz-Funktionen für das Auftreten einer Art in einem beliebigen „Patch":

$$J_i = \frac{C_i}{C_i + E_i} \qquad (3.8)$$

Dabei ist J_i die Wahrscheinlichkeit, dass das „Patch" i besetzt ist. Die Extinktions- und Kolonisationswahrscheinlichkeiten, E_i und C_i, sind nur nach langjährigen Untersuchungen der lokalen Populationen einer Metapopulation zu bestimmen, und damit ist diese Beziehung in der oben angegebenen Form für die meisten Untersuchungen unbrauchbar. Deshalb liegt es nahe, beide Wahrscheinlichkeiten aus einfacher bestimmbaren Größen abzuleiten.

Die Extinktionswahrscheinlichkeit einer lokalen Population hängt wesentlich von ihrer Größe (und diese wiederum von der Habitatgröße) ab:

$$E_i = \min\left[\frac{\mu}{A^x}, 1\right] \qquad (3.9)$$

Sinkt die „Patch"-Größe A unter einen Schwellenwert A_0, ist die Aussterbewahrscheinlichkeit gleich eins. μ und x stellen Parameter dar.

Die Wiederbesiedlungswahrscheinlichkeit C_i nimmt mit zunehmender Entfernung der Herkunftspopulationen als negative exponentielle Funktion ab. Für das Festland-Insel-Modell ergibt sich damit folgende Gleichung:

$$C_i = \beta e^{-\alpha d_i} \qquad (3.10)$$

α und β sind Parameter, d_i steht für die Entfernung des „Patches" i zum Festland. Wenn kein Festland in einer Metapopulation existiert, haben Größe und Entfernung der benachbarten und besetzten Habitate eine große Bedeutung für die Besiedlung eines unbesetzten „Patches". Gleichzeitig hängt die Wahrscheinlichkeit der Etablierung einer neuen Population von der Summe der Individuen ab, die aus benachbarten „Patches" auswandern und das „Patch" i erreichen.

$$M_i = \beta S_i = \beta \sum_{j=1}^{n} p_j e^{-\alpha d_{ij}} A_j, j \neq i \tag{3.11}$$

Die Anzahl der Individuen, die aus benachbarten „Patches" auswandern und das „Patch" i erreichen, hängt ab:

1. von der Besiedlungswahrscheinlichkeit für das „Patch" j, p_j, also dem Herkunftsort der Individuen (p_j ist 1 für besetzte und 0 für unbesetzte „Patches"),
2. von der Distanz zwischen den „Patches" i und j, d_{ij}, und
3. von der Größe des „Patches" j.

Die Wahrscheinlichkeit der erfolgreichen Etablierung einer neuen Population hängt nicht linear mit der Anzahl der Individuen zusammen, die ein unbesiedeltes „Patch" erreichen. Eine bessere Beschreibung der Kolonisationsrate wird möglich, wenn man einen sigmoiden Anstieg der Kolonisationswahrscheinlichkeit mit ansteigender Anzahl eingewanderter Individuen M_i annimmt. Sie lässt sich für das „Patch"-Modell unter Einsatz des Parameters y damit wie folgt angeben:

$$C_i = \frac{M_i^2}{M_i^2 + y^2} \tag{3.12}$$

Durch in ein „Patch" einwandernde Individuen können nicht nur Populationen gegründet, sondern auch die Aussterbewahrscheinlichkeit bereits vorhandener lokaler Populationen reduziert werden. Wenn man dieses als „Rescue"-Effekt bezeichnete Phänomen mitberücksichtigt, ergibt sich aus den oben angeführten Formeln folgende Inzidenz-Funktion:

$$J_i = \frac{C_i}{C_i + E_i - C_i E_i} = \frac{1}{1 + \mu'/\left(S_i^2 A_i^x\right)}, \ \mu' = \mu y' \ \text{für „Patches"} > A_0 \tag{3.13}$$

Um eine Metapopulation mit Hilfe dieser Formeln analysieren zu können, müssen die Variablen

1. Größen der „Patches",
2. Entfernungen der „Patches" zueinander und
3. Status der „Patches", also ob sie besetzt sind oder nicht, bekannt sein.

Um die Inzidenz-Funktionen robust zu halten, sollten so viele der fünf Parameter wie möglich empirisch bestimmt werden. Manche Parameter lassen sich in der Natur durch Fang und Wiederfang individuell markierter Tiere ermitteln (z. B. β, ein kombinierter Parameter, der auf der Auswanderungsrate und der Populationsdichte basiert). Unbekannte Parameter können mit Hilfe von Maximum-Likelihood-Verfahren oder anderen mathematischen Verfahren abgeschätzt werden.

Die oben abgeleiteten Inzidenz-Funktionen wurden durch Untersuchungen an mehreren Tierarten belegt. Dazu wurden die drei oben angeführten Variablen bestimmt, die Inzidenz-Funktionen aufgelöst und mit ihrer Hilfe Kolonisations- und Extinktionsraten bestimmt. Diese Werte wurden später an derselben oder anderen Metapopulationen empirisch überprüft (Hanski u. Gilpin 1997).

Ein Beispiel für die Metapopulationsstruktur ist der in England untersuchte Kommafalter (*Hesperia comma*). 1982 und 1991 wurden insgesamt 197 „Patches" in Südengland auf Vorkommen dieses Dickkopffalters hin untersucht (Thomas u. Jones 1993). Große und in der Nachbarschaft lokaler Populationen gelegene „Patches" sind häufiger besetzt als „Patches", die klein und weit von der nächsten Population entfernt sind (Abbildung 3.21). In Übereinstimmung mit dem Metapopulationsmodell hat es auch Kolonisations- und Extinktionsereignisse zwischen 1982 und 1991 gegeben. Die Wahrscheinlichkeit der Kolonisation stieg mit der Größe des „Patches" an und nahm mit dem Abstand zur Quellpopulation ab. Die Aussterbewahrscheinlichkeit war negativ mit der Habitatgröße korreliert und nahm mit der Separation zu. Das zuletzt gefundene Ergebnis deutet auf einen „Rescue"-Effekt hin.

Das Metapopulationskonzept hat für die Naturschutzbiologie besondere Bedeutung. Wenn die zeitliche und räumliche Strukturierung von Populationen diesem Konzept entspricht, sind Prognosen über die Entwicklung bei unterschiedlichen Verteilungen der „Patches" möglich. Zudem macht es deutlich, dass eine Metapopulation aussterben kann, wenn ein Teil der „Patches" zerstört wird und dadurch die Kolonisationsrate zu niedrig für ein Überleben der Art in dem betreffenden Gebiet wird.

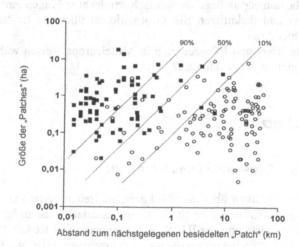

Abb. 3.21. Besiedelte und unbesiedelte „Patches" bei dem Kommafalter (*Hesperia comma*) in Südengland (Daten aus Thomas u. Jones 1993)
Die Prozentangaben kennzeichnen Isolinien mit 10 %-, 50 %- und 90 %-iger Besiedlungswahrscheinlichkeit. Ausgefüllte Symbole kennzeichnen besiedelte „Patches", offene Symbole unbesiedelte „Patches".

Trotz des Potentials, das von diesem Konzept mit seinen Modellen für die Naturschutzbiologie ausgeht, muss an dieser Stelle betont werden, dass eine Anwendung auf räumlich strukturierte Populationen erst dann zulässig ist, wenn ein
„Turnover" auf der Ebene lokaler Populationen nachgewiesen wurde. Ein Problem
vieler Metapopulationsmodelle ist die Annahme, dass Aussterbe- und Kolonisati-
onsprozesse im Durchschnitt gleich häufig auftreten. Ob ein solches Gleichgewicht für Populationen in einer sich anthropogen schnell ändernden Landschaft
angenommen werden darf, ist zweifelhaft. Gleichzeitig darf das Metapopulationskonzept nicht darüber hinweg täuschen, dass die Qualität von Lebensräumen einen
wesentlichen Einfluss auf die Besiedlungswahrscheinlichkeit haben kann. So
konnten z. B. Dennis u. Eales (1997) für den Augenfalter *Coenonympha tullia*
zeigen, dass die Habitatqualität für die Besiedlung genauso wichtig ist wie Größe
und Isolation der „Patches".[10]

3.3.4
Reviewfragen

1. Welche Möglichkeiten gibt es, populationsgenetische Untersuchungen als
    Entscheidungsgrundlage für naturschutzrelevante Fragen einzusetzen?
2. Suchen und diskutieren Sie Informationen über die Bestandsfluktuationen
    bedrohter Arten!
3. Welche Tier- und Pflanzenarten in Mitteleuropa weisen wahrscheinlich eine
    Metapopulationsstruktur auf?

3.4
Artenschutz

3.4.1
Gesetzliche Regelungen und Rote Listen

Um die Öffentlichkeit über den Rückgang zahlreicher Arten zu unterrichten und
gleichzeitig die Aufmerksamkeit auf die gefährdeten Arten zu lenken, wurde 1966
die erste Rote Liste von der IUCN herausgegeben. Die letzten Ausgaben der Roten Listen sind 1996 beziehungsweise 1997 erschienen (IUCN 1996, 1997), denen
die 1994 beschlossenen Gefährdungskategorien zugrunde liegen. Die Kriterien für
drei Kategorien werden innerhalb der Species Survival Commission (SSC) der
IUCN diskutiert und wahrscheinlich in naher Zukunft geändert. In Abbildung 3.22
ist die Struktur der Kategorien dargestellt. Insgesamt werden für Arten acht Kategorien unterschieden (in Klammern die Originalbezeichnung der Kategorie mit
der dazugehörenden Abkürzung):

---

[10] Als Einstieg in die Metapopulationsbiologie sind das Buch von Hanski u. Gilpin (1997) sowie
das Themenheft „Metapopulationen" der Zeitschrift für Ökologie und Naturschutz (Heft 3-4,
Band 5, 1996) zu empfehlen.

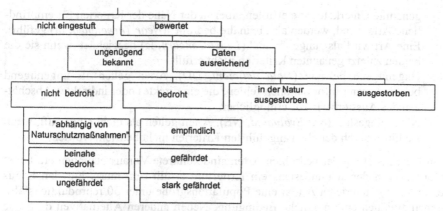

Abb. 3.22. Struktur der Gefährdungskategorien, die von der IUCN für Rote Listen benutzt werden

1. Ausgestorben (*Extinct*, EX). Eine Art gilt als ausgestorben, wenn kein Zweifel besteht, dass das letzte Individuum gestorben ist.
2. In der Natur ausgestorben (*Extinct in the Wild*, EW). Eine Art gilt als in der Natur ausgestorben, wenn sie nur in menschlicher Obhut lebt oder nur in einer oder mehreren Populationen außerhalb des ursprünglichen Verbreitungsgebietes vorkommt.
3. Stark gefährdet (*Critically Endangered*, CR). Eine Art gilt als stark gefährdet, wenn sie einem besonders großen Risiko des Aussterbens in der Natur in unmittelbarer Zukunft ausgesetzt ist. Durch mehrere Kriterien (siehe unten) wird diese Gefährdungskategorie genauer gekennzeichnet.
4. Gefährdet (*Endangered*, EN). Eine Art gilt als gefährdet, wenn sie nicht stark gefährdet ist, aber einem sehr großen Risiko des Aussterbens in der Natur in naher Zukunft ausgesetzt ist. Durch mehrere Kriterien wird diese Gefährdungskategorie genauer gekennzeichnet.
5. Empfindlich (*Vulnerable*). Eine Art gilt als empfindlich, wenn sie weder stark gefährdet noch gefährdet ist, aber einem hohen Risiko des Aussterbens in der Natur mittelfristig ausgesetzt ist. Durch mehrere Kriterien wird diese Gefährdungskategorie genauer gekennzeichnet.

Die drei zuletzt genannten Kategorien werden unter der Bezeichnung „Bedroht" (*Threatened*) zusammengefasst.

1. Nicht bedroht (*Lower Risk*, LR). Eine Art wird in dieser Kategorie geführt, wenn sie keines der Kriterien für eine Einstufung in den zuvor angeführten Kategorien erfüllt. Drei Unterkategorien werden unterschieden: Arten, die durch Artenschutzprogramme und/oder Biotopschutzmaßnahmen so gefördert werden, dass das Ende dieser Hilfsprogramme dazu führen würde, dass sie innerhalb von fünf Jahren eine der Kategorien für bedrohte Arten erfüllen würden, werden als „abhängig von Naturschutzmaßnahmen" (*Conservation Dependent*, cd) geführt. Arten, die nicht die Voraussetzungen für die zuvor

genannte Unterkategorie erfüllen, aber in der Nähe der Kriterien für empfindliche Arten sind, werden als „beinahe bedroht" (*Near Threatened*, nt) geführt. Eine Art wird als „ungefährdet" (*Least Concern*, lc) bezeichnet, wenn sie die beiden zuletzt genannten Kriterien nicht erfüllt.

2. Ungenügend bekannt (*Data deficient*, DD). Arten gelten als ungenügend bekannt, wenn Informationen fehlen, die ein direktes oder indirektes Abschätzen des Aussterberisikos ermöglichen.

3. Nicht eingestuft (*Not Evaluated*, NE). Arten gelten als nicht eingestuft, wenn sie hinsichtlich der oben angeführten Kriterien nicht beurteilt wurden.

Für die Einstufung der bedrohten Arten sind konkrete Voraussetzungen erarbeitet worden, von denen mindestens ein Kriterium erfüllt sein muss. Für den Status einer stark gefährdeten Art ist eine Populationsgröße unter 50 reproduktionsfähigen Individuen eine mögliche Bedingung. Neben anderen Alternativen darf eine Art für diese Kategorie auch bis zu 250 reproduktionsfähige Individuen aufweisen, wenn ein anhaltender Rückgang um mindestens 25 % innerhalb von drei Jahren oder einer Generation festgestellt wurde.[11]

Alle bekannten Arten der Vögel und Säugetiere wurden in der Roten Liste der IUCN berücksichtigt. Von den Säugetierarten sind 25 % und von den Vogelarten 11 % als bedroht (Threatened) klassifiziert wurden. Von den Reptilien, Amphibien und Fischen konnten nicht alle Arten berücksichtigt werden. Von den einbezogenen Reptilienarten sind 20 %, von den Amphibienarten 25 % und von den Fischen (überwiegend Süßwasserfische) 34 % bedroht. In denselben drei Gefährdungskategorien sind mehr als 500 Insektenarten, 400 Krebsarten und 900 Molluskenarten aufgeführt. Die Mollusken weisen außerdem eine große Zahl ausgestorbener Arten auf (Abschnitt 3.4.2), von denen die meisten zur Ordnung der Landlungenschnecken (Stylommatophora) gehören. Ein extrem hoher Anteil ausgestorbener Schneckenarten war endemisch auf Ozeaninseln. Alle ausgestorbenen Muschelarten, die in der Roten Liste geführt werden, sind Süßwasserarten, die zu den Großmuscheln (Unionida) gestellt werden.

Die Rote Liste bedrohter Gefäßpflanzen des IUCN weist ungefähr 34.000 und damit ca. 12 % der Arten dieser Organismengruppe als bedroht aus. Weitere Rote Listen der IUCN befinden sich in Vorbereitung. Eine erste Version für die Moose existiert bereits, berücksichtigt jedoch nur 92 Arten (*The 1999 IUCN World Red List of Bryophytes*)[12].

Mit der Aufnahme einer Art in eine Rote Liste ist keine Verpflichtung zum Schutz oder zu Hilfsprogrammen verbunden. Anders ist das bei einigen internationalen Übereinkommen zum Schutz von Arten. Einer der wichtigsten Verträge ist das Washingtoner Artenschutzabkommen (WA, *Convention on International Trade in Endangered Species*, CITES), das 1973 abgeschlossen wurde und auch von der Bundesrepublik Deutschland ratifiziert worden ist. Die Anhänge des WA enthalten einerseits Arten, die überhaupt nicht gehandelt werden dürfen (ungefähr 400 Tier- und 150 Pflanzenarten), und andererseits Arten, deren internationaler

---

[11] Eine ausführliche Darstellung der Kriterien ist der Homepage der IUCN zu entnehmen (http://www.iucn.org/themes/ redlists/criteria.htm).

[12] http://www.dha.slu.se/guest/BryoList.htm.

Handel geregelt und überwacht wird. Andere wichtige internationale Übereinkommen zum Schutz von Arten sind die *International Convention for the Protection of Birds* (EU-Vogelschutzrichtlinie) und die *FFH-Richtlinie*, die als Schutzgut besonders Vegetationseinheiten berücksichtigt.

Drei Anhänge der FFH-Richtlinie listen Tier- und Pflanzenarten auf, die von gemeinschaftlichem Interesse sind und

1. für deren Erhalt besondere Schutzgebiete ausgewiesen werden müssen (Anhang II),
2. die streng zu schützen sind (Anhang IV) sowie
3. deren Entnahme aus der Natur und Nutzung Gegenstand von Verwaltungsmaßnahmen sein kann (Anhang V).

Tabelle 3.6. Beispiele für Arten, die in Deutschland vorkommen und in den Anhängen II, IV und V der FFH-Richtlinie aufgelistet sind (Nach Ssymank et al. 1998)

Art	Anhang II	Anhang IV	Anhang V
Gefäßpflanzen			
Arnika (*Arnica montana*)			X
Frauenschuh (*Cypripedum calceolus*)	X	X	
Gelber Enzian (*Gentiana lutea*)			X
Sand-Silberscharte (*Jurinea cyanoides*)	*	X	
Schierlings-Wasserfenchel (*Oenanthe conioides*)	*	X	
Finger-Küchenschelle (*Pulsatilla patens*)	X	X	
Säugetiere			
Wolf (*Canis lupus*)	*	X	X
Sumpfmaus (*Microtus oeconomus*)	*		
Luchs (*Lynx lynx*)	X	X	
Europäischer Nerz (*Mustela lutreola*)	X	X	
Ziesel (*Citellus citellus*)	X		
Braunbär (*Ursus arctos*)	*	X	
Amphibien und Reptilien			
Rotbauchunke (*Bombina bombina*)	X	X	
Gelbbauchunke (*Bombina variegata*)	X	X	
Europäische Sumpfschildkröte (*Emys orbicularis*)	X	X	
Kammmolch (*Triturus cristatus*)	X	X	
Schlingnatter (*Coronella austriaca*)		X	
Würfelnatter (*Natrix tessellata*)		X	
Insekten			
Sibirische Azurjungfer (*Coenagrion hylas*)	X		
Grüne Mosaikjungfer (*Aeshna viridis*)		X	
Eichenheldbock (*Cerambyx cerdo*)	X	X	
Hirschkäfer (*Lucanus cervus*)	X	X	
Juchtenkäfer (*Osmoderma eremita*)	*	X	
Großer Feuerfalter (*Lycaeana dispar*)	X	X	

* prioritäre Art.

Der Europäischen Union kommt in ihrem Einzugsgebiet eine besondere Bedeutung für den Erhaltung *prioritärer Arten* (wie auch Lebensräumen, Abschnitt 3.5.4) zu. Beispiele von Arten, die in Deutschland vorkommen und in den Anhängen II, IV und V geführt werden, enthält Tabelle 3.6. Im Gegensatz zu vielen anderen europäischen Naturschutzkonzepten sieht die FFH-Richtlinie über die Berichtspflicht auch eine Kontrolle der Schutzeffizienz vor.[13]

Bekannt ist die nationale Gesetzgebung der USA zum Schutz von Tier- und Pflanzenarten. Ihr wichtigstes Instrument ist der Endangered Species Act (ESA) von 1973. Diese Liste wird eingesetzt, um Ökosysteme zu erhalten, in denen gefährdete und bedrohte Arten leben, und um gefährdete und bedrohte Arten zu schützen. Die meisten Arten des ESA sind Wirbeltiere und Pflanzen, nur wenige gehören zu den Mollusken oder Arthropoden. Für jedes aufgelistete Taxon muss ein Schutzprogramm entwickelt und durchgeführt werden, dessen Ziel eine Erholung der Bestände ist (*recovery plan*). Für einige Arten und Unterarten haben sich diese Maßnahmen als positiv erwiesen (z. B. für den Sandlaufkäfer *Cicindela dorsalis dorsalis*, Knisley u. Schultz 1997). Wenige Arten konnten sogar von der Liste gestrichen werden, da sich ihre Bestände erholt haben (z.B Mississippi-Alligator *Alligator mississippiensis* und Brauner Pelikan *Pelecanus occidentalis*, Primack 1995).

In der Bundesrepublik Deutschland werden seit 1977 Rote Listen herausgegeben, die oft acht Kategorien enthalten (Binot et al. 1998):

1. *Ausgestorben oder verschollen* (0). Arten, die vor etwa 100 Jahren noch in Deutschland vorkamen, inzwischen aber ausgestorben, ausgerottet oder verschollen sind und damit seit längerer Zeit (bei Wirbeltieren seit 10 Jahren, bei Wirbellosen oft seit 50 Jahren) nicht mehr nachgewiesen wurden. Wenn der Kenntnisstand der Bestandsentwicklungen es zulässt, werden auch Arten aufgenommen, die vor längerer (aber historischer) Zeit ausgestorben sind (z. B. Auerochse oder Ur *Bos primigenius* im Mittelalter).

2. *Vom Aussterben bedroht* (1). Arten, die von der Ausrottung oder vom Aussterben bedroht sind. Ihr Überleben in Deutschland ist unwahrscheinlich, wenn die aktuell wirkenden Gefährdungsfaktoren und -ursachen weiterhin bestehen bleiben oder Schutz- und Hilfsmaßnahmen nicht durchgeführt werden oder beendet werden.

3. *Stark gefährdet* (2). Arten, die jetzt stark gefährdet sind, werden in zehn Jahren vom Aussterben bedroht sein, wenn die aktuell wirkenden Gefährdungsfaktoren und -ursachen weiterhin bestehen bleiben oder Schutz- und Hilfsmaßnahmen nicht durchgeführt werden oder beendet werden.

4. *Gefährdet* (3). Arten, die jetzt gefährdet sind, werden in zehn Jahren stark gefährdet sein, wenn die aktuell wirkenden Gefährdungsfaktoren und -ursachen weiterhin bestehen bleiben oder Schutz- und Hilfsmaßnahmen nicht durchgeführt werden oder beendet werden.

5. *Extrem seltene Arten und Arten mit geographischer Restriktion* (R). Arten, die seit jeher selten sind oder nur sehr lokal vorkommen und für die weder ein

---

[13] Eine vollständige Übersicht der in den genannten Anhängen geführten und in Deutschland vorkommenden Arten ist Ssymank et al. (1998) zu entnehmen.

merklicher Rückgang noch eine aktuelle Gefährdung erkennbar sind. Durch menschliche Aktivitäten oder zufällige Ereignisse können die Vorkommen solcher Arten erlöschen oder erheblich dezimiert werden.

6. *Arten der Vorwarnliste* (V). Arten, die zur Zeit noch nicht gefährdet sind, bei denen aber innerhalb der nächsten zehn Jahre eine Gefährdung vorliegen kann, wenn bestimmte Faktoren weiterhin wirken.

7. *Gefährdung anzunehmen, aber Status unbekannt* (G). Arten, für die einzelne Untersuchungen eine Gefährdung nahelegen, bei denen die bekannten Informationen aber nicht für eine Einstufung in eine der Gefährdungskategorien 1 bis 3 ausreichen.

8. *Daten defizitär* (D). Arten, über die unsere Kenntnisse so gering sind, dass eine Einstufung nicht möglich ist.

Die Einteilung der Arten in Gefährdungskategorien der deutschen Roten Listen ist in Anlehnung an die Kriterien der IUCN entwickelt worden. Tabelle 3.7 stellt die entsprechenden Kategorien einander gegenüber. Einen wesentlichen Unterschied zu den Roten Listen der IUCN weisen die deutschen Listen auf: Die Kriterien für eine Zuordnung sind weniger konkret und als qualitativ den quantitativen Vorgaben der SSC gegenüberzustellen (Schnittler et al. 1994). Erste Versuche, verstärkt quantitative Bewertungssysteme in Deutschland einzuführen, liegen für Brutvögel und Laufkäfer vor (Witt et al. 1996, Trautner et al. 1997).

Tabelle 3.7. Sich entsprechende Kategorien der IUCN- und der bundesdeutschen Roten Listen (nach Binot et al. 1998)

IUCN-Kategorie	Gültige Kategorie in Deutschland
Ausgestorben – Extinct (EX)	-
In der Natur ausgestorben – Extinct in the Wild (EW)	Ausgestorben oder verschollen (0)
Stark gefährdet – Critically Endangered (CR)	Vom Aussterben bedroht (1)
Gefährdet – Endangered (EN)	Stark gefährdet (2)
Empfindlich – Vulnerable (VU)	Gefährdet (3)
-	Seltene Arten und Arten mit geographischer Restriktion (R)
-	Gefährdung anzunehmen, aber Status unbekannt (G)
Abhängig von Naturschutzmaßnahmen – Conservation Dependent (cd)	Keine Kategorie, Zuordnung zu 2 oder 3
Beinahe bedroht – Near Threatened (nt)	Vorwarnliste (V)
Ungenügend bekannt – Data Deficient (dd)	Daten defizitär (D)

Ca. 16.000 Tierarten werden in der aktuellen Ausgabe der Roten Liste gefährdeter Tiere Deutschlands berücksichtigt (Bundesamt für Naturschutz 1998). Bereits 3 % aller Tierarten sind in Deutschland ausgestorben oder verschollen (Kategorie 0). Bei den Säugetieren und Vögeln sind die Bestandsveränderungen so gut dokumentiert, dass auch Arten in dieser Kategorie aufgenommen werden konnten, die vor mehreren Jahrhunderten ausstarben (z. B. Wildpferd *Equus ferus*, Auerochse oder Ur *Bos primigenius*, Waldrapp *Geronticus eremita*, Gänsegeier *Gyps fulvus*). Ungefähr 40 % der Tierarten unterliegen einer Gefährdung (Kategorien 1 bis 3, G und R). Die Verteilung ausgestorbener und gefährdeter Arten auf die Tiergruppen ist Tabelle 3.8. zu entnehmen.

Tabelle 3.8. Verteilung ausgestorbener oder ausgerotteter und gefährdeter Arten auf mehrere Organismengruppen (nach Bundesamt für Naturschutz 1996, 1998)

Organismengruppe	Anzahl Arten in Deutschland	Ausgestorben oder ausgerottet (0)	Gefährdet (1-3, G, R)
Säugetiere (Mammalia)	100	13 %	38 %
Vögel (Aves)	256	6 %	38 %
Reptilien (Reptilia)	14	-	79 %
Amphibien (Amphibia)	21	-	67 %
Fische und Rundmäuler (Pisces und Cyclostomata)	257	3 %	32 %
Schmetterlinge (Macrolepidoptera)	1450	2 %	37 %
Käfer (Coleoptera)	6537	4 %	44 %
Libellen (Odonata)	80	3 %	58 %
Mollusken (Gastropoda und Bivalvia)	333	2 %	47 %
Gefäßpflanzen (Pteridophyta und Spematophyta)	>3319 (3001)	1,6 %	29,9 %
Moose (Anthocerophyta und Bryophyta)	1121	4,8 %	40,9 %
Flechten (Lichenes)	1691	10,8 %	50,5 %
Großpilze	>4385	0,6 %	31,5 %
Armleuchteralgen (Charophyceae)	40	12,5 %	77,5 %
Meeresalgen (marine Chloro-, Rhodo- und Fucophyceaea)	>306	8,8 %	21,8 %

Artenzahl in Klammern: Anzahl berücksichtigter Arten, die in diesem Fall von der tatsächlichen Gesamtartenzahl abweicht. Die Gefährdungskategorien (0 beziehungsweise 1-3, G und R) sind den Roten Listen für die Bundesrepublik Deutschland entnommen.

Viele der in Deutschland heimischen Pflanzen- und Pilzarten sind ausgestorben, verschollen oder gefährdet und stehen demgemäss auf den Roten Listen dieser systematischen Gruppen (Bundesamt für Naturschutz 1996). Von den Gefäßpflanzenarten werden derzeit 31,4 %, von den Moosarten 46 % und von den Flechtenarten 61 % auf den jeweiligen Roten Listen geführt. Besonders bedroht ist die Gruppe der Armleuchteralgen (Charophyceae), von denen im Bundesgebiet 90 % der Arten gefährdet oder ausgestorben sind (Tabelle 3.8).

Neben den Roten Listen, deren Bezugsraum die Bundesrepublik Deutschland ist, gibt es auch solche, die kleinere Regionen (z. B. Bundesländer) berücksichtigen.

3.4.2
Gründe für das Aussterben und den Rückgang von Arten

Für das Aussterben und den Rückgang von Arten lassen sich im Wesentlichen folgende Gründe anführen:

1. Veränderungen des Lebensraumes und/oder seine Fragmentierung
2. Eutrophierung
3. Direkte Nachstellung durch den Menschen (Jagd, Übernutzung)
4. Störungen
5. Gifteinwirkungen
6. Pathogene
7. Einfuhr fremder Arten
8. Natürliche Katastrophen
9. Umweltstochastizität
10. Demographische Stochastizität und Allee-Effekt
11. Genetische Gründe
12. Zu niedrige Kolonisationsraten in Metapopulationen

In einer vom Menschen stark beeinflussten Umwelt ist es naheliegend anzunehmen, dass anthropogene Faktoren beziehungsweise eine Kombination aus mehreren Einflussgrößen zum Aussterben von Tier- und Pflanzenarten führen. Von besonderer Bedeutung sind dabei Veränderungen des Lebensraumes.

Aber auch die Reduktion des Lebensraumes kann bereits zum Aussterben führen, und zwar dann, wenn niedrige Populationsgrößen zu den in Abschnitt 3.3 vorgestellten populationsbiologischen Prozessen führen, die wiederum eine erhöhte Aussterbewahrscheinlichkeit zur Folge haben können (Umweltstochastizität, demographische Stochastizität und Allee-Effekt, genetische Gründe und Reduktion der Kolonisationswahrscheinlichkeit aufgrund abnehmender „Patch"-Größe oder zunehmender „Patch"-Entfernungen). Diese Gründe werden insbesondere bei Arten aus Lebensräumen diskutiert, die früher weit verbreitet waren, dann jedoch (in der Regel durch menschliche Aktivitäten) auf isolierte Reste zurückgedrängt worden sind. Das Ergebnis einer solchen landschaftsökologischen Veränderung wird als *Fragmentation* bezeichnet und betrifft zahlreiche Lebensräume (z. B. Wälder, Heiden, Magerrasen).

Veränderungen des Lebensraumes können natürlich nicht nur das Erlöschen einer Art bewirken, sondern führen häufig dazu, dass sich ganze Lebensgemeinschaften in ihrer Zusammensetzung ändern. Ein Beispiel dafür mag die Entwässerung von Feuchtwiesen sein. Noch in der ersten Hälfte des 20. Jahrhunderts waren diese Lebensräume mit ihrer charakteristischen Vegetation und Fauna (z. B. Sumpfdotterblume *Caltha palustris*, Großer Brachvogel *Numenius arquatus*) auf Niedermoortorf großflächig vorhanden. Drainage und intensive Düngung führten seit den 1950er und 1960er Jahren zu einer Überführung solcher Wiesen in Grünland oder Acker, die sich aufgrund ihrer Nutzungsintensität nur wenig von anderen landwirtschaftlichen Nutzflächen, welche in den letzten Jahrzehnten eine drastische Verarmung ihrer Fauna und Flora erfuhren, unterscheiden. Die Folge ist, dass früher weit verbreitete Arten nunmehr als selten einzustufen sind.

Durch Intensivierung der landwirtschaftlichen Nutzung sind auch andere Lebensräume (z. B. nährstoffarme Sandrasen, Kalkmagerrasen) vielerorts stark zurückgegangen. Die Aufgabe traditioneller (und heute nicht mehr ökonomischer) Nutzungsformen führte zu einem Verlust an strukturell stark differenzierten Lebensräumen wie Nieder-, Mittel- oder Hudewäldern. Der Rückgang zahlreicher Tierarten ist die Folge.

Nicht immer sind die Ursachen so einfach anzusprechen. Die Auswirkungen des sauren Regens und die zunehmende Eutrophierung aus der Luft durch Immission und Deposition, insbesondere in Form von Stickstoffverbindungen, betreffen ganze Landschaften und sind deshalb als besonders schwerwiegend einzustufen (siehe auch Abschnitt 3.4.3).

Der Ausbau von Gewässern und die Anlage von Staustufen können eine reduzierte oder veränderte Hochwasserdynamik der Auen zur Folge haben, die sich unter anderem negativ auf die Entstehung von Rohbodenstandorten auswirkt, für zahlreiche Pionierarten die einzigen Lebensräume in unserer Kulturlandschaft.

Die Aufgabe der Nutzung und damit das Zulassen der Sukzession führt vielerorts ebenfalls zu einer tiefgreifenden Veränderung der Lebensräume. Die Verbuschung von Halbtrockenrasen, die bei Fortdauer der Vegetationsentwicklung zum Wald führt, ist in diesem Zusammenhang genauso anzuführen wie das Unterlassen der Mahd in Streuwiesen und einigen Schilfbeständen.

Die hier angeführten Beispiele können fast beliebig ergänzt werden und verdeutlichen die Vielfalt der Gründe für das Erlöschen von Arten und ganzen Lebensgemeinschaften aufgrund von Veränderungen des Lebensraumes.

Nachweislich ist die *Jagd* für das Erlöschen zahlreicher Arten verantwortlich. Der Riesenalk starb 1844 aus, die bis zu 10 m lange Stellers Seekuh wurde 1768 ausgerottet, und das letzte Quagga wurde 1878 erlegt. Vermutlich ist für die meisten der in Tabelle 3.9 angeführten Wirbeltiere die Jagd der wesentliche Faktor für ihr Aussterben gewesen. In historischer Zeit wurden in Mitteleuropa so Elch (*Alces alces*), Ur oder Auerochse (*Bos primigenius*), Wisent (*Bison bonasus*), Wildpferd (*Equus ferus*), Braunbär (*Ursus arctos*), Wolf (*Canis lupus*) und Luchs (*Lynx lynx*) großflächig ausgerottet. Die drei zuletzt genannten Arten konnten erfolgreich in kleinen Teilen ihres ursprünglichen Verbreitungsgebietes wieder eingebürgert werden. Der Jagddruck auf zahlreiche Wirbeltierarten ist – insbesondere in tropischen Regionen – auch heute noch erheblich.

Tabelle 3.9. Beispiele weltweit ausgestorbener Tiere (nach Ziswiler 1965; Samways 1994 und Seddon 1998)

Art/Unterart	Zeitraum der Ausrottung
Säugetiere	
Ur oder Auerochse (*Bos primigenius*)	1627
Stellers Seekuh (*Hydreomalis gigas*)	1768
Kaplöwe (*Panthera leo melanochaitus*)	1865
Quagga (*Equus quagga*)	1878
Atlasbär (*Ursus crowtheri*)	19. Jh.
Blaubock (*Hippotrogus heucophagus*)	19. Jh.
Beutelwolf (*Thylacinus cynocephalus*)	20. Jh.
Vögel	
Riesenalk (*Alca impennis*)	1844
Aukland-Säger (*Mergus australis*)	1901
Dodo (*Raphus cucullatus*)	17. Jh.
Galapagos-Kernbeißerfink (*Geospiza magnirostris*)	19. Jh.
Arabischer Strauß (*Strutio camelus syriacus*)	20. Jh.
Wirbellose Tiere	
Rocky Mountains-Gebirgsschrecke (*Melanoplus spretus*)	1902
Südfranzösischer Warzenbeißer	1972
(*Decticus verrucivorus monspeliensis*)	
228 Mollusken (Arten und Unterarten)	seit ca. 1600

Einige Wirbeltierarten sind empfindlich gegenüber *Störungen*. Skilanglauf in Lebensräumen von Birk- und Auerhuhn (*Tetrao tetrix* und *Tetrao urogallus*) kann zu Vertreibung aus den betreffenden Gebieten, Erschwerung oder Verhinderung der Nahrungsaufnahme und bedingt durch das Fluchtverhalten zu Energieverlust führen. Die Überlebenswahrscheinlichkeit der gestörten Individuen wird folglich reduziert. Weitere häufige Störungsarten sind Modell- und Drachenfliegen sowie Naturfotografie und Naturbeobachtung bei Unterschreitung artspezifischer Entfernungen (Plachter 1991).

Zahlreiche Arten wurden durch vom Menschen produzierte und freigesetzte Gifte dezimiert:

1. Schwermetalle
2. anorganische Verbindungen
3. organische Verbindungen

Die häufigsten toxischen Schwermetalle, die in der Natur angetroffen werden, sind Blei, Cadmium und Quecksilber. Die Folgen erhöhter Konzentrationen reichen von erhöhter Brüchigkeit der Knochen (durch Substitution des Kalziums in den Knochen durch Blei) über verringerte Photosyntheseraten und beeinträchtigte Gonadenreifung bis zu schwerwiegenden Nervenschädigungen und Tod. Schwermetalle werden in der Nahrungskette akkumuliert, die Gipfelräuber sind deshalb von erhöhten Konzentrationen besonders bedroht.

Anorganische Verbindungen wie SO_2 und NO_X beeinflussen besonders Pflanzen. Sehr empfindlich reagieren Moose (*Sphagnum*- und *Polytrichum*-Arten) und Flechten (*Parmelia furfuracea, Cladonia*-Arten) auf atmosphärische Verunreinigungen mit Schwefeldioxid. Die Flechtenarten werden deshalb seit den 1970er Jahren als Bioindikatoren eingesetzt. Die Stickstoffverbindungen führen zudem zu einer schleichenden Eutrophierung ganzer Landschaften. Einige anorganische Verbindungen dienen auch als Insektizide und Herbizide.

Die meisten vom Menschen zur Bekämpfung von tierischen oder pflanzlichen Schädlingen eingesetzten Stoffe sind organische Verbindungen (insbesondere halogenierte Kohlenwasserstoffe, phosphorhaltige Ester und Amide, Carbamate, Pyrethroide und Cyclodiene). Einige Insekten und Milben haben schnell Resistenzen gegen diese Stoffe entwickelt. Wichtige Mechanismen sind dabei

1. Reduktion der Durchlässigkeit des Exoskeletts (z. B. durch dickere Kutikulaschichten),
2. Modifikation der Strukturen beziehungsweise Moleküle, die mit dem Pestizid reagieren (z. B. der Proteine, die Natrium-Ionen-Kanäle aufbauen),
3. Detoxifikation aufgrund erhöhter Mengen abbauender Enzyme (Gene für bestimmte Esterasen und Phosphatasen werden vervielfältigt),
4. erhöhte Ausscheidung und
5. Vermeidung der Aufnahme durch verändertes Verhalten.

Oft sind auch Kombinationen aus diesen Mechanismen realisiert. Insektizide werden nicht nur in der Landwirtschaft und in Wohnungen eingesetzt, sondern auch in der Forstwirtschaft. Gegen Kalamitäten von Raupen wird oft Dimilin ausgebracht, das die geregelte Bildung des Exoskeletts von Insekten verhindert.

Während zahlreiche Schädlinge Resistenzen gegen Pestizide entwickelt haben (über 500 Insekten- und Milbenarten gelten weltweit bereits als resistent), sind die meisten anderen in den betroffenen Lebensräumen vorkommenden Arten nicht in der Lage, sich an die Giftstoffe anzupassen. Der Rückgang zahlreicher Arten durch Insektizid- und Herbizidanwendungen ist für Mitteleuropa belegt (Basedow 1998, Wilmanns 1998).[14]

Biologische Schädlingskontrolle wird manchmal auch mit *Pathogenen* durchgeführt. Entomophage Pilze, Protozoen, Bakterien, Viren und Nematoden sind bisher erfolgreich eingesetzt worden. Unter den Bakterien gelten *Bacillus thuringiensis*-Stämme als besonders wirtsspezifisch. Die als *israelensis* bezeichnete und zur Bekämpfung von Stechmücken (Culicidae) eingesetzte Varietät kann jedoch nachweislich zum Absterben von Eintagsfliegen-, Libellen- und anderen aquatischen Insektenlarven führen (Zgomba et al. 1986).

Die *Einfuhr fremder Arten* hat sich besonders auf Inseln negativ auf das Vorkommen einiger Endemiten ausgewirkt. Sowohl Konkurrenz als auch direkte Prädation können der Grund für Extinktion sein (Tabelle 3.10).

---

[14] Einen Review-Artikel zu Mechanismen der Insektizid-Resistenz haben McKenzie u. Batterham (1994) verfasst. Eine Einführung in Möglichkeiten und Probleme der biologischen Schädlingsbekämpfung ist Krieg u. Franz (1989) zu entnehmen.

Tabelle 3.10. Beispiele für Tierarten, an deren Aussterben eingeführte Arten direkt oder indirekt beteiligt waren (nach Ziswiler 1965)

Eingeführte Art(en)	Ausgestorbene Art	Region
Dingos und andere Hunde (*Canis lupus familiaris*)	Beutelwolf (*Thylacinus cynocephalus*)	Australien
Haushunde (*Canis lupus familiaris*)	Tristan-Teichhuhn (*Gallinula nesiotis nesiotis*)	Tristan de Cunha
Hauskatze (*Felis sylvestris*)	Auckland-Ralle (*Rallus muelleri*)	Auckland-Inseln
Hauskatze (*Felis sylvestris*)	Salomonen-Erdtaube (*Microgoura meeki*)	Choiseul-Inseln
Hauskatze (*Felis sylvestris*)	Graszaunkönig (*Amytomis goyderi*)	Australien
Hauskatze (*Felis sylvestris*)	Streifenbeuteldachs (*Perameles fasciata*)	Australien
Hauskatze (*Felis sylvestris*)	Weihnachtsinsel-Spitzmaus (*Crocidura fuliginosa trichua*)	Weihnachtsinsel
Wanderratte (*Rattus norvegicus*)	Rotschnabelralle (*Rallus pacificus*)	Tahiti
Wanderratte (*Rattus norvegicus*)	Laysanralle (*Porzanula palmeri*)	Laysan
Wanderratte (*Rattus norvegicus*)	Kusai-Star (*Aplonis corvina*)	Karolinen

Einen negativen Einfluss hat in Mitteleuropa der aus Nordamerika stammende Bisam (*Ondatra zibethicus*). Zwar hat dieses Nagetier keine andere Art zum Erlöschen gebracht, doch reduzierte es einige Bestände seltener und bedrohter Arten (z. B. Fieberklee *Menyanthes trifoliata* sowie Großmuscheln der Gattungen *Unio* und *Anodonta*).

Die *Ausbreitung von Krankheiten* kann zum Erlöschen von Populationen, manchmal sogar von Arten führen. Der Schwarzfußiltis (*Mustela nigripes*) lebte in den Prärien Nordamerikas; die letzte freilebende Population erlosch durch das Staupevirus. Ab ca. 1870 breitete sich eine als „Krebspest" bezeichnete Pilzinfektion (mit *Aphanomyces astaci*) in Mitteleuropa aus und vernichtete die meisten Bestände des Europäischen Fluss- oder Edelkrebses (*Astacus astacus*). Nur wenige, zumeist stark isolierte Vorkommen haben bis heute überlebt. Die eingeführten Krebsarten, der Amerikanische Flusskrebs (*Orconectes limosus*) und der Galizische Sumpfkrebs (*Astacus leptodactylus*), überstehen Infektionen gut und können den Pilz auf andere Krebse übertragen.

Natürliche Katastrophen können zum Aussterben von Arten führen. Vulkanausbrüche und damit verbundene Flutwellen, die zur Überflutung von einigen Inseln im New Britain- und Bismarck-Archipel geführt hatten, bewirkten 1888 eine Reduktion der Strandvogelarten, die sich auch heute noch in einer niedrigeren Artenzahl als auf vergleichbaren Inseln der Archipele niederschlagen (Diamond (1975b). *Lionychus focarilei* ist ein endemischer Laufkäfer, der nur die alpine

Stufe des Ätna besiedelt. Ein starker Ausbruch dieses Vulkans könnte zum Erlöschen der Art führen.

Die hier vorgestellte kleine Übersicht zu Faktoren, die das Aussterben oder doch wenigstens den Rückgang zahlreicher Arten bewirken, ist nicht vollständig und kann noch erweitert werden. Wie bereits erwähnt, können mehrere Faktoren gleichsinnig auf das Aussterben einer Art hinwirken. Besonders folgenschwer sind diese Prozesse, wenn aufgrund von Habitatverlust, Fragmentierung oder anderen Vorgängen kleine Populationen entstehen, die für demographische Stochastizität, Allee-Effekte und genetische Prozesse anfällig sind. Die Folge der Einwirkung dieser Faktoren ist, dass die Populationen noch anfälliger für Inzucht oder stochastische Prozesse werden und es zu einer beschleunigten Abnahme der Populationsdichte kommt (Abbildung 3.23). Diese positive Rückwirkung, die auf eine umso stärkere Reduktion der Populationsgröße zielt, je kleiner die Population bereits ist, wurde mit der Wirkung eines Strudels (*vortex effect*) verglichen.

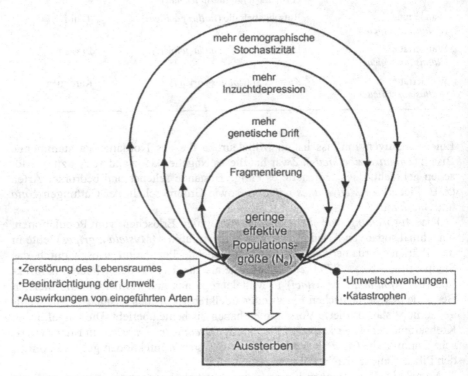

Abb. 3.23. Aussterbestrudel kleiner Populationen (nach Primack 1995)

3.4.3
Gefährdungsdisposition

Nicht alle Arten sind vom Aussterben bedroht. Bestimmte Eigenschaften haben eine erhöhte Aussterbewahrscheinlichkeit zur Folge. Diese Gefährdungsdispositionen sollen hier kurz vorgestellt werden.

Arten mit *kleinem Verbreitungsgebiet* (insbesondere Endemiten) oder *wenigen Populationen* werden deshalb häufig als gefährdet eingestuft oder sind oft schon ausgestorben, weil bereits Veränderungen in einem kleinen geographischen Raum zum Erlöschen der Art führen können. In Mitteleuropa müssen in diese Kategorie Arten oder Unterarten gestellt werden, die endemisch für diese Region sind. Dies trifft auf die Sumpf-Schmiele (*Deschampsia wibeliana*) und den Schierlings-Wasserfenchel (*Oenanthe conioides*), die beide in Ästuaren an der Nordsee vorkommen, genauso zu wie auf das Bayerische Federgras (*Stipa pulcherrima bavarica*), ein Bewohner trockener Steppenlebensräume.

Arten, die nur *kleine Populationen* aufweisen, sind ebenso gefährdet wie solche mit geringer Populationsdichte. Für diese Arten treffen die für kleine Populationsgrößen vorgestellten Gefährdungsursachen zu. Arten, deren spezifische Zuwachsrate r (Abschnitt 3.3.3.1) niedrig ist, sind grundsätzlich eher gefährdet, weil sie nach ungünstigen Ereignissen nicht in der Lage sind, schnell größere Bestände aufzubauen, die dem Gefährdungspotential kleiner Populationen entwachsen sind. Geringe genetische Variabilität stellt ebenfalls eine potentielle Gefährdungsdisposition dar (Abschnitt 3.3.2.3).

Große Arten sind meistens stärker gefährdet als kleine, verwandte Arten. Dies hängt damit zusammen, dass sie im Durchschnitt geringere Dichten aufweisen und damit auch größere Lebensräume benötigen. Außerdem weisen sie oft einen großen Aktionsraum auf, der ihr Gefährdungspotential erhöht. Eine Reduktion der Fläche des Lebensraumes führt große Arten damit eher in den Aussterbestrudel kleiner Populationen. Große Wirbeltiere sind als Jagdtrophäen beliebt. Bezeichnend ist, dass jeweils die größten Vertreter zahlreicher Verwandtschaftsgruppen in historischen Zeiten ausgestorben sind. Folgende Arten mögen als Beispiele dienen:

1. Unter den Alken der Riesenalk (*Alca impennis*),
2. unter den Seekühen Stellers Seekuh (*Hydreomalis gigas*) und
3. unter den Vögeln die neuseeländischen Moas, deren größte Art eine Höhe von über 3 m erreichte (*Dinornis giganteus*), und die ebenfalls flugunfähigen Elefantenvögel oder Madagaskarstrauße, deren größte Art eine vergleichbare Körperhöhe erreichte (*Aepyornis maximus*).

Die jeweils größten rezenten Vertreter der mitteleuropäischen Säugetiere, Reptilien, Amphibien und (zumindest zeitweilig) im Süßwasser lebenden Fische sind als gefährdet oder hochgradig bedroht eingestuft worden: Wisent (*Bison bonasus*), Ringelnatter (*Natrix natrix*), Seefrosch (*Rana ridibunda*)[15], Stör (*Acipenser sturio*)

---

[15] Mit bis zu 15 cm Körperlänge kann der Seefrosch genauso lang werden wie die nicht gefährdete Erdkröte (*Bufo bufo*).

und Wels (*Silurus glanis*). Die größten mitteleuropäischen Insekten, der Hirschkäfer (*Lucanus cervus*) und der Eichenheldbock (*Cerambyx cerdo*), sind nicht nur in Deutschland gefährdet oder vom Aussterben bedroht, sondern werden im Anhang der FFH-Richtlinie geführt (Abschnitt 3.4.1 und Tabelle 3.6).

Arten, die als *Jagdobjekt* dienen oder starker *Nutzung* durch den Menschen ausgesetzt sind, unterliegen ebenfalls einem großen Aussterberisiko. Als Beispiele seien Großraubkatzen und die kommerziell bejagten Wale angeführt.

Wandernde Arten werden durch Veränderungen eines Teillebensraumes oft schwer getroffen und sind schon durch die Nutzung unterschiedlicher Flächen einem erhöhten Risiko ausgesetzt. Bekannte Beispiele sind die Gnus (*Connochaetes* spp.), Zebras (*Equus* spp.) und Gazellen (Antilopinae), die früher den Serengeti-Nationalpark auf ihren jährlichen Wanderungen verließen und dann von Wilderern intensiv bejagt wurden, und die nordamerikanischen Bisons (*Bison bison*).

Arten mit *geringem Ausbreitungspotential* besiedeln oft stabile Lebensräume. Ein gutes Vermögen, neue Populationen zu gründen, war für sie „unter natürlichen Bedingungen" nicht notwendig. In einer vom Menschen bestimmten Entwicklung der Landschaft ändert sich die Nutzung vieler Flächen jedoch oft kurzfristig. Für Arten mit geringem Ausbreitungspotential ist es unwahrscheinlich, dass sie neu entstandene Lebensräume erreichen und damit neue Populationen aufbauen können. Reliktarten alter Wälder zeichnen sich oft durch ein geringes Ausbreitungspotential aus (Peterken 1993).

Stenöke oder *stenotope Arten* sind deswegen oft bedroht, weil ihre Populationen bereits durch geringfügige Veränderungen der Umweltbedingungen aussterben können, während andere Arten auf dieselben Eingriffe nur mit unbedeutenden Veränderungen ihrer Dichte reagieren. Spezialisierte Parasiten und Parasitoide sterben aus, wenn ihre Wirtsart ausstirbt.

Arten, die *soziale Strukturen* für ihr Überleben benötigen, sind von Aussterbeereignissen bedroht, weil ein negatives deterministisches Populationswachstum einsetzt, wenn die Größe ihrer Gruppen eine bestimmte Individuenzahl unterschreitet (Allee-Effekt, Abschnitt 3.3.3.3).

Arten, die gegenüber *Störungen* empfindlich sind, zeigen oft negative Trends ihrer Bestandsentwicklung. Neben Änderungen des Lebensraumes sind Störungen durch Skilanglauf und Drachenflieger als bedeutende beziehungsweise gravierende Gefährdungsfaktoren für das Birkhuhn (*Tatrao tetrix*) in der Langen Rhön einzustufen (Schröder et al. 1981, zitiert nach Plachter 1991).

Die Faktoren, die bei den Pflanzenarten einen Rückgang während der vergangenen Jahrzehnte bewirkten, sind vielfältig und teilweise komplex. Sie lassen sich aber gut analysieren und in ihrer Wirkung besser verstehen, wenn man das ökologische Verhalten der in Mitteleuropa vorkommenden Pflanzen eingehender betrachtet. Hierfür haben Ellenberg et al. (1992) für die meisten mitteleuropäischen Phanerogamen und Kryptogamen sogenannte „Zeigerwerte" ermittelt, die – ausgedrückt als Zahlenwert innerhalb einer Spanne von 1-9 – Auskunft über das ökologische Optimum einer betrachteten Art geben, beispielsweise in Bezug auf das von einer Pflanze präferierte Stickstoffangebot, die präferierte Bodenreaktion oder ihre Lichtbedürftigkeit (Abbildung 3.24).

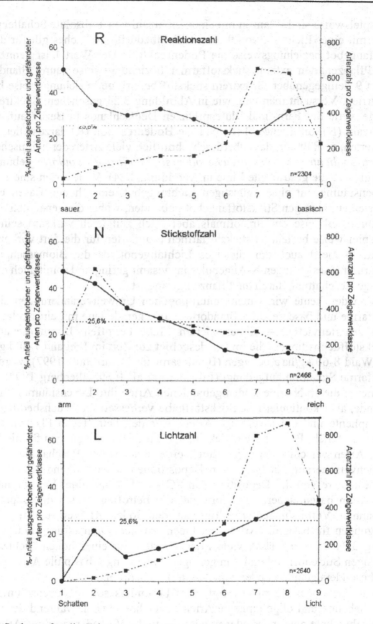

Abb. 3.24. Spektren für die Zeigerwerte der Farn- und Blütenpflanzen (nach Korneck et al. 1998)
Gestrichelte Linie: Verteilung der in Deutschland vorkommenden Arten über ihre Zeigerwertklassen. *Durchgezogene Linie:* Verteilung ausgestorbener und gefährdeter Arten über ihre Zeigerwertklassen. Die *Linie bei 25,6 %* markiert die durchschnittliche Gefährdung aller Arten. Das *graue Feld* darüber zeigt die Zeigerwertklassen an, in denen der Anteil der gefährdeten Arten über dem Durchschnittswert liegt.

Beispielsweise sind Pflanzen mit einer Lichtzahl von 1 absolute Schattenpflanzen, jene mit einer Lichtzahl von 9 extrem lichtbedürftig. Gleiches gilt für das Stickstoffangebot beziehungsweise die Bodenreaktion: Der Wert 1 ist kennzeichnend für Pflanzenarten extrem stickstoffarmer beziehungsweise saurer Standorte, der Wert 9 demgegenüber für extrem stickstoffbedürftige beziehungsweise basenholde Arten. Versucht man nun, wie in Abbildung 3.24 geschehen, Spektren für die Zeigerwerte der Farn- und Blütenpflanzen Deutschlands in Bezug auf die Stickstoffzahl (N), die Lichtzahl (L) und die Bodenreaktion (R) darzustellen und auszuwerten, so fällt auf, dass überdurchschnittlich viele Arten der heimischen Vegetation an *lichtreiche, basenreiche oder stickstoffarme Standorte* gebunden sind (vergleiche die gestrichelte Linie in Abbildung 3.24). Viele Arten sind folglich an Lebensräume mit einem günstigen Lichtangebot, einer hohen Basenversorgung oder einem geringen Stickstoffangebot gebunden, wobei die genannten Standortsfaktoren teilweise einzeln, oftmals aber auch zeitgleich wirksam sein können. Beispielsweise besteht an stickstoffarmen Standorten für die dort vorkommenden Pflanzen meist auch ein günstiges Lichtangebot, da die Biomassenproduktion aufgrund eines geringen N-Angebotes insgesamt gering und somit auch die gegenseitige Beschattung durch die Pflanzen gering ist.

Von den heute wirksamen, anthropogenen Umweltveränderungen sind stickstoffarme und basenreichere Standorte – also gerade jene mit einer relativ großen Pflanzenartenvielfalt – in besonderem Maße betroffen: Durch die atmogenen Stickstoffdepositionen, die im Bundesgebiet zur Zeit im Freiland 7-30 kg/ha·a und im Wald 8-60 kg/ha·a betragen (Bundesamt für Naturschutz 1997), werden stickstoffarme Standorte aufgedüngt (Ellenberg et al. 1989, Ellenberg 1992). Dadurch verlieren die an N-arme Böden gebundenen Arten ihre Lebensräume. Eine schleichende, aber kontinuierliche Stickstoffgabe verbessert die Wuchsbedingungen für eutraphente und höherwüchsige Arten. Auf den betroffenen Flächen kann sich insgesamt mehr Biomasse entwickeln, und die Lichtbedingungen für niedrigwüchsige Arten verschlechtern sich durch eine zunehmende Beschattung. Von einer Bodenversauerung als Folge von Depositionen sauer wirkender Verbindungen, insbesondere von der Deposition von SO_x- und Ammonium-Verbindungen, sind die Arten basenreicherer Standorte negativ betroffen. Durch die Deposition der genannten Verbindungen erniedrigt sich der Boden-pH-Wert, und die Wuchsbedingungen für basiphile Arten verschlechtern sich. Demzufolge sind, wie Abbildung 3.24 erkennen lässt, viele Pflanzenarten mit einer hohen Lichtzahl, einer geringen Stickstoffzahl und – in geringerem Umfang – basiphile Arten gegenwärtig besonders gefährdet oder vom Aussterben bedroht.

Aus dem oben Gesagten folgt, dass besonders solche Lebensräume, die für lichtliebende und oligotraphente Arten bezeichnend sind, während der vergangenen Jahrzehnte eine mehr oder minder deutliche Veränderung ihres Artengefüges erfahren haben. Zu diesen Lebensräumen zählen beispielsweise Trocken- und Halbtrockenrasen, oligotrophe Gewässer, oligotrophe Nieder- und Hochmoore sowie Feuchtwiesen nährstoffarmer, insbesondere N-armer Böden. Die Tabelle 3.11 zeigt, dass diese – heute oftmals nur noch kleinräumig erhaltenen – Lebensräume eine überdurchschnittlich große Anzahl an verschollenen oder stark gefährdeten Farn- und Blütenpflanzen beherbergen.

Tabelle 3.11. Ökosysteme mit einer besonders hohen Anzahl an ausgestorbenen, verschollenen, extrem seltenen beziehungsweise ungefährdeten Farn- und Blütenpflanzen in Deutschland (nach Korneck et al. 1998)

Ökosysteme	Ausgestorbene Arten	Bestandsgefährdete Arten	Extrem seltene Arten	Ungefährdete Arten
mit hoher Anzahl ausgestorbener Arten				
- Acker- und kurzlebige Ruderalvegetation	14	70	1	181
- Trocken- und Halbtrockenrasen	6	205	8	266
- Vegetation oligotropher Gewässer	4	35	0	8
mit hoher Anzahl bestandsgefährdeter Arten				
- Trocken- und Halbtrockenrasen	6	205	8	266
- oligotrophe Moore und Moorwälder	3	102	1	63
- Feuchtwiesen	3	76	0	125
mit hoher Anzahl extrem seltener Arten				
- alpine Vegetation	0	35	43	224
- außeralpine Felsvegetation	0	20	8	64
- Trocken- und Halbtrockenrasen	5	205	8	266
mit hoher Anzahl ungefährdeter Arten				
- mesophile Laub- und Trockenwälder	1	48	8	382
- Trocken- und Halbtrockenrasen	6	205	8	266
- azidophile Laub- und Nadelwälder	2	37	4	250

Ein effektiver und langfristiger Schutz gefährdeter Wildpflanzen muss nach Korneck et al. (1998) folgenden Fragen beziehungsweise Aspekten differenziert Rechnung tragen:

1. Welche Bereiche sind zerstört, so dass die Standortsbedingungen für die früher dort heimischen Arten nicht wiederherstellbar sind, beispielsweise durch Abtorfung, Anlage von Deponien, Überstauung oder Flächenversiegelung?

2. Wodurch ließen sich kurz- und mittelfristig Verbesserungen erzielen? *Unterschutzstellung* als Maßnahme gegen direkte schädliche Einwirkungen für Arten, Biotope, Ökosysteme und deren natürliche Prozesse sowie für ganze Landschaften, insbesondere in Häufungszentren bestandesgefährdeter und extrem seltener Arten, *gezieltes Management* für gefährdete Arten und ihre Lebensgemeinschaften, *naturschutzgerechte und landschaftlich differenzierte Nutzung* mit finanzieller Förderung in Naturschutzvorranggebieten oder besonders geschützten Landschaften.

3. Welche Faktoren sind nur mittel- bis langfristig beeinflussbar und bedürfen einer politischen Weichenstellung auf nationaler und internationaler Ebene? Allgemeine *Umstellung der Wirtschaftsformen* auf ressourcenschonende und naturgerechte Praktiken, *Reduzierung der großräumigen Nähr- und Schadstoffeinträge* (mit den Folgen der Eutrophierung und Versauerung und deren

Auswirkungen auf den Artenbestand), *Veränderungen der Atmosphäre und des Klimas* (CO_2, O_3, UV-Einstrahlung) mit langfristigen Folgen für die Artenzusammensetzung.

3.4.4
Erhalt überlebensfähiger Populationen

Angesichts umfangreicher Roter Listen stellt sich die Frage, welche Voraussetzungen erfüllt sein müssen, damit Populationen langfristig überleben können. Im wesentlichen wurden zwei Instrumente in den letzten beiden Jahrzehnten entwickelt, die auf der wissenschaftlichen Ebene helfen sollen, gefährdete Arten zu erhalten: die Analyse der Überlebensfähigkeit der Population (Populationsgefährdungsanalyse, *population viability analysis*, PVA) und die kleinste überlebensfähige Populationsgröße (*minimum viable population size*, MVP).

Um mittels eines Computerprogramms möglichst verlässliche Vorhersagen über die Überlebensfähigkeit einer Population zu erhalten, sind Kenntnisse der Populationsbiologie der betreffenden Art (z. B. Populationsgröße, Reproduktions- und Sterberate, Altersaufbau) und Informationen über die Qualität des Lebensraumes nötig. Als Simulationsbasis dienen Grundlagen zur Dynamik von Populationen. Die Ermittlung der populationsbiologischen Daten ist bei den meisten Arten nur mit mehrjährigen Untersuchungen möglich. Bei Tieren müssen oft zeitaufwendige Methoden der individuellen Markierung und des Wiederfanges (*mark-release-recapture*) eingesetzt werden.[16]

Als Beispiel für eine Populationsgefährdungsanalyse kann die Zwergheideschnecke (*Trochoidea geyeri*) dienen (Amler et al. 1999). Die überwiegend in Hessen durchgeführten Untersuchungen ergaben, dass das individuelle Ausbreitungspotential von ca. 3 m pro Generation sehr niedrig ist. Bereits schmale Streifen dichter und hoher Vegetation stellen für diesen Bewohner offener Magerrasen auf Kalk ein nahezu unüberwindbares Hindernis dar. Die Schlüsselrolle im Rückgang der Art übernimmt offenbar die Verschlechterung der Habitatqualität durch Veränderung der Vegetationsstruktur. Populationsgenetische oder -dynamische Faktoren haben keine wesentliche Bedeutung für diese Art.

Eng verbunden mit der Populationsgefährdungsanalyse ist das MVP-Konzept. Es wurde erstmals von Shaffer (1981) vorgestellt, der unter MVP die kleinste Populationsgröße einer Art in einem Lebensraum versteht, die mit 99 %-iger Wahrscheinlichkeit einen Zeitraum von 1.000 Jahren überlebt. Für eine solche Prognose mit Hilfe eines Computerprogramms müssen zahlreiche populationsbiologische Parameter bekannt sein, und die vorhersagbaren Auswirkungen der demographischen, genetischen und Umweltstochastizität sind zu berücksichtigen (Nunney u. Campbell 1993). Um zu verhindern, dass eine genetische Gefährdung aufgrund von Verlust genetischer Variabilität einsetzt, werden Populationsgrößen von 5.000 Individuen diskutiert (Abschnitt 3.3.2.4). Außerdem muss bekannt sein, wie stark die Schwankungen der Populationsgröße sind (Abschnitt 3.3.3). In diesem Parameter unterscheiden sich Arten stark voneinander. Einjährige Pflanzen und zahl-

---

[16] Eine Übersicht zu solchen Methoden und ihre statistische Auswertung ist Amler et al. (1999) und Southwood u. Henderson (2000) zu entnehmen.

reiche Wirbellose weisen starke Fluktuationen auf. Lande (1988) schlägt deshalb eine Individuenzahl von 10.000 als MVP vor.

PVA als auch MVP sind natürlich auch auf Metapopulationen übertragbar. Wichtige Informationen sind das „Turnover" der lokalen Populationen, Größe und Verteilung der „Patches" sowie Informationen darüber, welche „Patches" besetzt und welche „leer" sind (Abschnitt 3.3.3.5).

Wenn die Wahrscheinlichkeit der Extinktion mit sinkender Populationsgröße zunimmt, sollten stenöke Arten in kleinen Habitaten seltener sein als in größeren, wenn ihre Besiedlungsrate im Mittel niedriger ist als die Aussterberate. Für einige ausbreitungsschwache Arten konnte gezeigt werden, dass die Populationen kleiner Habitate relativ häufiger aussterben als solche in großen Lebensräumen.

Zu diesen Arten gehört der flugunfähige Laufkäfer *Agonum ericeti*, der in Mitteleuropa nur Hochmoore und allenfalls schwach entwässerte Heidemoore besiedelt. De Vries u. Den Boer (1990) untersuchten in den Niederlanden 20 Moore, die in drei Größenklassen eingeteilt werden konnten: klein (<5 ha), groß (>50 ha) und mittel (>5 ha, <50 ha). Wenige Jahrzehnte (24 beziehungsweise 66 Jahre) nach der Fragmentation existierte nur noch eine der elf Populationen in den kleinen Moorresten, während die Art nur in einem der sieben großen Moorreste verschwunden war.

Um Arten mit geringem Ausbreitungsvermögen die Möglichkeit zu eröffnen, in „leeren" Lebensräumen neue Populationen zu gründen, wurde das Konzept der „Biotop"- oder „Habitat"-Vernetzung entwickelt und teilweise euphorisch für die Naturschutzpraxis empfohlen. Es sieht vor, dass Korridore mit Lebensräumen geschaffen werden, die als Ausbreitungswege in unbesiedelte Lebensräume reichen und zudem zwischen den Populationen einen Genfluss ermöglichen sollen, der genetische Drift weitgehend unterbinden soll. Hecken als verbindende Strukturen sind deshalb für Waldarten vorgeschlagen worden, weil diese auch in dem linearen Lebensraum vorkommen. Für Heiden und Magerrasen sind Korridore mit entsprechender Vegetation durch Wald- und Ackerbaugebiete gefordert worden. Ein wesentliches Problem dieses Konzeptes ist, dass jede „Vernetzung" des einen Lebensraumtyps auch gleichzeitig die „Isolation" eines anderen zur Folge hat. Zudem haben Untersuchungen gezeigt, dass die Korridore insbesondere von relativ weit verbreiteten Arten genutzt werden, während viele stenöke oder stenotope Arten sich von den „vernetzenden Strukturen" fernhalten. Zwei Beispiele sollen Vor- und Nachteile des Vernetzungskonzeptes beleuchten:

Während des Mittelalters und der frühen Neuzeit war Wald in der Norddeutschen Tiefebene aufgrund intensiver landwirtschaftlicher Nutzung auf kleine Reste zurückgedrängt. Waldarten wie der flugunfähige Laufkäfer *Carabus auronitens* waren folglich auf die kleinen verbliebenen „Waldinseln" begrenzt. Noch vor ca. 110 Jahren kam diese Käferart in der Umgebung Münsters nicht vor. Im 19. und 20. Jahrhundert wurden zahlreiche Wälder aufgeforstet und Wallhecken als verbindende „Strukturen" angelegt. In den 1920er Jahren konnte *Carabus auronitens* dann erstmals in der Umgebung von Münster nachgewiesen werden. Heute ist die Art dort weit verbreitet und zeichnet sich durch einen Allelhäufigkeitsgradienten (Kline) an einem Esterase-Genlocus aus (Terlutter 1990, Niehues et al. 1996). Dieses Ergebnis in Verbindung mit der Landschaftsgeschichte und der Chronologie der Nachweise seit dem ausgehenden 19. Jahrhundert legt folgende Interpretation nahe: *C. auronitens* überlebte in mindestens zwei (vielleicht sogar kleinen) Wäldern die Waldverwüstung. Unter diesen ungünstigen Umständen kam es zu genetischer Drift, so dass in einer Population das eine und in einer anderen das andere Allel dieses Genlocus zufällig fixiert wurde. Die Wallhecken stellten dann eine Vernetzung zwischen den durch Aufforstung neu geschaffenen Wäldern dar, nutzte der Laufkäfer dies zur Ausbreitung. Als die beiden Populationsgruppen aufeinander trafen, erfolgte in der Kontaktzone eine Vermischung, so dass die beiden Allele heute aufgrund der Ausbreitung und des Genflusses Allelhäufigkeitsgradienten aufweisen. *Carabus auronitens* ist damit eine Art, die zunächst (während der Waldverwüstungsphase) unter menschlichen Aktivitäten gelitten, dann jedoch von den landschaftlichen Veränderungen des letzten Jahrhunderts profitiert hat.

Sandtrockenrasen waren noch vor wenigen Jahrzehnten im nordwestlichen Mitteleuropa ein weit verbreiteter Lebensraum. Heute existieren sie aufgrund von großräumigen Aufforstungen und Änderungen in den landwirtschaftlichen Nutzungsformen nur in Form kleiner, isolierter Reste. In den Niederlanden untersuchte Vermeulen (1994) drei flugunfähige stenotope Laufkäferarten hinsichtlich der Korridorfunktion eines Sandtrockenrasen-Streifens, der an einen flächig ausgebildeten Lebensraum angrenzte. *Poecilus lepidus* konnte in dem Korridor reproduzieren und damit den Straßenrand zur Ausbreitung nutzen. Aufgrund der Bewegungsmuster kann die Art so wenigstens Strecken von ca. 400 m überwinden. *Harpalus servus* ist in der Lage, innerhalb von zwei Jahren Strecken von über 100 m zurückzulegen, allerdings ist die Art mit zunehmender Entfernung zur Quellpopulation im Korridor seltener, der damit einen suboptimalen Lebensraum für den Käfer darstellt. Das zuletzt genannte Phänomen konnte auch für den vom Aussterben bedrohten *Cymindis macularis* festgestellt werden, allerdings kann er nicht innerhalb des Korridors reproduzieren. Aus der Quellpopulation wandern folglich Individuen ab, die jedoch für den Erhalt der Art „verloren" sind. Es ist deshalb möglich, dass die Vermutung von Mader et al. (1990), Korridore könnten die Aussterbewahrscheinlichkeit von Populationen erhöhen, auf *Cymindis macularis* zutrifft. Dieses Beispiel verdeutlicht, dass derselbe Korridor sich sowohl positiv als auch negativ auf unterschiedliche Arten einer Organismengruppe auswirken kann.

3.4.5
„Management Units" und „Evolutionarily Significant Units"

Viele Arten sind keine monotypischen Einheiten, sondern weisen vielmehr ein geographisches Muster von Differenzierungen auf. Das Ausmaß der Differenzierungen zwischen den Populationen einer Art kann relativ schwach ausfallen, aber auch eine seit langer Zeit wirkende Trennung mit eigenständiger Evolution widerspiegeln. In diesem Zusammenhang sind zwei Begriffe eingeführt worden:

1. *„Management Units"* (MUs) spiegeln die relativ unbedeutenden genetischen Differenzierungen wider, die auf geringen oder nur vorübergehenden Genfluss zwischen Populationen zurückgehen (Moritz 1994, Avise 1996). Oft standen die Populationen in historischer Zeit noch über Genfluss in Kontakt, sind jetzt jedoch voneinander separiert. MUs können für den Naturschutz von Bedeutung sein. Weil sie geringen aktuellen Genfluss innerhalb der Art dokumentieren, ist es wahrscheinlich, dass anthropogene Extinktionen von Populationen auf natürlichem Weg nicht durch Neugründungen kompensiert werden, zumindest nicht in ökologisch relevanten Zeiträumen, die für ein Management von Arten wichtig sind.

2. *„Evolutionarily Significant Units"* (ESUs) sind Populationen oder Gruppen von Populationen, die genetische Differenzierungen größeren Ausmasses aufweisen, welche auf die Folgen langanhaltender Unterbrechungen des Genflusses innerhalb von Arten hindeuten (z. B. seit der letzten oder einer

früheren Eiszeit). Die differenzierten Populationen machen damit einen wesentlichen Anteil der genetischen Diversität der betreffenden Arten aus. Diese stark genetisch ausgerichtete Definition wird von einigen Naturschutzbiologen übernommen (Moritz 1994, Avise 1996). Die ursprüngliche Definition von Ryder (1986) sieht aber als Kriterium signifikante adaptive Differenzierungen vor, die durch Übereinstimmung zwischen mehreren Merkmalen aufzuzeigen sind und durch voneinander unabhängige Techniken gewonnen wurden. Eine solche Definition schliesst also bewusst auch phänotypische Merkmale ein, die sich nicht auf einzelne Genloci zurückführen lassen, aber für die Ökologie oder Ethologie der Arten (und damit für ihr Überleben) noch wichtiger sein können (Crandall et al. 2000).

ESUs sind als objektiv messbare, distinkte Populationsgruppen, die einen Schutzstatus im Rahmen des „Endangered Species Act" erhalten können, in der Gesetzgebung der USA verankert und werden bei weniger formalen Naturschutzkonzepten in anderen Ländern berücksichtigt (Crandall et al. 2000). Im deutschen Bundesnaturschutzgesetz haben sie bisher keine Beachtung gefunden.

Ein Beispiel für MUs und ESUs kann der Laufkäfer *Carabus solieri* sein, der durch Beschluss des französischen Umweltministeriums seit 1993 eine geschützte Art ist. Die endemische Art besiedelt die See- und Ligurischen Alpen in Frankreich und Italien. Mit Hilfe von Mikrosatelliten-DNA konnten Rasplus et al. (2000) zeigen, dass es zwei seit langer Zeit, wahrscheinlich seit der letzten Eiszeit, getrennte Populationsgruppen gibt: die Unterart *C. s. bonnetianus* in den Tieflagen bei Cannes und Nizza sowie die Nominatform *C. s. solieri* nördlich davon. Die Unterart *C. s. bonnetianus* hat in der Vergangenheit zahlreiche Populationen durch die Expansion der genannten Städte verloren. Die beiden von dieser Unterart untersuchten Populationen unterscheiden sich auf der genetischen Ebene signifikant und zeigen, dass es heute keinen Genfluss zwischen den verbliebenen Restpopulationen gibt. Da die Art an Wälder gebunden ist, erscheint die Neugründung von Populationen in dieser Region sehr unwahrscheinlich. Hervorzuheben ist außerdem, dass die beiden Unterarten in unterschiedlichen Höhenstufen vorkommen: *C. s. bonnetianus* besiedelt die tiefen Lagen, während *C. s. solieri* die montanen und subalpinen Höhen bewohnt. Damit liegt bei beiden Unterarten also vielleicht eine ökologische Differenzierung vor, die (vorausgesetzt, dass sie eine genetische Grundlage aufweist) auch der Definition von Ryder (1986) entspricht. Nach der oben eingeführten Terminologie sind die Unterarten *C. s. bonnetianus* und *C. s. solieri* als ESUs und die heute isolierten Populationen der zuerst genannten Unterart als MUs zu bezeichnen.

3.4.6
Monitoring und Langzeituntersuchungen

Unter Monitoring oder Dauerbeobachtung versteht man Erfassungen, deren Wiederholungen Aussagen zu Veränderungen von Populationen, Lebensgemeinschaften oder der Umwelt ermöglichen (Dröschmeister 1998). Damit ist das Monitoring eine wesentliche Voraussetzung, um positive oder negative Trends für den Naturschutz zu bestimmen. Darüber hinaus wird ein Monitoring nicht nur in den USA („Endangered Species Act"), sondern inzwischen auch in der Europäischen Union vorgeschrieben, und zwar zur Überwachung des Erhaltungszustandes von Arten und Lebensraumtypen von gemeinschaftlichem Interesse (FFH-Richtlinie).

Das große Ausmaß von natürlichen (d.h. nicht auf Veränderungen des Habitats beruhenden) Schwankungen der Populationsgröße zahlreicher Arten macht es außerordentlich schwierig, dieses biologische Phänomen von Reaktionen zu trennen, die Populationen aufgrund von Eingriffen oder Managementmaßnahmen zeigen (Günther u. Aßmann 2000). Eine wichtige Entscheidungsgrundlage liefern hier Langzeituntersuchungen, die von Wissenschaftlern ganz unterschiedlich definiert werden. Annehmbar erscheint uns eine Definition, die auf mindestens fünf Jahren kontinuierlicher Erhebungen basiert. Damit sind auch statistische Auswertungsmethoden wie Trendanalyse oder Rangkorrelationsberechnungen sinnvoll einsetzbar. Es sei an dieser Stelle aber betont, dass insbesondere für Untersuchungen in einigen Ökosystemen (z. B. Wäldern mit ihren zyklischen Strukturveränderungen) solche Zeiträume viel zu kurz sind.

Abhängig vom Untersuchungsobjekt ist die Art der Erhebung. Beim Monitoring von Arten sind besonders populationsbiologische Methoden notwendig, die die Bestimmung der Populationsgröße als vielleicht wichtigsten Wert einschließen. Die meisten Langzeituntersuchungen, die Daten von Tierarten enthalten, wurden an Vögeln durchgeführt (Tabelle 3.12).

Tabelle 3.12. Beispiele für populationsbiologische Langzeituntersuchungen

Bezeichnung	Laufzeit	Zweck	Autor
Brutvogelzählungen im Wattenmeer	seit 1950	Erfassung regionaler Abundanzveränderungen für Handlungsanweisungen	Dröschmeister 1998
Rastvogelzählungen im Wattenmeer	seit 1965	Bestandsaufnahme zur Zustandsbewertung des Wattenmeeres	Dröschmeister 1998
Monitorprogramm häufiger Brutvögel des Dachverbandes Deutscher Avifaunisten	seit 1989	Ermittlung von Populationsveränderungen und Naturschutzproblemen	Dröschmeister 1998
Phytophage Insekten in Kalkmagerrasen	seit 1971	Ermittlung von Populationsveränderungen	Perner u. Köhler 1998
Laufkäfer in der Drenthe (Niederlande)	1959-1989	Ermittlung von Populationsveränderungen	Den Boer u. Van Dijk 1994
Carabus auronitens bei Münster	seit 1982	Ermittlung von Populationsveränderungen	Giers-Tiedtke et al. 1998
Sukzession einer Brachfläche in Göttingen	seit 1969	Beschreibung der dynamischen Vegetationsentwicklung	Schmidt 1998

Häufiger wird die Vegetationsdynamik mit Hilfe von Dauerbeobachtungsflächen untersucht (Schmidt 1998). Dabei ergeben sich auch Daten zur Dynamik populationsbiologischer Parameter einzelner Arten. Trotz der großen Zahl von Dauerbeobachtungsflächen der vegetationskundlichen Forschung fehlt es (genau wie bei zoologischen Untersuchungen) an einem Konzept, das möglichst alle Lebensräume umfasst und regelmäßige Bestandsaufnahmen vorsieht.

Neben der Bestimmung der Abundanz oder anderer populationsbiologischer Größen (z. B. Reproduktions- und Mortalitätsrate) erscheint es sinnvoll, in Zukunft vermehrt auch andere Parameter in Monitoringprogramme zu integrieren, die wichtige Informationen für den Artenschutz liefern können. In den letzten Jahren sind Möglichkeiten der quantitativen Genetik und die Fluktuierende Asymmetrie diskutiert worden.

Von bedrohten Tier- und Pflanzenarten können regelmäßig Daten erhoben werden, die als *quantitative Merkmale* einen Bezug zur Fitness der betreffenden Individuen und der Population aufweisen (Abschnitt 3.3.2). Der Nördliche Fleckenkauz ist auf die Liste des „Endangered Species Act" der USA gesetzt worden. Um die Populationsgrößen zu bestimmen, wurde vom United States Fish and Wildlife Service in den Untersuchungsgebieten nahezu jeder Vogel beringt. Dabei wurden morphologische Merkmale wie Flügelspannweite und Körpergewicht bestimmt. Wenn solche Daten standardisiert erhoben werden und einen Bezug zum Alter, Geschlecht usw. aufweisen, können sie wesentliche Informationen über die Populationen vermitteln (Storfer 1996).

Drei Typen der bilateralen Asymmetrie können unterschieden werden (Leary u. Allendorf 1989):

1. *Direktionale Asymmetrie* tritt auf, wenn ein Merkmal auf einer Körperseite normalerweise größer ausgebildet ist als auf der anderen Seite. (Beispiel: Die Gonaden des Menschen sind gewöhnlich rechts größer als links.)
2. *Antisymmetrie* liegt vor, wenn Asymmetrie die Regel ist, aber die Körperseite mit dem größeren Merkmal variiert. (Beispiel: Die großen Scheren männlicher Winkerkrabben (*Uca* spp.) treten links und rechts mit gleicher Häufigkeit auf.)
3. *Fluktuierende Asymmetrie* (FA) liegt vor, wenn Symmetrie die Regel ist und unter normalen Bedingungen keine Tendenz besteht, dass die eine oder andere Körperseite das größere Merkmal aufweist. (Beispiel: Zahl der Seitenschilder beim Dreistacheligen Stichling *Gasterosteus aculeatus*)

Das Ausmaß von FA hängt im Wesentlichen von der genetischen Variabilität entwicklungssteuernder Gene und von der Umwelt ab, in der die Individualentwicklung stattgefunden hat. Der FA-Wert ist hoch, wenn die Variabilität der Gene niedrig ist, wie durch Versuche an Laborpopulationen gezeigt werden konnte. Auch „genetischer Stress" als Folge von Auszucht kann zu ansteigender FA führen. Unter ungünstigen Umweltbedingungen nimmt FA ebenfalls zu. Damit kann FA ein brauchbarer Indikator für genetische Verarmung und umweltbedingten Stress sein (New 1995, Møller u. Swaddel 1997). Für ein Monitoring sind wiederholte Messungen an einer Populationen notwendig, um die Veränderungen des

FA-Wertes beurteilen zu können. Der nur geringe Einsatz finanzieller und personeller Ressourcen ist ein wesentlicher Vorteil dieser Methode.

Wie stark sich die Werte der Fluktuierenden Asymmetrie in Populationen unterscheiden können, zeigt Abbildung 3.25. Die Nummern 1 bis 3 repräsentieren Meerespopulationen, 4 bis 7 stehen für Süßwasserpopulationen des Dreistacheligen Stichlings. Die Fangstellen 8 und 9 repräsentieren Süßwasserpopulationen, in die marine Individuen eingewandert sind. Die übrigen Populationen sind vor kurzer Zeit durch wenige Individuen gegründet worden (10-12) oder industrieller Verunreinigung ausgesetzt (13). Die erhöhten Werte der Populationen 8 bis 13 sind durch „genetischen" oder umweltbedingten Stress zu erklären.

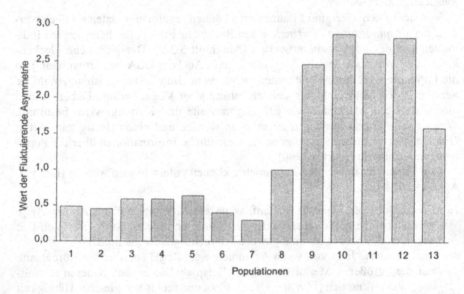

Abb. 3.25. Ausmaß der Fluktuierenden Asymmetrie in 13 Populationen des Dreistacheligen Stichlings (*Gasterosteus aculeatus*) (nach Leary u. Allendorf 1989)

3.4.7
Reviewfragen

1. Welche Tier- und Pflanzenarten sind in Mitteleuropa vom Aussterben bedroht?
2. Suchen Sie in der Literatur Beispiele für ESUs!
3. Wie kann der Aussterbestrudel einer Tier- oder Pflanzenart verhindert beziehungsweise gestoppt werden?

3.5
Schutz von Lebensgemeinschaften

3.5.1
Vegetationskundliche Grundlagen

In Fragen des Naturschutzes ist es unter bestimmten Gesichtspunkten zweckmäßiger, nicht einzelne Arten oder deren Populationen, sondern vielmehr ihre Lebensgemeinschaften (Biozönosen) in der Vordergrund der Betrachtung zu stellen. Im Arbeitsbereich der Vegetationskunde sind dies in der Regel die *Pflanzengesellschaften* (*Phytozönosen*) eines betrachteten Bezugsraumes.

Der Vorzug einer Betrachtung von Lebensgemeinschaften fußt auf verschiedenen ökologischen Befunden:

1. Im Freiland lebt kein Organismus solitär, und kein Individuum ist auf Dauer ohne Wechselbeziehungen zu anderen Organismen überlebensfähig (Wilmanns 1998). Somit lassen sich einzelne Arten langfristig nur dann schützen, wenn auch deren Lebensgemeinschaften fortbestehen.
2. Einzelne Pflanzengesellschaften sind vielfach bessere Indikatoren für bestimmte Lebensbedingungen und deren Veränderungen als einzelne Pflanzenarten. Beispielsweise können Verschiebungen in den Dominanzverhältnissen der Arten innerhalb einer Pflanzengesellschaft Hinweise auf schleichende Umweltveränderungen geben, die bei der alleinigen Betrachtung von Arten nicht unbedingt registriert würden. So zeigen Analysen zur Veränderung und Gefährdung der Vegetation in Norddeutschland, dass der Schwund landschaftsspezifischer Phytozönosen derzeit größer ist als der Rückgang einzelner Pflanzenarten (Dierßen 1988).
3. Da Pflanzen als Primärproduzenten die entscheidenden Grundbausteine von Nahrungsnetzen sind und Phytozönosen die Struktur der Lebensräume (Habitatstrukturen) von Tieren mitbestimmen, wird mit einer gewissen Pflanzenartenkombination immer zugleich auch das Entwicklungspotential für die von ihr abhängigen Zoozönosen vorgegeben.
4. Pflanzengesellschaften sind – aufgrund der bei ihrer Entstehung wirksamen Adaptations-, Konkurrenz- und Koexistenzmechanismen – immer ein differenzierter Ausdruck der auf einen Standort in Vergangenheit und Gegenwart wirkenden Lebensraumbedingungen, beispielsweise der Nutzungsgeschichte, der hydrologischen oder der trophischen Verhältnisse.

In der Naturschutzpraxis kommt der *Erfassung und Bewertung von Pflanzengesellschaften* eines Bezugsraumes ein wichtiger Stellenwert zu (Dierßen et al. 1988). Auf dieser Informationsgrundlage ist es möglich, den Gefährdungsgrad von Lebensräumen abzuschätzen und das Gefährdungspotential zu präzisieren, das von geplanten Eingriffen in die Landschaft ausgehen kann. Übersichten über die Pflanzengesellschaften eines Gebietes und deren Erhaltungszustand erweisen sich zudem als unentbehrliche Datengrundlagen in der Landschaftsplanung, beispielsweise als Hintergrundinformation zu den standörtlichen und naturräumlichen

Gegebenheiten, als Argumentations- und Entscheidungshilfen bei der Ausweisung von Schutzgebieten, der Aufstellung von Landschaftspflegeplänen oder der Erarbeitung von Schutz- und Pflegekonzepten für bedrohte Lebensräume.

Über das Inventar und den Erhaltungszustand der für ein Gebiet bezeichnenden Pflanzengesellschaften geben „Rote Listen von Pflanzengesellschaften" Auskunft. Diese wurden bislang für einzelne Länder (Knapp et al. 1985), Bundesländer (Dierßen et al. 1988, Preising et al. 1990), größere Naturräume (Westhoff et al. 1993) oder auch mit Bezug auf ausgewählte Vegetationstypen (Bergmeier u. Nowak 1988) erarbeitet. Eine Rote Liste der Pflanzengesellschaften der Bundesrepublik Deutschland wird derzeit durch das Bundesamt für Naturschutz in Bonn vorbereitet.

Ein zentrales Anliegen künftiger Naturschutzbemühungen wird sein, angesichts einer in Flächenausdehnung und Intensität fortschreitenden Landnutzung die Vielfalt und die regionale Repräsentanz von Pflanzengesellschaften – als Ausdruck eines landschaftsspezifischen Standortsmosaiks – langfristig zu sichern. In Bezug auf Pflanzengesellschaften lassen sich dabei *Schutzkriterien* nennen, die in vergleichbarer Weise auch für Biotoptypen (Blab u. Riecken 1991, Kaule 1991; Abschnitt 3.5.4) oder größere Landschaftsausschnitte (Dierßen 1988) Anwendung finden. Ein wichtiges Kriterium zur Beurteilung der Schutzwürdigkeit einer Pflanzengesellschaft ist deren *Repräsentativität*. Diese bezeichnet die Spezifität einer Lebensgemeinschaft für eine betrachtete Landschaft, in der sie aufgrund von edaphisch-geologischen, hydrologischen oder klimatischen Verhältnissen gute Existenzbedingungen findet. Für Küstenlandschaften repräsentative Pflanzengesellschaften sind beispielsweise Dünen und Salzwiesen. Für die Beurteilung des Schutzwertes und der -bedürftigkeit ist ferner die *Seltenheit* einer Phytozönose von Interesse. Je seltener eine Pflanzengesellschaft oder je geringer ihre Flächenausdehnung ist, desto größer ist in aller Regel ihre Gefährdung. Zum einen nimmt die Empfindlichkeit von Ökosystemen gegenüber Störungen wie Nährstoffeinträge oder Entwässerung mit abnehmender Flächengröße zu (Fehlen von Pufferzonen), zum anderen können Minimallebensraumgrößen für einzelne Pflanzenpopulationen unterschritten und somit deren Überlebensfähigkeit gemindert werden (Abnahme der genetischen Variabilität und Fitness; Abschnitt 3.3.2.4). Der *Erhaltungszustand* (oder die Qualität) von Lebensräumen hängt oftmals von der Nutzungsintensität und der Nutzungsgeschichte ab. Hochmoorreste etwa können unterschiedlich stark entwässert, in verschiedenartiger Weise von einer Sekundärvegetation besiedelt oder durch atmogene Nährstoffeinträge beeinträchtigt sein. Das Vorhandensein oder Fehlen ursprünglicher Moorstrukturen und ihrer Vegetation, von Restbereichen mit Torfbildungsprozessen und der Grad der anthropogenen Überformung (Störung) der Gesamtfläche sind somit Qualitätskriterien für den Erhaltungszustand eines Hochmoores (Dierßen 1988). Zur Beurteilung der Schutzperspektiven für Pflanzengesellschaften ist – neben dem bereits genannten Faktor „Flächengröße" – überdies deren Fähigkeit zur Regeneration nach einer Störung mitentscheidend. Zahlreiche Pioniergesellschaften, deren Arten viele Samen mit effizienten Ausbreitungsmechanismen produzieren und die durch Störungen, beispielsweise durch Bodenverwundungen oder durch ein Öffnen der Vegetationsdecke, eher gefördert werden, weisen erwartungsgemäß ein sehr hohes

Regenerationsvermögen auf. Eine Zerstörung von Hochmooren – beispielsweise durch Torfabbau und Entwässerung – bedeutet demgegenüber einen irreversiblen Verlust der bezeichnenden Hochmoor-Phytozönosen, da eine Bildung der von diesen Pflanzengesellschaften besiedelten Substrate (Hochmoortorf) mehrere Jahrhunderte bis Jahrtausende in Anspruch nimmt.

Grundsätzlich lassen sich vier Strategien unterscheiden, die in verschiedener Weise auf einen Schutz von Pflanzengesellschaften zielen (Dierßen 1988):

1. Beim Gebiets- oder Objektschutz wird versucht, gegenwärtig bestehende Lebensraum- oder Standortsbedingungen langfristig zu sichern. Der Gebiets- oder Objektschutz zielt meist auf den Schutz oder die Erhaltung von Klimax- gesellschaften, beispielsweise die Waldgesellschaften eines Naturwaldreser- vates (*konservierender Naturschutz*). Solche Maßnahmen sind nur sinnvoll in Lebensräumen, die weitgehend naturnah erhalten und von menschlicher Ein- flussnahme wenig gestört sind.

2. Durch eine gezielte Pflege lassen sich schutzbedürftige Pflanzengesellschaf- ten in konkret ausgewählten Gebieten, zumeist Naturschutzgebieten, entwi- ckeln (*pflegender und entwickelnder Naturschutz*). Pflegender Naturschutz findet meist in Kulturlandschaften Anwendung, in denen durch bestimmte, oftmals tradierte Nutzungsweisen ganz bestimmte Pflanzengesellschaften ent- standen. Ihre Erhaltung setzt somit ein Fortbestehen der entsprechenden Nut- zungsweisen voraus. Pflegender Naturschutz wird beispielsweise in Heide- landschaften Nordwest-Deutschlands oder in Halbtrockenrasen der süddeut- schen Mittelgebirge praktiziert. Eine Nutzungsaufgabe würde, nach einem entsprechenden Zeitraum, zur Wiederbewaldung solcher Flächen führen. Der Begriff „pflegender Naturschutz" mag in diesem Zusammenhang insofern nicht ganz zutreffend sein, als dass die betroffenen Flächen im Wortsinn ei- gentlich einem „Kulturschutz" unterliegen. Viele der in Mitteleuropa vor- kommenden, gleichwohl aber heute als schutzwürdig erachteten Pflanzenge- sellschaften sind anthropogen, würden also in einer Naturlandschaft fehlen oder sehr viel seltener sein (beispielsweise Borstgrasrasen, Heide- und Grün- landgesellschaften).

3. In ge- oder zerstörten Gebieten zielen Regenerations- und Renaturierungs- maßnahmen auf die Wiederherstellung oder Etablierung schutzwürdiger Pflanzengesellschaften, beispielsweise durch Wiedervernässung, Nutzungs- einschränkung oder auch Wiedereinbürgerung verschollener Arten (*regene- rierender Naturschutz*). Unter Regeneration wird oft die Wiederherstellung ursprünglicher Verhältnisse, unter Renaturierung das Erreichen eines naturnä- heren Zustandes verstanden. Ähnlich wie beim pflegenden Naturschutz hän- gen die Erfolgsaussichten solcher Maßnahmen entscheidend davon ab, wie gut die Vegetations- und Standortsverhältnisse wie auch die systemspezifi- sche Vegetationsdynamik eines Bezugsraumes bekannt sind. Neben klaren Vorstellungen zum Ausgangszustand und zum Entwicklungsziel ist wesent- lich, detaillierte Kenntnisse zur Nutzungs- und Eingriffsgeschichte eines Ge- bietes zu haben und getroffene Pflegemaßnahmen durch kontinuierliche Kon- trollen im Hinblick auf ihre Wirkung zu überprüfen (Dierßen 1988). Hervor-

zuheben ist, dass nach bisherigem Kenntnisstand nur eine sehr begrenzte Anzahl von Pflanzengesellschaften und der durch sie geprägten Lebensräume als
regenerationsfähig erachtet werden kann. Auf Probleme der Regenerierbarkeit
von Hochmooren wurde bereits oben hingewiesen. Wenn auf ehemaligen
Hochmoorflächen eine Vegetation entsteht, die für Niedermoore typisch ist,
wird eine solche Entwicklung deshalb als Renaturierung bezeichnet.

4. Sofern Lebensräume und die sie kennzeichnenden Pflanzengesellschaften neu
gestaltet beziehungsweise geschaffen werden sollen, spricht man von *gestal-
tendem Naturschutz* (beispielsweise Neuanlage von Gewässern, Remäandrie-
rung eines Bachlaufes). Auch für solche Maßnahmen gilt im Grundsatz das
im vorigen Abschnitt Gesagte.

Die *Untersuchung von Pflanzengesellschaften* fällt in das Arbeitsgebiet der *Pflanzensoziologie*. Diese verfolgt das Ziel, das Artengefüge (konkreter) Pflanzenbestände im Gelände mittels sogenannter Vegetationsaufnahmen qualitativ und
quantitativ zu erfassen. Solche Vegetationsaufnahmen werden anschließend nach
dem Grad ihrer floristischen Ähnlichkeit mit dem Ziel sortiert, (abstrakte) Vegetationstypen zu beschreiben und diese innerhalb eines „Systems der Pflanzengesellschaften" zu klassifizieren. In der Regel wird eine auf floristischen Kriterien fu-
ßende Typisierung von Pflanzengesellschaften durch Untersuchungen zu deren
Struktur, Chorologie, Dynamik und Ökologie ergänzt. In der praktischen Natur-
schutzarbeit und in der Landschaftsplanung hat sich das System der Pflanzengesellschaften mittlerweile als ein unentbehrlicher Verständigungsrahmen erwiesen.
Übersichten über die in verschiedenen Teilen Mitteleuropas beziehungsweise in
Nordeuropa vorkommenden Pflanzengesellschaften geben Pott (1995), Wilmanns
(1998), Oberdorfer et al. (1977, 1978, 1983, 1992), Passarge (1964), Passarge u.
Hofmann (1968), Ellenberg (1996) und Dierßen (1996).

Die nachfolgende Kurzdarstellung der praktischen Arbeitsweise in der Pflanzensoziologie nimmt auf Dierßen et al. (1988) Bezug. Sie lässt sicherlich – in der
verdichteten Form der Darstellung – Detailfragen offen. Zu deren Klärung sei auf
die Lehrbücher von Braun-Blanquet (1964), Dierßen (1990), Dierschke (1994)
und Wilmanns (1998) verwiesen.

Zur Erfassung der Vegetation einer Probefläche werden pflanzensoziologische
Aufnahmen angefertigt. Hierzu werden alle auf einer Probefläche sichtbaren
Pflanzenarten notiert und deren Deckung (Mengenanteile) abgeschätzt. Sofern die
Aufnahmen zur Dokumentation desselben Vegetationstypes herangezogen werden
sollen, dürfen die Probeflächen keine erkennbaren strukturellen und standörtlichen
Unterschiede aufweisen. Alle so angefertigten Vegetationsaufnahmen bilden Roh-
daten, die ihrerseits tabellarisch weiterverarbeitet und dabei nach dem Grad ihrer
floristischen Ähnlichkeit sortiert werden. Floristisch ähnliche Vegetationsaufnahmen dienen als Belege für Pflanzenbestände, die demselben Vegetationstyp ange-
hören. Im Umkehrschluss sind Pflanzengesellschaften (Vegetationstypen) demzufolge durch die Gesamtheit aller Bestände mit einer bestimmten Artenkombination
gekennzeichnet.

Mit der Vielzahl von Pflanzengesellschaften eines Bezugsraumes lässt sich nur
dann sinnvoll arbeiten, wenn man diese – wiederum nach floristischer Ähnlichkeit

– zueinander in Beziehung setzt und hierarchisch ordnet. Das formale Vorgehen entspricht dabei – in gewissen Grenzen – jenem des in der Sippensystematik üblichen. Bei Pflanzen und Tieren sind „Arten" (Abschnitt 3.2.2) die Grundeinheiten der Systematisierung. Diese werden zu Gattungen, Familien, Ordnungen und Klassen nach dem Grad ihrer stammesgeschichtlichen Verwandtschaft zusammengefasst. Dabei nehmen mit zunehmender Hierarchieebene der Grad der stammesgeschichtlichen Verwandtschaft und – in aller Regel – auch morphologische Gemeinsamkeiten ab.

Analog sind in der Pflanzensoziologie für die einzelnen Hierarchieebenen die Begriffe Assoziation, Verband, Ordnung und Klasse gebräuchlich. Je höher die Hierarchieebene, desto geringer ist das Maß der floristischen Übereinstimmung zwischen den Vegetationstypen einer betrachteten Hierarchieebene. Im pflanzensoziologischen System dient die Assoziation als Grundeinheit. Sie vereinigt alle Pflanzenbestände mit einer bestimmten Artenkombination und ist durch mindestens eine Pflanzenart gekennzeichnet, die in diesen Beständen einen eindeutigen Vorkommensschwerpunkt hat. Infolgedessen fehlt diese Art in anderen Vegetationstypen, oder sie ist dort zumindest deutlich seltener. Man bezeichnet solche Arten als die Kenn- oder Charakterarten einer Assoziation. Die Benennung von Vegetationstypen erfolgt zweckmäßigerweise nach denjenigen Arten, welche diese besonders gut kennzeichnen, nach den Assoziations-, Verbands- oder Ordnungscharakterarten. Beispielsweise wird die Assoziation des Orchideen-Buchenwaldes – nach den beiden kennzeichnenden Arten *Cephalanthera damasonium* (Bleiches Waldvöglein) und *Fagus sylvatica* (Rotbuche) – *Cephalanthero-Fagetum* genannt. Diese Nomenklaturregeln sollen die Übersicht und die Darstellbarkeit des pflanzensoziologischen Systems vereinfachen und die Verständigung über einzelne Vegetationseinheiten erleichtern.

Häufig werden Pflanzengesellschaften als Bezugsgrundlage für eine Beschreibung und Kennzeichnung von Biotoptypen herangezogen. Somit lassen sich – alternativ zur Kartierung von Pflanzengesellschaften – Kartierungen von Biotoptypen durchführen. Auf die damit verbundenen Fragestellungen und Zielsetzungen wird in Abschnitt 3.5.4 ausführlicher eingegangen.

3.5.2
Tierökologische Grundlagen

Viele Maßnahmen des Naturschutzes von der Pflege oder dem Management bis hin zur Ausweisung von Schutzgebieten orientieren sich weitgehend an Vegetationseinheiten.[17] Vor diesem Hintergrund stellt sich die Frage, ob durch den Erhalt beziehungsweise die Berücksichtigung von Lebensräumen, die vegetationskundlich charakterisiert werden, auch die Fauna erhalten werden kann beziehungsweise ausreichend berücksichtigt wird. Man kann dieses Problem auch anders formulieren: Gibt es eine Koinzidenz zwischen Tier- und Pflanzengesellschaften?

Dieser Frage sind Kratochwil u. Schwabe (2001) durch Analyse zahlreicher Publikationen über unterschiedlichste Lebensräume mit ihren Tier- und Pflanzen-

---

[17] Eine Ausnahme stellen einige Vogelschutzgebiete dar.

beständen nachgegangen. Die Autoren fanden für einige Tiergruppen (insbesondere Wirbellose) gute Koinzidenzen mit Vegetationseinheiten, d.h., dass manche Tierarten ausschließlich oder schwerpunktmäßig in einer oder wenigen Pflanzengesellschaften vorkommen. Es gibt jedoch auch Tiergruppen, bei denen solche Übereinstimmungen nicht vorliegen. Dazu gehören die Vögel und Heuschrecken, die weitgehend an strukturelle Eigenschaften ihrer Lebensräume gebunden sind. Zudem nutzen die Vögel oft unterschiedliche Vegetationsbestände für ihre Aktivitäten (z. B. Balz, Brut, Nahrungssuche, Schlafen).

Auch wenn Koinzidenzen zwischen Pflanzen- und Tiergemeinschaften anzunehmen sind, müssen zoologische Untersuchungen durchgeführt werden, um zu überprüfen, ob in einem Gebiet die charakteristischen Tierarten vorkommen. Ein Beispiel mag der stark gefährdete Laufkäfer *Agonum ericeti* sein, der in Mitteleuropa Hochmoore besiedelt (Mossakowksi 1970). Diese Art ist damit als zoologische Charakterart der Hochmoore zu bezeichnen. In den Voralpen kann mit Hilfe vegetationskundlicher Kartierungen der Lebensraum „Hochmoor" einfach erfasst werden. Allerdings kommt der Käfer nicht in jedem Hochmoor dieser Region vor. Vegetationskarten erleichtern jedoch die Bestandsaufnahme der Tierart.

Einige Tierarten kommen ausschließlich oder überwiegend in Lebensräumen vor, die sich vegetationskundlich (zumindest mit Gefäßpflanzen) nicht oder nur schlecht charakterisieren lassen. Dazu gehören zahlreiche Arthropodenarten, die Rohböden (z. B. Schotterflächen an Gebirgsbächen, Sandbänke von Tieflandflüssen), Karstbildungen (z. B. Höhlen), Steilwände und einige Fließgewässerabschnitte besiedeln oder synanthrop in Kellern und Wohnungen des Menschen vorkommen.

Neben der vegetationskundlichen Charakterisierung eines Gebietes sind also auch zoologische Untersuchungen notwendig, um die biologische Diversität eines Gebietes beurteilen zu können.

Arten-Areal-Beziehungen von Inseln wurden in Abschnitt 3.3.3.4 vorgestellt. Bei zahlreichen Tiergruppen, die sogenannte „Habitatinseln", also fragmentierte Lebensräume, besiedeln, konnten positive Korrelationen zwischen der Flächengröße von Habitaten beziehungsweise Biotopen und der Artenzahl nachgewiesen werden. Ein Anstieg der Artenzahlen erfolgt bei vielen Arthropodengemeinschaften erst dann nicht mehr, wenn die Flächen beachtliche Größen erreicht haben.

Ein Beispiel sind die Laufkäfergemeinschaften von 20 unterschiedlich großen, seit weniger als 100 Jahren isolierten Sandheiden in der Drenthe (Niederlande), die De Vries (1994) untersucht hat. Die Zahl nachgewiesener Laufkäferarten pro Untersuchungsfläche zeigte keine signifikante Korrelation mit der Größe der Heidefragmente. Offenbar sind im Wesentlichen „Irrgäste", die aus angrenzenden Lebensräumen in die Sandheiden hineinlaufen und nachgewiesen werden, für dieses Phänomen verantwortlich. Wenn nur die Arten berücksichtigt werden, die ausschließlich oder überwiegend in Heiden leben, ergibt sich eine signifikante Korrelation. Die charakteristischen Laufkäfer der Heiden, die flugfähig sind und ein großes Ausbreitungspotential aufweisen, unterliegen besonders bei Biotopen, die kleiner als 8 bis 25 ha sind, einem erhöhten Aussterberisiko, denn unterhalb dieser Größe fallen die festgestellten Artenzahlen ab. Für flugunfähige und folglich ausbreitungsschwache Laufkäfer der Heiden müssen die Flächengrößen 70 ha überschreiten, unterhalb dieses Schwellenwertes beginnt ein steiler Abfall der Artenzahlen. Vier Untersuchungsflächen, die kleiner als 10 ha sind, wiesen keine ausbreitungsschwache, stenöke Art auf. Die meisten Heideflächen in Mitteleuropa sind zu klein, um alle ausbreitungsschwachen stenotopen Laufkäferarten dieses Biotoptyps zu beherbergen. Auch für andere Lebensräume wurden ähnliche Abhängigkeiten der Artenzahlen von der Flächengröße der Biotope festgestellt (z. B. Gruttke 1997, Falke u. Aßmann 1997). Arten-Areal-Beziehungen können damit eine Hilfe sein, wenn es darum geht, die für die Planung von Schutzgebieten wichtige Frage zu beantworten, wie groß die Biotope mindestens sein müssen, damit die für den betreffenden Lebensraumtyp charakteristischen Tierarten vorkommen.

Wenn ein großer Lebensraum eine bestimmte Anzahl von Tierarten beherbergt, können Aussterbeereignisse auftreten, wenn eine Fragmentierung stattfindet. Erfolgt das Erlöschen der Arten nicht zufällig, sondern weisen die Arten eine abgestufte Aussterbewahrscheinlichkeit auf, ergibt sich eine geschachtelte Verteilung der Arten auf die Tiergemeinschaften in Abhängigkeit von ihrer Artenzahl. Artenarme Gemeinschaften stellen dann hinsichtlich der in ihnen vorkommenden Arten einen Ausschnitt der jeweils artenreicheren Fragmente dar (*nested subsets, nestedness*). Ordnet man in einer Matrix die Gemeinschaften nach abnehmender Artenzahl und die Arten nach abnehmender Zahl ihrer Vorkommen in den untersuchten Beständen, sind die Nachweise der Arten nicht zufällig verteilt, sondern konzentrieren sich oberhalb der Diagonalen in der Matrix (Tabelle 3.13).

Tabelle 3.13. Verbreitung von stenotopen Regenwald-Lemuren im östlichen Madagaskar (nach Ganzhorn 1999)

Gebiete	Mr	Ef	Cm	Lm	Dm	Hg	Al	Pd	Ii	Vv	Er	Hs	Ha	At
Zahamena	X	X	X	X	X	X	X	X	X	X	X	X		X
Ranomaf.	X	X	X	X	X	X	X	X		X	X	X	X	
Ambatov.	X	X	X	X	X	X	X	X	X	X	X			
Mantady	X	X	X	X	X	X	X	X	X	X	X			
Anjanah.	X	X	X	X	X	X	X	X	X		X			X
Verezan.	X	X	X	X	X	X	X	X	X	X				X
Betampo.	X	X	X	X	X	X	X	X	X	X				
Marojejy	X	X	X	X	X	X	X	X			X			
Andoha.	X	X	X	X	X	X	X	X						
Manonga.	X	X	X	X	X	X								
Ambre	X	X	X	X	X									
Manombo	X	X	X			X								
Ambohita.	X	X				X								
Lokobe	X			X										

Mr: Microcebus rufus, *Ef:* Eulemur fulvus, *Cm:* Cheirogaleus major, *Lm:* Lepilemur mustelinus, *Dm:* Daubentonia madagascariensis, *Hg:* Hapalemur griseus, *Al:* Avahi laniger, *Pd:* Propithecus diadema, *Ii:* Indri indri, *Vv:* Varecia variegata, *Er:* Eulemur rubriventer, *Hs:* Hapalemur simus, *Ha:* Hapalemur aureus, *At:* Allocebus trichotis. X: Nachweis der Art in dem betreffenden Gebiet.

Geschachtelte Gemeinschaften müssen nicht durch unterschiedliche Aussterbe-wahrscheinlichkeiten der Arten zustande kommen, sondern können auch durch unterschiedliche Besiedlungswahrscheinlichkeiten oder durch eine Kombination aus beiden Größen auftreten.

Die Schachtelung von Artengemeinschaften ist bereits seit längerer Zeit bekannt (z. B. Darlington 1957), aber erst in den letzten beiden Jahrzehnten gelang die statistische Bearbeitung (z. B. Wright u. Reeves 1992, Atmar u. Patterson 1993). In der Naturschutzbiologie erleichtern geschachtelte Gemeinschaften die Entscheidung, welche Flächen vordringlich geschützt werden müssen, um eine möglichst große Effizienz der eingesetzten Mittel zu erreichen. Wenn Tiergemeinschaften geschachtelt sind, können sich auch wichtige Hinweise auf den potentiellen Erfolg von Wiedereinbürgerungen ergeben (Abschnitt 3.6).[18]

3.5.3
Schutzkategorien

Die IUCN unterteilt Schutzgebiete zur Zeit in sechs Kategorien, von denen eine in zwei Unterkategorien gegliedert wird. Diese Gruppierung von Schutzgebieten wird auch von den Vereinten Nationen für ihre Liste der Schutzgebiete der Welt übernommen. Von Schutzgebieten mit geringen (oder keinen) Eingriffen des Menschen bis hin zu stärker genutzten Flächen ergibt sich folgende Reihenfolge:

1. Kategorie I: *Strict Nature Reserve/Wilderness Area: protected area managed mainly for science or wilderness protection.* Diese Kategorie wird in zwei Unterkategorien gegliedert: Kategorie Ia: *Strict Nature Reserve: protected area managed mainly for science*; Kategorie Ib: *Wilderness Area: protected area managed mainly for wilderness protection.* Diese streng geschützten Naturschutzgebiete umfassen im Falle der Kategorie Ia Land- oder Meeresflächen, die besondere oder repräsentative Ökosysteme und/oder Arten besitzen, zum Zweck der wissenschaftlichen Forschung oder des Umweltmonitorings. Lebensräume, Ökosysteme und Arten sollen so ungestört wie möglich existieren können und der Zugang der Öffentlichkeit soll begrenzt sein. Menschliche Aktivitäten sollten weitgehend unterbunden werden. Die Voraussetzungen für die Unterkategorie Ib sind nicht so streng: Große Flächen höchstens geringfügig veränderter Land- oder Meeresökosysteme, die ihre natürlichen Eigenschaften erhalten haben, keine dauerhaften oder größeren Siedlungen aufweisen und geschützt werden, um die natürlichen Prozesse zu erhalten, fallen in diese Kategorie. Die natürliche menschliche Bevölkerung kann in geringer Dichte in dem Schutzgebiet leben, wenn die natürlichen Ressourcen so genutzt werden, dass ihre ursprüngliche Lebensart gewahrt werden kann. Schutzgebiete beider Unterkategorien sollten im Besitz und unter Kontrolle eines Staates sein. Die Betreuung sollte durch eine qualifizierte Verwaltung oder Institution erfolgen, die eine Forschungs- oder Naturschutzfunktion be-

---

[18] Ausführlichere Darstellungen zur Schachtelung von Tiergemeinschaften finden sich bei Atmar u. Patterson (1993), Boecklen (1997) und Wright et al. (1998).

sitzt. Angemessene Bewachung und Kontrolle müssen für einen langfristigen Schutz der Gebiete sichergestellt sein.

2. Kategorie II: *National Parks: protected area managed mainly for ecosystem protection and recreation.* Diese Nationalparke werden zum Schutz von einem oder mehreren Ökosystemen und zu wissenschaftlichen, Lehr- und touristischen Zwecken ausgewiesen. Besitz und Zuständigkeit sollten der obersten nationalen Institution obliegen, die für Naturschutzbelange in dem betreffenden Land vorgesehen ist. Andere Ebenen der Verwaltung sind ebenfalls möglich, wenn sie einen langfristigen Erhalt sichern können.

3. Kategorie III: *Natural Monument: protected area managed mainly for conservation of specific natural features.* Eine oder mehrere besondere naturbelassene oder durch Wirtschaftsweisen des Menschen veränderte Flächen oder Naturbildungen sind das Schutzgut dieser Kategorie. Große Wasserfälle, Höhlen, Krater, fossile Lagerstätten, Wanderdünen, Korallenriffe oder vergleichbare außergewöhnliche Naturbildungen sind die häufigsten Schutzobjekte in den Naturdenkmälern.

4. Kategorie IV: *Habitat/Species Management Area: protected area managed for conservation through management intervention.* Schutzgebiete, in denen ein aktives Eingreifen des Menschen vorgesehen ist, um Lebensräume oder Arten zu erhalten.

5. Kategorie V: *Protected Landscape/Seascape: protected area managed for landscape/seascape conservation and recreation.* In diesen Landschaftsschutzgebieten hat die menschliche (nachhaltige) Nutzung der natürlichen Ressourcen zu einer Landschaft geführt, die einen ästhetischen, ökologischen und/oder kulturellen Wert aufweist und sich oft durch große biologische Diversität auszeichnet. Tourismus und Erholung sollen in solchen Gebieten möglich sein.

6. Kategorie VI: *Managed Resource Protected Area: protected area managed for the sustainable use of natural ecosystems.* Ressourcenschutzgebiete umfassen Ökosysteme, die gepflegt beziehungsweise gemanagt werden, um langfristigen Schutz und Erhalt der biologischen Diversität bei gleichzeitiger nachhaltiger Nutzung zu erreichen.

In die IUCN-Kategorie VI sind auch die Biosphärenreservaten des UNESCO-Programms „Mensch und Biosphäre" (*Man and the Biosphere*, MAB) zu stellen, die künftig auch in nationalem Recht Berücksichtigung finden sollen. Biosphärenreservate weisen in der Regel drei Zonen auf. In der äußeren Entwicklungs- oder Übergangszone ist eine nachhaltige Nutzung der Kulturlandschaft vorgesehen. Experimentelle landschaftsökologische Forschung ist hier möglich. Die Puffer- oder Pflegezone ermöglicht traditionelle menschliche Nutzung und eine nicht zerstörerische Forschung. Im Kernbereich erfolgen nur noch ganz geringe menschliche Eingriffe. Inzwischen sind mehr als 300 Binnen- und Küstenlandschaften in über 75 Ländern als Biosphärenreservate ausgewiesen. „Vessertal-Thüringer Wald" ist das älteste, „Schleswig-Holsteinisches Wattenmeer" das größte deutsche Biosphärenreservat.

Dem „Übereinkommen über Feuchtgebiete, insbesondere als Lebensraum für Wat- und Wasservögel, von internationaler Bedeutung" (*Ramsar-Konvention*) trat die Bundesrepublik 1976 bei. Damit verpflichtet sie sich zur Erhaltung und Förderung von Feuchtgebieten als Voraussetzung für arten- und individuenreiche Pflanzen- und Tiergesellschaften in diesen Lebensräumen. Mit einer Fläche von fast 300.000 ha ist das „Schleswig-Holsteinische Wattenmeer und angrenzende Gebiete" das größte Feuchtgebiet internationaler Bedeutung für Wat- und Wasservögel in Deutschland. Rund 80 % der ca. 700.000 ha umfassenden Gesamtfläche, die nach der Ramsar-Konvention in Deutschland geschützt sind, entfallen auf Watt- und Wasserflächen der Nord- und Ostsee.

Die wichtigsten nationalen Schutzkategorien ergeben sich aus dem Bundesnaturschutzgesetz (BNatSchG), das nur in einigen Bereichen abschließende Regelungen trifft, und den Landesgesetzen (z. B. Niedersächsisches Naturschutzgesetz, NNatG):

1. *Naturschutzgebiet* (NSG). Strengste Schutzkategorie in Deutschland. In Naturschutzgebieten erfolgt „ein besonderer Schutz von Natur und Landschaft in ihrer Ganzheit oder in einzelnen Teilen zur Erhaltung von Lebensgemeinschaften oder Lebensstätten bestimmter wildwachsender Pflanzen oder wildlebender Tierarten, aus wissenschaftlichen, naturgeschichtlichen oder landeskundlichen Gründen oder wegen ihrer Seltenheit, besonderen Eigenart oder hervorragenden Schönheit" (BNatSchG, § 13,1). In solchen Gebieten sind alle Handlungen untersagt, die das Schutzobjekt oder einzelne seiner Bestandteile zerstören, beschädigen oder verändern. Naturschutzgebiete werden durch Verordnung der Oberen Naturschutz- oder Landschaftsschutzbehörden erlassen. Die fischereiliche und jagdliche Nutzung bleibt in den meisten Naturschutzgebieten unberührt.

2. *Nationalpark* (NP oder NLP). Schutzgebiete, die großräumig und von besonderer Eigenart sind, auf dem größeren Teil ihrer Fläche die Voraussetzungen für ein Naturschutzgebiet erfüllen, sich in einem vom Menschen nicht oder nur wenig beeinflussten Zustand befinden, überwiegend für den Erhalt eines artenreichen heimischen Pflanzen- und Tierbestandes eingerichtet wurden und als ein zusammenhängendes Gebiet geschützt werden sollen. Nationalparke werden durch Verordnung der Oberen Naturschutz- oder Landschaftsbehörden erlassen. Begrenzte Eingriffe und sogar Siedlungen sind in deutschen Nationalparken nicht ausgeschlossen.

3. *Landschaftsschutzgebiet* (LSG). Gebiete, in denen Natur und Landschaft zumindest teilweise eines Schutzes bedürfen, können durch die Naturschutz- oder Landschaftsbehörden zu Landschaftsschutzgebieten erklärt werden, wenn die Leistungsfähigkeit oder die Nutzbarkeit der Naturgüter zu erhalten oder wiederherzustellen sind, sie ein vielfältiges, eigenartiges oder ästhetisches Landschaftsbild aufweisen oder wichtige Funktion für die Erholung der Bevölkerung haben.

4. *Naturdenkmal* (ND). „Einzelne Naturschöpfungen, die wegen ihrer Bedeutung für Wissenschaft, Natur- und Heimatkunde oder wegen ihrer Seltenheit, Eigenart oder Schönheit eines besonderen Schutzes bedürfen," können durch

Verordnung der Naturschutz- oder Landschaftsbehörden zu Naturdenkmälern erklärt werden (NNatG § 27,1). Naturdenkmäler sind in der Regel keine flächigen Schutzgebiete.

5. *Geschützte Landschaftsbestandteile* (GLB). Landschaftsbestandteile wie Bäume, Hecken oder Wasserläufe können als Einzelobjekt oder in einem bestimmten Gebiet geschützt werden. Zuständig sind die Gemeinden und Naturschutz- oder Landschaftsbehörden.

6. *Naturpark.* Großflächige Gebiete, die sich überwiegend aus Landschafts- oder Naturschutzgebieten zusammensetzen, sich für die Erholung der Bevölkerung besonders eignen und auch dafür vorgesehen sind sowie einen Träger haben, der sie entsprechend entwickelt, können zu Naturparken erklärt werden. Aus dieser Definition wird bereits ersichtlich, dass das vorrangige Ziel von Naturparken die touristische Nutzung ist.

7. *Besonders geschützte Biotope.* Als erstes Bundesland führte Bayern 1982 einen Pauschalschutz von bedrohten Lebensräumen ein. Alle Handlungen, die zu einer Zerstörung oder erheblichen Beeinträchtigung dieser Biotope führen, sind verboten. Hoch- und Niedermoore, naturnahe Bach- und Flussabschnitte, naturnahe Gewässer, offene Binnendünen, Block- und Geröllhalden, Magerrasen auf unterschiedlichen Böden, Heiden, unterschiedliche Waldtypen, Salzwiesen, Wattflächen und Flussläufe im Gezeiteneinfluss, besondere Karsterscheinungen (Höhlen und Erdfälle) sowie Feuchtwiesen gehören zu den besonders geschützten Biotopen.

Die ungefähr 5.000 Naturschutzgebiete umfassen weniger als 2 % der Landesfläche der Bundesrepublik Deutschland. Die elf Nationalparke nehmen eine geringfügig größere Fläche ein. Mehr als ein Viertel an der Landesfläche nehmen Landschaftsschutzgebiete ein. Der Flächenanteil der Naturparke beträgt über 15 %.

In der *1997 United Nations List of Protected Areas* sind die meisten Schutzgebiete der Welt aufgelistet, die zudem in die IUCN-Schutzkategorien eingestuft werden. Danach wird kein Schutzgebiet der Bundesrepublik in die strenge IUCN-Kategorie I (Strict Nature Reserve/Wilderness Areas) eingestuft und nur drei der zwölf Nationalparke in der Kategorie II (National Parks) geführt, die übrigen Nationalparke werden als Protected Landscape/Seascape (IUCN-Kategorie V) aufgelistet (Tabelle 3.14). Diese Einstufung macht zugleich deutlich, wie stark der menschliche Einfluss in diesen Schutzgebieten war und noch immer ist. Intensive forstliche Maßnahmen und umfangreiche touristische Nutzungen verhindern eine andere Bewertung dieser Gebiete.

Tabelle 3.14. Nationalparke in Deutschland

Name	Bundesland	Gründungs-jahr	Gesamt-fläche (ha)	IUCN-Schutz-gebiets-kategorie
Bayerischer Wald	Bayern	1970	13.042	II
Berchtesgaden	Bayern	1978	21.000	II
Hamburgisches Wattenmeer	Hamburg	1990	11.700	V
Harz	Niedersachsen	1994	15.800	V
Hochharz	Sachsen-Anhalt	1990	5.868	V
Jasmund	Mecklenburg-Vorpommern	1990	3.000	II
Müritz-Nationalpark	Mecklenburg-Vorpommern	1990	31.800	V
Niedersächsisches Wattenmeer	Niedersachsen	1986	240.000	V
Sächsische Schweiz	Sachsen	1990	9.292	V
Schleswig-Holsteinisches Wattenmeer	Schleswig-Holstein	1985	285.000	V
Unteres Odertal	Mecklenburg-Vorpommern	1995	9.500	V
Vorpommersche Boddenlandschaft	Mecklenburg-Vorpommern	1990	80.500	V

Ausgehend von einer Idee, die Gradmann bereits 1900 vorstellte, werden seit einigen Jahrzehnten von den Forstverwaltungen *Naturwaldreservate* eingerichtet. Dabei handelt es sich im Durchschnitt um 20 bis 60 ha große naturnahe Waldbestände, die natürliche oder naturnahe Waldgesellschaften repräsentieren. Naturwaldreservate dienen einerseits Zielen des Naturschutzes, andererseits sind sie für forstwirtschaftliche Grundlagenforschung an unbeeinflussten oder wenig beeinflussten Waldökosystemen konzipiert. Der Einfluss des Verbisses durch Wild auf die Entwicklung und Zusammensetzung der Baum-, Strauch- und Krautschicht wird durch einen Vergleich mit ausgezäunten Flächen erforscht. Insgesamt nehmen Naturwaldreservate weniger als 0,2 % der Waldfläche Deutschlands ein.

3.5.4
Geschützte Biotoptypen

Unter einem Biotop versteht man den Lebensraum einer Lebensgemeinschaft (Biozönose), der eine gewisse Mindestgröße und eine einheitliche, gegenüber seiner Umgebung abgrenzbare Beschaffenheit aufweist (Blab 1993, von Drachenfels 1994). Artenschutz ist nur über Sicherung und Erhalt von Biotopen erreichbar, also auf der Grundlage eines Schutzes oder der Entwicklung der Lebensstätten von Pflanzen- und Tierarten (Riecken u. Blab 1989). Daher bildet der Biotopschutz eine wichtige Voraussetzung für einen erfolgreichen Naturschutz. In der Naturschutzpraxis besteht heute ein großer Bedarf an handlungsorientierten Gliederungs- und Bewertungsvorstellungen für die Vielzahl der beispielsweise in einem Raum wie Mitteleuropa unterscheidbaren Biotoptypen. Die von Riecken et al. (1994) erarbeitete „Rote Liste der gefährdeten Biotoptypen der Bundesrepublik Deutschland" versucht diesem Bedarf Rechnung zu tragen und ergänzt – als naturschutzpolitisches Instrument – die Roten Listen der Pflanzenarten, Tierarten und Pflanzengesellschaften.

Eine Rote Liste der Biotope dient z. B. den folgenden Zielen und Konzepten im Naturschutz (Riecken u. Ssymank 1993):

1. Sie dient der Information der Öffentlichkeit, der Fachbehörden und politisch Verantwortlichen.
2. Rote Listen der Biotope können Vorhaben des Flächenschutzes argumentativ unterstützen, indem sie auf die Gefährdungssituation und die Schutzbedürftigkeit eines bestimmten Biotoptypes hinweisen.
3. Sie können als Bezugssystem für raum- und umweltrelevante Planungen dienen.
4. Sie geben Hinweise auf den Handlungsbedarf und unterstützen eine Optimierung und Operationalisierung im gesetzlichen Biotopschutz (z. B. § 20c BNatSchG).
5. Sie bilden die Grundlage für integrative, ganzheitliche Schutzkonzepte, indem sie die Lebensstätten von Phyto- und Zoozönosen gleichermaßen zu berücksichtigen versuchen. Rote Listen von Arten geben zunächst immer nur Hinweise auf die Schutzbedürftigkeit einer einzelnen Pflanzen- oder Tierart. In diesem Zusammenhang sei angemerkt, dass in manchen Bearbeitungen „Biotoptypen" vorwiegend mittels landschaftsökologischer oder vegetationskundlicher Kriterien beschrieben oder gekennzeichnet wurden. Die Anwendbarkeit von Listen so definierter Biotoptypen ist im Hinblick auf den Schutz von Zoozönosen nur sehr eingeschränkt möglich. Denn in vielen Fällen ist die ökologische Bedeutung eines betrachteten Biotoptypes unter botanischen beziehungsweise zoologischen Aspekten ganz unterschiedlich zu bewerten. Auch der Raumanspruch oder Flächenbedarf von Tieren – beispielsweise bei Migrationen – lässt sich durch vegetationskundlich definierte Biotoptypen nicht darstellen (Hammer u. Völkl 1993).

Die oben erwähnten Übersichtslisten und Roten Listen von Pflanzengesellschaften (Abschnitt 3.5.1), von Biotoptypen und von Komplexen räumlich verzahnter Biotope bilden die Datengrundlage für gesetzliche Bestimmungen, die auf einen europaweiten Schutz von Lebensräumen zielen und für die Europäische Union vom Rat der Europäischen Gemeinschaft ausgearbeitet wurden. Heute bauen die rechtlichen Grundlagen für den Gebiets- und Lebensraumschutz in der Europäischen Union im Wesentlichen auf zwei Richtlinien auf: der Richtlinie über die Erhaltung der wildlebenden Vogelarten (EU-Vogelschutzrichtlinie) sowie der Richtlinie zur Erhaltung der natürlichen Lebensräume und der wildlebenden Tiere und Pflanzen (FFH-Richtlinie; Der Rat der Europäischen Gemeinschaft 1979, 1992). Die FFH-Richtlinie kann als das erste umfassende europäische Rahmengesetz zum Lebensraum- und Artenschutz angesehen werden (Ssymank 1994). Gemeinsam bilden die beiden Richtlinien den gesetzlichen Rahmen zum Schutze des europäischen Naturerbes. Neben konkreten Artenschutzbestimmungen (Abschnitt 3.4.1) ist es ein wesentliches Ziel der Richtlinien, europaweit ein kohärentes Netz von Schutzgebieten auf Dauer einzurichten. Dieses Schutzgebietssystem trägt den Namen „Natura 2000" und zielt derzeit auf den Schutz von 182 Vogelarten und deren Unterarten, 254 Lebensraumtypen (Pflanzengesellschaften, Biotoptypen beziehungsweise Biotopkomplexe) sowie 200 Tier- und 434 Pflanzenarten von besonderer Schutzbedürftigkeit. Über die Verfahrensweisen zur rechtlichen und praktischen Umsetzung der Vogelschutz- und FFH-Richtlinie in der Bundesrepublik Deutschland informieren umfassend die Arbeiten von Ssymank et al. (1998) und Rückriem u. Roscher (1999). Eine Übersicht über die in Deutschland vorkommenden und nach der FFH-Richtlinie geschützten Biotope gibt Tabelle 3.15.

Tabelle 3.15. Übersicht über die nach der FFH-Richtlinie geschützten Pflanzengesellschaften, Biotoptypen beziehungsweise Biotopkomplexe (nach Ssymank et al. 1998)

Typ	P	Bezeichnung der Lebensräume
		Marine und Küstenlebensräume (inkl. Binnendünen)
		Sandbänke mit nur schwacher ständiger Überspülung durch Meerwasser
K		Ästuarien
K		Vegetationsfreies Schlick-, Sand- und Mischwatt
K	*	Lagunen (Strandseen)
K		Flache große Meeresarme und -buchten (Flachwasserzonen und Seegraswiesen)
		Riffe
		Einjährige Spülsäume
		Mehrjährige Vegetation der Kiesstrände
K		Atlantik-Felsküsten und Ostsee-Fels- und -steilküsten mit Vegetation
		Einjährige Vegetation mit *Salicornia* u. sonstiger Veget. auf Schlamm und Sand
		Schlickgrasbestände (Spartinion)
		Atlantische Salzwiesen (Glauco-Puccinnellietalia)
	*	Salzwiesen im Binnenland (Puccinellietalia distantis)
		Primärdünen
		Weißdünen mit Strandhafer (*Ammophila arenaria*)
	*	Graudünen mit krautiger Vegetation
S	*	Galio-Koelerion albescentis
S	*	Mesobromion
S	*	Trifolio-Geranietea sanguinei, Galio maritimi-Geranion sanguinei
S	*	Thero-Airion, Botrychio-Polygaletum, Tuberarion guttatae
	*	Entkalkte Dünen mit *Empetrum nigrum* (Braundünen)
	*	Feste entkalkte Dünen der eu-atlantischen Zone (Calluno-Ulicetea)
		Dünengebüsche mit *Hippophae rhamnoides*
		Dünen mit *Salix arenaria*
		Bewaldete Bereiche der Atlantikküste
		Feuchte Dünentäler
S		Feuchtes Dünental, stehende Gewässer
S		Feuchtes Dünental, Pioniervegetation (Nanocyperetalia)
S		Feuchtes Dünental, Vermoorungen
S		Feuchtes Dünental, feuchtes Grünland (Molinion, Nardion z. B.)
S		Feuchtes Dünental, Röhrichte und Großseggenrieder

Typ	P	Bezeichnung der Lebensräume

Sandheiden mit *Calluna* und *Genista* (Dünen im Binnenland)
Sandheiden mit *Calluna* und *Empetrum nigrum* (Dünen im Binnenland)
Offene Grasflächen mit *Corynephorus* und *Agrostis*

Süßwasserlebensräume

Oligotrophe und sehr schwach mineralische Gewässer der Sandebenen des Atlantiks mit amphibischer Vegetation mit *Lobelia, Littorella* und *Isoetes*
Mesotrophe Gewässer des mitteleuropäischen und perialpinen Raumes mit Zwergbinsen-Fluren oder zeitweilige Vegetation trockenf. Ufer (Nanocyperetalia)
- mit Littoreletalia-Arten
S - mit Isoeto-Nanojuncetea-Arten
S Oligotrophe bis mesotrophe kalkhaltige Gewässser mit benthischer Vegetation mit Armleuchteralgenbeständen (Characeae)
Natürliche eutrophe Seen mit einer Vegetation vom Typ Magnopotamion oder Hydrocharition
Dystrophe Seen
Turloughs (Irland; temporäre Karstseen)
* Alpine Flüsse und ihre krautige Ufervegetation
Schotterbänke alpiner Flüsse mit Epilobion fleicheri-Vegetation
S Schotterbänke alpiner Flüsse mit *Chondrilla chodrilloides*
S Alpine Flüsse und ihre Ufervegetation mit *Myricaria germanica*
Alpine Flüsse und ihre Ufergehölze mit *Salix eleagnos*
Unterwasservegetation in Fließgewässern der submontanen Stufe und der Ebene
Chenopodietum rubri von submontanen Fließgewässern

Heiden und Gebüschformationen

Feuchte Heidegebiete des nordatlantischen Raumes mit *Erica tetralix*
Trockene Heidegebiete (alle Untertypen)
Alpine und subalpine Heidegebiete
Gebüschvegetation (und Krummholz) mit *Pinus mugo* und *Rhododendron hirsu-*
* *tum* (Mugo-Rhododendretum hirsuti)
Stabile Formationen von *Buxus sempervirens* an kalkreichen Felsabhängen
Formationen von *Juniperus communis* auf Kalkheiden und -rasen

Naturnahes, halbnatürliches Grasland und Hochstauden

Lückige Kalk-Pionierrasen (Alysso-Sedion albi)
* Subkontinentale Blauschillergrasrasen (Koelerion glaucae)
* Schwermetallrasen (Violetea calaminariae)
Boreo-alpines Grasland auf Silikatsubstraten
Alpine Kalkrasen
Rostseggenrasen und -halden
S Nacktriedrasen (an windexponierten Stellen)
S Blaugrashalden und *Festuca*-dominierte Kalkrasen
S Trespen-Schwingel Kalk-Trockenrasen (Festuco-Brometalia; *=Bestände mit
(*) bemerkenswerten Orchideen)
Subkontinentale Steppenrasen
(*) Halb-Trockenrasen auf Kalk
(*) Trockenrasen (Xerbromion) auf Kalk
(*) Halbtrockenrasen sandig-lehmiger basenreicher Böden (Koelerion-Phleion)

Typ	P	Bezeichnung der Lebensräume
	(*)	Borstgrasrasen montan (und submontan auf dem europäischen Festland; Nardion)
	*	Pfeifengraswiesen auf kalkreichem Boden und Lehmboden (Molinion)
		Feuchte Hochstaudenfluren
		Feuchte Hochstaudenfluren (planar bis montan)
		Subalpine und alpine Hochstaudenfluren
S		Brenndolden-Auenwiesen (Cnidion dubii)
S		Magere Flachland-Mähwiesen (*Alopecurus pratensis, Sanguisorba officinalis*)
		Berg-Mähwiesen (Typen britischer Ausprägung mit *Geranium sylvaticum*)

Hoch-, Übergangs- und Niedermoore

Typ	P	Bezeichnung der Lebensräume
K	*	Naturnahe lebende Hochmoore
K		Geschädigte Hochmoore (die möglicherweise noch auf natürlichem Wege regenerierbar sind)
K		Übergangs- und Schwingrasenmoore
		Niederungen mit Torfsubstraten (Rhynchosporion)
	*	Kalkreiche Sümpfe mit *Cladium mariscus* und *Carex davalliana*
	*	Kalktuff-Quellen (Cratoneurion)
		Kalkreiche Niedermoore
	*	Alpine Pionierformationen des Caricion bicoloris-atrofuscae

Felsen, Schutthalden und vegetationsfreie (-arme) Lebensräume

Typ	P	Bezeichnung der Lebensräume
		(Alpine) Silikatschutthalden
		(Alpine) Kalk- und Schieferschutthalden
		Kieselhaltige Schutthalden in Mitteleuropa
	*	Kalkhaltige Schutthalden in Mitteleuropa
		Kalkhaltige Untertypen (Felsen und ihre Felsspaltenvegetation)
S		eurosibirischer beziehungsweise mitteleuropäischer Subtyp; einziger Subtyp in Deutschland
		Kieselhaltige Untertypen (Felsen und ihre Felsspaltenvegetation)
		Pionierrasen und Felsenkuppen
		Nicht touristisch erschlossene Höhlen
		Unter oder teilweise unter Wasser liegende Meereshöhlen
		Permanente Gletscher

Wälder

Typ	P	Bezeichnung der Lebensräume
		Hainsimsen-Buchenwald (Luzulo-Fagetum)
		Epiphytenreicher Buchenwald mit Stechpalme und Eibe (Ilici-Fagion)
		Waldmeister-Buchenwald (Galio odorati-Fagetum)
		Subalpiner Buchenwald mit Ahorn und Bergampfer
		Orchideen-Buchenwald (Cephalanthero-Fagion)
		Sternmieren-Eichen-Hainbuchenwald (Stellario-Carpinetum)
		Labkraut-Eichen-Hainbuchenwald (Galio-Carpinetum)
	*	Schlucht- und Hangmischwälder (Tilio-Acerion)
		Alte bodensaure Eichenwälder mit *Quercus robur* auf Sandebenen
	*	Moorwälder
S	*	Birken-Moorwälder
S	*	Waldkiefern-Moorwälder
S	*	Bergkiefern-Moorwälder
S	*	Fichten-Moorwälder

Typ	P	Bezeichnung der Lebensräume
	*	Restbestände von Erlen- und Eschenwäldern an Fließgewässern (Alnion glutino-so-incanae; inkl. Weichholzauen)
		Eichen-, Ulmen-, Eschen-Mischwälder am Ufer großer Flüsse (Hartholzauenwäl-der)
	*	Pannonische Wälder mit *Quercus petraea* und *Carpinus betulus*
		Bodensaure Fichtenwälder (Vaccinio-Piceetea)
S		subalpine Fichtenwälder der Alpen
S		subalpine herzynische Fichtenwälder
		Alpiner Lärchen-Arvenwald
S		silikatischer alpiner Lärchen-Arvenwald
S		alpiner Lärchen-Arvenwald auf Kalk
	*	Bergkiefern- (oder Spirken-)Wälder (* auf Gips- oder Kalksubstrat)

Mit *K* sind Biotop- oder Landschaftskomplexe gekennzeichnet, die sich gebietsspezifisch aus unterschiedlichen Biotoptypen zusammensetzen können. Mit *S* für Subtypen sind nur diejenigen Typen gekennzeichnet, die im offiziellen Interpretation Manual (European Commission 1995) aufgeführt sind. Prioritäre Lebensräume sind mit * gekennzeichnet.

3.5.5
Planung und Management von Schutzgebieten

Der Größe von Populationen und damit von Lebensräumen kommt eine besondere Bedeutung im Naturschutz zu. Die Bedeutung von Arten-Areal-Beziehungen als Hilfsmittel zur Bestimmung der Mindestgrößen von Schutzgebieten wurde bereits in Abschnitt 3.5.2 vorgestellt. Für die hinsichtlich ihrer Körpergröße kleinen Laufkäfer in Sandheiden der niederländischen Drenthe ergab sich eine Mindestgröße von mindestens 70 ha für ein Gebiet, das fast alle charakteristischen Arten beherbergt. Für Wirbeltiere ergeben sich noch viel größere Flächenansprüche:

Mit zunehmender Flächengröße steigt die Individuenzahl der in einem Schutzgebiet vorkommenden Population einer Säugetierart an. Für Abbildung 3.26 wurden drei Kategorien berücksichtigt: kleine Pflanzenfresser (z. B. Kaninchen), große Pflanzenfresser (z. B. Hirsche) und große Fleischfresser (z. B. Wölfe). Nach den in Abschnitt 3.3 diskutierten Angaben sind vielleicht 1.000 Individuen ausreichend, um einen langfristigen Erhalt der betreffenden Populationen zu ermöglichen (manchmal werden auch größere minimale Populationsgrößen diskutiert, Abschnitt 3.4.4). Für kleine Pflanzenfresser ergibt sich danach ein Flächenanspruch von durchschnittlich über 100 ha, für große Pflanzenfresser von über 10.000 ha und für große Fleischfresser von über 1.000.000 ha.

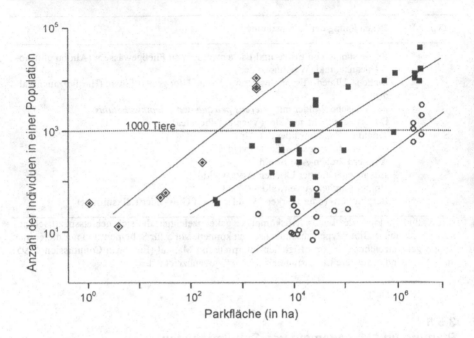

Abb. 3.26. Beziehung zwischen der Schutzgebiets- und der Populationsgröße für drei Säugetier-gruppen (Daten aus Schonewald-Cox 1983)
Auf der Spitze stehende Quadrate kennzeichnen Populationsgrößen kleiner Pflanzenfresser, *gefüllte Quadrate* die großer Weidegänger und *Kreise* die großer Fleischfresser.

Ungefähr zwei Drittel aller Naturschutzgebiete in Deutschland sind kleiner als 50 ha und nur wenig mehr als 10 % der Gebiete dieser Schutzkategorie umfassen mehr als 200 ha. Der größte Nationalpark im Binnenland (Müritz) erreicht mit 31.800 ha eine Größe, die für den Erhalt von großen Pflanzenfressern vielleicht ausreichend ist, für große Fleischfresser aber bereits als kritisch anzusehen ist. Eine intensive Betreuung der Bestände solcher Tierarten auch in den größten deut-schen Schutzgebieten erscheint notwendig und wird meistens auch durchgeführt. Zugleich machen diese Werte deutlich, dass der Erhalt großer Tiere ausschließlich innerhalb eines Nationalparks oder eines Naturschutzgebietes nicht möglich sein wird. Vielmehr ist die Umgebung der Schutzgebiete so zu entwickeln bezie-hungsweise zu erhalten, dass Aktionsräume für solche Arten vorhanden sind.

Einige Naturschutzbiologen sehen in vielen kleinen Schutzgebieten ein geeig-netes Schutzkonzept, andere favorisieren bei gleicher Flächensumme ein einzelnes großes Schutzgebiet. Diese als *SLOSS*-Debatte (single large or several small deba-te) bekannte Diskussion wurde in den 1970er und 1980er Jahren intensiv geführt. Inzwischen scheint es einen Konsens unter Naturschutzbiologen darüber zu geben, dass eine pauschale Befürwortung einer der beiden Alternativen so nicht möglich ist. Oft entscheiden auch nicht theoretische Erwägungen über die Form eines Schutzgebietes, sondern es sind die Möglichkeiten der Umsetzung, die im Wesentlichen die Ausdehnung, Lage und Form von Schutzgebieten determinieren. Für große Tierarten scheinen aber auch große Flächen notwendig zu sein, während für kleine Tierarten (insbesondere mit einer Metapopulationsdynamik) und zahlreiche Pflanzenarten auch kleine Gebiete (z. B. weniger als 200 ha) durchaus einen effektiven Schutz erlauben können.

Bei der Planung eines Schutzgebiets sollten *Randeffekte* (*edge effects*) berücksichtigt werden. Am Rande von Schutzgebieten können Einflüsse aus der Umgebung dazu führen, dass bestimmte Tier- und Pflanzenarten nur suboptimale Lebensbedingungen vorfinden. Als wesentliche Faktoren, die solche Randeffekte verursachen, können in Mitteleuropa Eutrophierung und Entwässerung durch angrenzende landwirtschaftliche Nutzflächen sowie Störungen durch Verkehr oder Tourismus angeführt werden.

Bei der Planung von Straßen oder anderen Infrastrukturen, die Randeffekte erzeugen können, ist zu bedenken, dass die weniger beeinflusste Fläche eines Schutzgebietes drastisch sinken kann (Primack 1995). Nimmt man ein hypothetisches Schutzgebiet an, das eine quadratische Grundform mit 1.000 m Seitenlänge aufweist (100 ha), und eine Zone von 100 m, in der Randeffekte wirken, reduziert sich die Fläche mit dem Schutzgut auf 64 ha. Zwei Straßen, die im rechten Winkel durch dieses Schutzgebiet verlaufen, verbrauchen nur eine geringe Fläche, tragen aber zusätzliche Randeffekte in das Gebiet hinein. In einem solchen Fall verbleiben weniger als 35 ha (Abbildung 3.27).

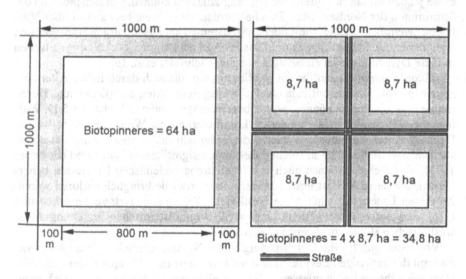

Abb. 3.27. Auswirkungen des Randeffektes auf ein hypothetisches Schutzgebiet ohne und mit zwei Straßen (nach Primack 1995)

Manche Schutzziele erfordern *kontinuierliche Pflege*. So wurden viele Magerrasen, Feuchtwiesen und teilweise auch Röhrichte in historischer Zeit jährlich gemäht. Hudelandschaften mit ihrem Mosaik aus offenen Triften und Büschen oder Baumgruppen wurden regelmäßig beweidet. Sandheiden wurden vielfältig behandelt: Schafe weideten auf ihnen, zur Gewinnung von Einstreu für die Ställe wurden Rohhumus-reiche Partien abgetragen (abgeplaggt), zur Verjüngung überalterter Besenheide-Bestände legte man Brände und in manchen Regionen wurden hochwüchsige Zwergstrauch-Bestände gemäht. In manchen Niederwäldern setzte man Bäume nach einem bis wenigen Jahrzehnten auf den Stock. Solche Maßnahmen müssen auch weiterhin durchgeführt werden, wenn die betreffenden Ökosysteme erhalten werden sollen. Oft sind diese Nutzungsformen heute nicht mehr rentabel, so dass für die Pflegemaßnahmen z.T. erhebliche Geldausgaben regelmäßig notwendig sind.

Viele Arten kommen nur in *dynamischen Ökosystemen* vor. Ein bekanntes Beispiel sind Wildflusslandschaften, in denen Hochwasserereignisse die Prozesse initiieren, durch die Rohböden mit unterschiedlicher Korngröße entstehen (Schotterflächen, Kies- und Sandbänke). Unterbleiben die landschaftsgestaltenden Hochwasser durch Rückhaltebecken und andere Verbauungen, verschwinden die offenen Rohböden und mit ihnen die an sie gebundenen Arten. Ziel des Naturschutzes in solchen Lebensräumen sollte deshalb der *Prozessschutz* sein. In einer vom Menschen dicht besiedelten Kulturlandschaft wird man die natürlichen Prozesse jedoch oft nur in begrenztem Umfang zulassen können. Ein Beispiel sind die Sturmfluten der Nordsee. Ohne Deiche würden sie Gebiete bis ca. 5 m über N.N. überschwemmen. Städte wie Oldenburg, Bremen und Hamburg wären von den Ereignissen direkt betroffen. Durch Ausdeichungen könnten jedoch einige Flächen in diese Dynamik wieder einbezogen werden (Schröder et al. 1997).

Biotopkontinuität kann für einige Biozönosen, die sich durch hohes Alter auszeichnen, von Wichtigkeit sein. Auf die eingeschränkten Möglichkeiten, Hochmoore regenerieren zu können, wurde bereits eingegangen (Abschnitt 3.5.1). Wälder, die seit mehreren Jahrhunderten kontinuierlich als Wald existieren, weisen Reliktarten auf, die jungen Wäldern, die innerhalb der letzten Jahrhunderte entstanden sind, fehlen oder in solchen Beständen signifikant seltener sind (Peterken 1993). Karstgebiete können auch in Mitteleuropa endemische Unterarten beherbergen, die durch Verlust ihres Lebensraumes unwiederbringlich verloren wären. Zu diesen Unterarten gehören die Nestkäfer *Choleva septentrionis holsatica* und *C. s. sokolowskii*, die jeweils in einer schleswig-holsteinischen beziehungsweise westfälischen Höhle vorkommen (Ipsen 1999).

Voraussetzung für die Durchsetzung vieler Naturschutzziele ist eine *Kooperation* mit der ansässigen Bevölkerung oder zumindest eine Akzeptanz der durch die Naturschutzbehörden zu erlassenen Beschränkungen. Probleme können sich ergeben, wenn die örtliche Bevölkerung aus der Umgebung von Schutzgebieten diese zum Erwerb wichtiger Ressourcen nutzt (z. B. Brennholz, Wild). Die in Abschnitt 3.5.3 bereits vorgestellten Biosphärenreservate sind ein Versuch der UNESCO, die Bedürfnisse der einheimischen Bevölkerung in die Planung und das Management von Schutzgebieten einzubeziehen.

3.5.6
Reviewfragen

1. Welche Organismengruppen würden Sie für die Ausweisung eines Schutzgebietes untersuchen?
2. Diskutieren Sie Vor- und Nachteile der Indikatorwerte von Lebensgemeinschaften beziehungsweise einzelner Arten.
3. Vergleichen Sie die nach dem nationalen Naturschutzgesetz besonders geschützten Biotope mit den in der FFH-Richtlinie aufgeführten Lebensräumen (Übereinstimmungen, Unterschiede).

3.6
ex situ-Erhaltungsstrategien und Wiedereinbürgerungen

3.6.1
Arten in menschlicher Obhut

Generell gilt als die beste Strategie die Erhaltung einer Art *in situ*. Darunter versteht man, dass die betreffende Art „an Ort und Stelle" in einer natürlichen Lebensgemeinschaft oder zumindest in freilebenden Populationen überlebt. Für einige Arten ist diese Möglichkeit aufgrund von Störungen, Jagddruck oder Lebensraumverlust jedoch nicht aussichtsreich. Um Extinktionen zu verhindern, kann man Individuen unter künstlichen Bedingungen halten, also in menschliche Obhut überführen. Diese Strategie wird als *ex situ* bezeichnet. Grundsätzlich ist dieses Vorgehen als integrativer Bestandteil umfassender Naturschutzbemühungen aufzufassen. Als wichtiges naturschutzfachliches Ziel sind jedoch stets wildlebende Populationen anzusehen. Auf diese Absicht sollte die Zucht bedrohter Arten ausgerichtet sein.

Die Zucht von bedrohten Arten hat aus naturschutzfachlicher Sicht Vor- und Nachteile, die hier nur kurz vorgestellt werden können. Neben dem Potential für Wiederansiedlungen sind als Vorzüge zu werten:

1. Biologische Grundlagenforschung vertieft die Kenntnis und verbessert so die Möglichkeiten der erfolgreichen Wiederansiedlung oder einer neuen *in situ*-Erhaltungsstrategie.
2. Aus der Zucht können Individuen in die Natur gebracht werden, damit sie noch vorhandene kleine Wildpopulationen stützen.
3. Die Verfügbarkeit gezüchteter Individuen reduziert die Entnahme aus natürlichen Populationen zu Schau- oder Forschungszwecken.
4. Wenn die Art öffentlich ausgestellt wird, erfolgt vielleicht eine Sensibilisierung der Bevölkerung. Zugleich kann über die Notwendigkeit der Schutzes aufgeklärt werden.

Einige bedrohte Arten lassen sich *in situ* sehr erfolgreich züchten (z. B. der im Himalaja und Tien-Shan verbreitete Schneeleopard *Panthera uncia*), für andere Arten trifft dies jedoch nicht zu (z. B. das in Afrika vorkommende Spitzmaulnashorn *Diceros bicornis*). Das kann damit zusammenhängen, dass Wildtiere (aber auch Pflanzen) in menschlicher Obhut zumindest teilweise folgenden Problemen unterliegen (Primack 1995):

1. *Probleme kleiner Populationen.* Kleine Populationen unterliegen einem besonders großen Gefährdungspotential durch genetische Drift und damit verbundenem Verlust der genetischen Variabilität, Inzuchtdepression und demographischer Stochastizität (Abschnitt 3.3). Den genetischen Problemen versucht man dadurch zu begegnen, dass in den Zuchtprogrammen möglichst nur Individuen zur Zucht eingesetzt werden, die nicht miteinander verwandt sind.
2. *Anpassung an Haltungsbedingungen.* Jede natürliche Population unterliegt kontinuierlich einer durch die Umwelt bedingten Selektion. Ändert sich die Umwelt, was bei der Überführung in menschliche Obhut immer die Folge ist, dann sollten sich auch die damit zusammenhängenden Selektionsdrücke ändern. Es findet damit eine Anpassung an die artifiziellen Bedingungen statt. Die so veränderten Individuen können reduzierte Fitness im Freiland aufweisen.
3. *Verhaltensweisen.* Hoch evolvierte Wirbeltiere geben (z.T. innerhalb von Sozialverbänden) Verhaltensweisen an ihre Nachkommen weiter, die für das Überleben von großer Bedeutung sein können. Dazu gehören so komplizierte Handlungen wie der Werkzeuggebrauch von Primaten, das Erkennen von Nahrung oder das Aufspüren von Wasserquellen. Unter Zuchtbedingungen können diese Verhaltensweisen oft nicht an die Nachkommen weitergegeben werden und stehen damit zukünftigen Generationen nicht mehr (oder nur eingeschränkt) zur Verfügung.
4. *Kontinuierliche finanzielle Aufwendungen.* Zuchtprogramme erfordern eine erhebliche und langfristige Versorgung mit Geldern. Oft wird eine entsprechende Unterstützung von Regierungen für solche Projekte nicht zugesagt. Zudem können veränderte politische Verhältnisse einen Abbruch der Zuchtbemühungen bewirken.
5. *Konzentration auf kleine Flächen.* Insbesondere sehr seltene Arten werden nur noch an wenigen, manchmal sogar nur an einem Ort gehalten. Durch katastrophale Ereignisse (z. B. Feuer) besteht die Gefahr, dass der gesamte Bestand einer Art damit ausgerottet ist.

Nicht nur in Zoos, die heute bereits technische Methoden der kommerziellen Tierzucht (z. B. Embryonentransfer, künstliche Besamung und künstliche Bebrütung) zum Erhalt gefährdeter Taxa einsetzen, werden solche Tierarten gezüchtet, sondern auch in Aquarien und Insektarien.

Die ca. 1.500 *Botanischen Gärten* der Welt enthalten Sammlungen lebender Pflanzen von ca. 15 % der Gefäßpflanzen. Ungefähr die doppelte Zahl von Arten findet sich in anderen Gärten und Gewächshäusern (Primack 1995). Forschungsinstitute und Botanische Gärten, aber auch kommerzielle Konzerne haben *Samenbanken* angelegt. Die Diasporen vieler Gefäßpflanzen lassen sich unter kalten, trockenen Bedingungen für längere Zeit aufbewahren. Nach einigen Jahren (spätestens nach einigen Jahrzehnten) muss eine Verjüngung erfolgen, indem die Bestände der Samenbank ausgesät werden und von der neuen Pflanzengeneration wieder Diasporen gewonnen werden. Wegen der anfallenden Energiekosten in Verbindung mit den periodischen Aussaaten ist diese *ex situ*-Erhaltungsstrategie ebenfalls kostenintensiv. Nicht alle Gefäßpflanzen lassen sich in Samenbanken erhalten, ungefähr 15 % der Arten besitzen sogenannte „widerspenstige" Samen, denen entweder eine Samenruhe fehlt oder die niedrige Temperaturen nicht vertragen (Primack 1995). Beim Sammeln von Diasporenproben für Samenbanken sollten mehrere Populationen und jeweils mindestens zehn bis ca. 50 Individuen berücksichtigt werden, um möglichst viel der genetischen Variabilität zu erhalten.

3.6.2
Wiedereinbürgerungen und Aussetzungen

Oft hofft man durch Zucht, gefährdete Arten so stark zu vermehren, dass Aussetzungsversuche möglich werden. Tatsächlich konnten sich einige Arten in menschlicher Obhut positiv entwickeln, und es gelangen die Wiederansiedlungen in der Wildbahn (z. B. Wanderfalke *Falco peregrinus*, Galapagos-Riesenschildkröte *Geochelone elephantopus*). Eines der erfolgreichsten Beispiele ist die Arabische Säbelantilope (*Oryx gazella leucoryx*). 1972 starb sie in der Natur aus. Ausgehend von 33 Exemplaren, die 1964 in Gefangenschaft gehalten wurden, startete ein Zuchtprogramm. In den Jahren 1982 und 1984 konnte die Art im Oman erfolgreich wiederangesiedelt werden (Stanley Price 1989).

Grundsätzlich muss zwischen folgenden drei Programmen unterschieden werden:

1. *Wiedereinbürgerung* (*reintroduction*). Ist eine Art in ihrem natürlichen Verbreitungsgebiet oder Teilen davon ausgestorben, können gezüchtete oder wild gefangene Individuen zur Etablierung von Populationen ausgesetzt werden.
2. *Bestandsstützung* (*augmentation*). Ist eine Art in ihrem natürlichen Verbreitungsgebiet oder Teilen davon selten geworden beziehungsweise erreichen die Populationen kritische Größen, können wild gefangene oder gezüchtete Individuen zur Stützung und damit zum Erhalt der natürlichen Populationen ausgesetzt werden.
3. *Neuansiedlung* (*introduction*). Wird eine Art außerhalb ihres natürlichen Verbreitungsgebietes angesiedelt, spricht man von Neuansiedlung.

Vor jeder Aussetzung in der Natur sollte überprüft werden, ob der Lebensraum die Ansprüche der Art erfüllt. Wiedereinbürgerungen von Arten, die aufgrund des Jagddruckes ausstarben, sind nach veränderter Gesetzeslage besonders aussichtsreich. Entsprechend positiv haben sich die ausgesetzten Bestände von Luchs (*Lynx lynx*) und Biber (*Castor fiber*) in Mitteleuropa entwickelt.

Die auszusetzenden Individuen sollten sorgfältig ausgewählt werden. In vielen Fällen sind Untersuchungen der genetischen Variabilität zu empfehlen (Abschnitt 3.3.2 und 3.4.6). Außerdem sollte die Zahl ausgesetzter Individuen nach Möglichkeit so groß sein, dass starke Auswirkungen der genetischen Drift nicht wahrscheinlich werden. Die Bedeutung der genetischen Variabilität als ein Parameter, der mit der Fitness eng korreliert sein kann, wird durch das Beispiel eines nordamerikanischen Wüstenfisches aus der Familie der Lebendgebärenden Zahnkarpfen (Poeciliidae), *Poeciliopsis occidentalis*, belegt: Vrijenhoek (1994) empfahl die Überführung von Individuen aus einem Bestand mit großer Allozym-Variabilität in eine zurückgehende, nahezu monomorphe Population, um die Heterozygotie und die Anzahl der Allele zu erhöhen. Das Experiment verlief erfolgreich, die nahezu ausgestorbene Population wurde genetisch variabler, und es erfolgte ein Anstieg in der Populationsgröße.

In jedem Fall sind nach der Aussetzung intensive Untersuchungen zur Populationsdynamik (z. B. Reproduktionsrate) durchzuführen und der wissenschaftlichen Öffentlichkeit zugänglich zu machen. Erst diese Ergebnisse ermöglichen eine Abschätzung, ob sich die betreffende Population erfolgreich entwickelt. In der Regel muss das Monitoring über einen längeren Zeitraum erfolgen, der von der Generationslänge der Art abhängig ist. Dabei muss bedacht werden, dass auch die Individuen von Insekten mehrere Jahre alt werden können.

Positiv verlaufene Wiedereinbürgerungen sind von den Bläulingen (Lycaenidae) *Maculinea teleius* und *M. nausithous* aus den Niederlanden bekannt (Wynhoff 1998). Beide Arten fressen als Raupe am Wiesenknopf (*Sanguisorba officinalis*) und überwintern in Ameisennestern (*M. teleius* überwiegend bei *Myrmica scabrinodes* und *M. nausithous* bei *Myrmica rubra*). Diese Schmetterlinge stellen damit besondere Ansprüche an ihre Umwelt, zumal die bewohnten Wiesen erst nach der Flugzeit der Falter gemäht werden dürfen. Aus Polen wurden 1990 86 beziehungsweise 70 Individuen auf einem ca. 115 ha großen Wiesengelände ausgesetzt. In einem Zeitraum von sechs Jahren hat sich die Größe der eingesetzten Populationen positiv entwickelt, obwohl die durchschnittliche Lebenserwartung der Imagines stark abnahm.

In England wurden von der „Zoological Society of London" auch Wiedereinbürgerungsversuche an zwei Heuschreckenarten (Feldgrille *Gryllus campestris* und Warzenbeißer *Decticus verrucivorus*) nach erfolgreicher Zucht unter Laborbedingungen durchgeführt (Pearce-Kelly 1998). Neuansiedlungen des Laufkäfers *Carabus olympiae*, der von Natur aus nur in einem Tal der Westalpen vorkommt und als prioritäre Art in der FFH-Richtlinie berücksichtigt wird, schlugen hingegen fehl (Malausa u. Drescher 1991).

3.6.3
Reviewfragen

1. Welche Untersuchungen würden Sie vor, während und nach einer Wiedereinbürgerung an einer Tier- oder Pflanzenart durchführen?
2. Welche Tierarten wurden in Deutschland wieder eingebürgert?
3. Welche bedrohten Arten werden in dem nächstgelegenen Zoo gezüchtet?

3.7
Glossar

Arthropoden. Gruppe wirbelloser Tiere, zu denen z. B. Insekten, Krebs- und Spinnentiere gehören.

Bodenreaktion. Wasserstoffionenkonzentration in der Bodenlösung; Säuregrad des Bodens.

Bootstrap-Technik. Mathematische Methode, um die Verteilung des untersuchten Stichprobenkennwertes zu errechnen; Weiterentwicklung des Jackknife-Verfahrens.

Centromer. Ansatzstelle der Spindelfasern bei Chromosomen.

Conspezifisch. Zu einer Art gehörend.

Detoxifikation. Entgiftung, sowohl in physiologischem als auch in ökologischem Zusammenhang.

Diaspore. Teil einer Pflanze, der als Verbreitungseinheit dient (z. B. Samen, Sporen).

Elektrophorese. Methode zur Trennung von Molekülen mit unterschiedlicher Wanderungsgeschwindigkeit in einem elektrischen Feld.

Endemit. Tier- oder Pflanzenart, die von Natur aus auf ein begrenztes Verbreitungsgebiet (z. B. Insel, Berg) beschränkt ist.

Eukaryoten. Ein- oder mehrzellige Organismen mit einem echten Zellkern.

Euryök. Kennzeichnung von Organismen, die eine große Schwankungsbreite der Umweltfaktoren tolerieren.

Eurytop. Kennzeichnung von Organismen, die in zahlreichen unterschiedlichen Lebensräumen vorkommen.

Eutraphent. Unter nährstoffreichen Bedingungen wachsend.

Eutroph. Nährstoffreich

Eutrophierung. Anreicherung von Nährstoffen in einem Ökosystem.

Fekundität. Fruchtbarkeit eines Organismus.

Genom. Summe der DNA des Zellkerns, der Mitochondrien oder anderer Zellkompartimente.

Genpool. Gesamtheit der Gene beziehungsweise Allele in einer Population beziehungsweise sich sexuell reproduzierenden Gruppe von Individuen.

Gipfelräuber. Art am Ende einer Nahrungskette.

Gonaden. Keimdrüsen (Eierstöcke, Hoden).

Jackknife-Verfahren. Mathematisches Verfahren der Parameterabschätzung.

Kutikula. Von Zellen produzierte äußere Deckschicht, bei Arthropoden mit der Funktion eines Außenskeletts.

Markowsche Kette. Der Markow-Prozess ist ein stochastischer Prozess, bei dem die (bedingte) Wahrscheinlichkeit eines Wertes einer zeitlich veränderlichen Zufallsvariablen $z(t)$, wenn $z(t')$ mit $t'<t$ bekannt ist, sich nicht dadurch ändert, dass die weitere Vorgeschichte – und damit die Werte $z(t'')$ mit $t''<t$ – bekannt ist. Ein Markowscher Prozess wird als Markowsche Kette bezeichnet, wenn die Zufallsvariablen nur endliche oder abzählbare unendlich viele Werte annehmen können.

Maximum-Likelihood-Verfahren. Bestimmt als Schätzwerte diejenigen Werte für die unbekannten Parameter, die dem erhaltenen Stichprobenergebnis die größte Wahrscheinlichkeit des Auftretens verleihen.

Megafauna. Große Wirbeltiere, i.d.R. mit einem Körpergewicht von über 40 kg.

Nettoprimärproduktion. Gesamte Substanzmenge, die durch einen Pflanzenbestand im Laufe eines Jahres gebunden wird.

Oligotraphent. Unter nährstoffarmen Bedingungen wachsend.

Oligotroph. Nährstoffarm.

Parasitoide. Parasiten, die im Laufe ihrer eigenen Entwicklung den Wirtsorganismus töten.

Pathogen. Krankheitserreger.

Ressourcen. Lebensnotwendige Stoffe und Teile der Umwelt, die ein Organismus für seine Existenz und Reproduktion benötigt.

Selektiv neutrale Allele. Allele, die sich in ihrer Wirkung auf die Fitness nicht messbar unterscheiden.

Sippe. Einheit des biologischen Systems (Unterart, Art, Gattung, Familie, Ordnung usw.), botanischer Begriff.

Stenök. Kennzeichnung von Organismen, die nur eine enge Schwankungsbreite der Umweltfaktoren tolerieren.

Stenotop. Kennzeichnung von Organismen, die nur in wenigen, relativ ähnlichen Lebensräumen vorkommen.

Taxon. Einheit des biologischen Systems (Unterart, Art, Gattung, Familie, Ordnung usw.).

Telomer. Spezielle Struktur am Ende von Chromosomen.

Im Glossar nicht aufgeführte ökologische Begriffe können bei Calow (1998) und Schaefer (1992) nachgeschlagen werden.

3.8
Weiterführende Literatur

Zur vertieften Beschäftigung mit unterschiedlichen Aspekten der Naturschutzbiologie und benachbarter Disziplinen sind folgende *Bücher* besonders geeignet:

Amler K, Bahl A, Henle K, Kaule G, Poschlod P, Settele J (1999) Populationsbiologie in der Naturschutzpraxis: Isolation, Flächenbedarf und Biotopansprüche von Pflanzen und Tieren. Ulmer, Stuttgart. Ausgehend von den Ergebnissen eines Schwerpunktprojektes belegt dieses Buch die Bedeutung populationsbiologischer Untersuchungen für den Naturschutz.

Avise J-C, Hamrick J-L (1995) Conservation genetics: case histories from nature. Chapman and Hall, New York. In diesem Buch wird die Bedeutung der „Naturschutzgenetik" für den Erhalt unterschiedlicher Organismengruppen von endemischen Pflanzen bis zu den Walen in 15 Artikeln dargelegt.

Fiedler P-L, Jain S-K (1992) Conservation biology. Chapman and Hall, London. In allgemeinverständlicher Form führt dieses Buch in die Naturschutzbiologie ein.

Frankel O-H, Soulé M-E (1981) Conservation and evolution. Cambridge University Press, Cambridge. Ein klassisches Werk, das die aktuelle wissenschaftliche Debatte über Probleme des Schutzes kleiner Populationen aufgrund genetischer Erosion eröffnete.

Hanski I-A, Gilpin M-E (1997) Metapopulation biology: ecology, genetics, and evolution. Academic Press, San Diego. Achtzehn Kapitel unterschiedlicher Autoren stellen das Metapopulationskonzept vor, führen in die Theorie dieser räumlich und zeitlich strukturierten Populationen ein, erläutern die ablaufenden Prozesse und zeigen in Fallstudien die Auswirkungen auf Ökologie und Genetik der Metapopulationen auf.

Primack R-B (1995) Naturschutzbiologie. Spektrum Akademischer Verlag, Heidelberg. Eine hervorragende Übersicht über die Naturschutzbiologie, deren deutsche Übersetzung von Diethart Matthies und Michael Reich herausgegeben wurde.

Samways M-J (1994) Insect conservation biology. Chapman and Hall, London. Das Standardwerk zur Naturschutzbiologie von Insekten.

Spellerberg I (1996) Conservation biology. Longman, Harlow Essex. Ein von 20 Autoren verfasstes und durch Spellerberg herausgegebenes Standardwerk zur Naturschutzbiologie im angloamerikanischen Raum, das aufgrund seiner allgemeinverständlichen Darstellung besonders als Lehrbuch zu empfehlen ist.

Ssymank A, Hauke U, Rückriehm C, Schröder E, Messer D (1998) Das Europäische Schutzgebietssystem NATURA 2000. Bundesamt für Naturschutz, Bonn-Bad Godesberg. Dieses Handbuch stellt die Lebensraumtypen ausführlich vor, die in der FFH-Richtlinie aufgelistet sind.

An der Naturschutzbiologie Interessierte sollen grundsätzlich regelmäßig *Fachzeitschriften* lesen, um über die Entwicklungen ihrer Wissenschaft informiert zu sein. Folgende Zeitschriften können empfohlen werden:

Biodiversity and Conservation. Eine umfangreiche Zeitschrift, deren Beiträge das gesamte Themenspektrum der Biodiversität und Naturschutzbiologie abdecken.

Biological Conservation. Eine traditionsreiche Zeitschrift, die Beiträge zur Naturschutzbiologie von Tieren und Pflanzen genauso wie Übersichtsartikel publiziert.

Conservation Biology. Die vielleicht bedeutendste Zeitschrift für den wissenschaftlichen Naturschutz, mit vielen interessanten Beiträgen. Der erste Jahrgang wurde 1987 herausgegeben.

Journal of Insect Conservation. Diese erst seit 1997 erscheinende Zeitschrift publiziert Beiträge aus dem gesamten Bereich der Naturschutzbiologie, von der Populationsgenetik bis zu Zuchtprogrammen, soweit sie Arthropoden betreffen.

Schriftenreihe für Landschaftspflege und Naturschutz. Diese vom Bundesamt für Naturschutz herausgegebene Zeitschrift informiert ausführlich in Themenbänden über aktuelle Aspekte des Naturschutzes und der Landschaftspflege.

Trends in Ecology and Evolution. Die am häufigsten zitierte internationale Zeitschrift im Bereich der Ökologie und Evolutionsbiologie. Die Einzelbeiträge sind ausschließlich von Fachwissenschaftlern verfasst und durch erläuternde Exkurse allgemeinverständlich. Regelmäßig finden sich Artikel und Reviews zu neuen Entwicklungen, Forschungsgebieten und Ergebnissen der Naturschutzbiologie.

Zeitschrift für Ökologie und Naturschutz. Diese seit 1992 erscheinende Zeitschrift veröffentlicht deutsch- und englischsprachige Beiträge zur Biologie und Ökologie von Arten, ihren Lebensgemeinschaften und Aspekten des Naturschutzes und erhält demnächst den Titel „Journal for Nature Conservation".

Literatur

Amler K, Bahl A, Henle K, Kaule G, Poschlod P, Settele J (1999) Populationsbiologie in der Naturschutzpraxis: Isolation, Flächenbedarf und Biotopansprüche von Pflanzen und Tieren. Ulmer, Stuttgart

Andrewartha H-G, Birch L-C (1954) The distribution and abundance of animals. Chicago University Press, Chicago

Atmar W, Patterson B-D (1993) The measure of order and disorder in the distribution of species in fragmented habitat. Oecologia 96: 373-382

Avise J-C (1996) Toward a regional conservation genetics perspective: phylogeography of faunas in the southeastern United States. In: Avise J-C, Hamrick J-L (Hrsg) Conservation genetics: case histories from nature. Chapman and Hall, New York, S 431-470

Bagnold RA (1941) The physics of blown sand and desert dunes. Methuen, London

Basedow T (1998) Langfristige Bestandsveränderungen von Arthropoden in der Feldflur, ihre Ursachen und deren Bedeutung für den Naturschutz, gezeigt an Laufkäfern (Carabidae) in Schleswig-Holstein, 1971-96. Schriftenreihe für Landschaftspflege und Naturschutz 58: 215-227

Berger J (1990) Persistence of different-sized populations: an empirical assessment of rapid extinctions in bighorn sheep. Conservation Biology 4: 91-98

Bergmeier E, Nowak B (1988) Rote Liste der Pflanzengesellschaften der Wiesen und Weiden. Zeitschrift für Vogelkunde und Naturschutz in Hessen 5: 23-33

Binot M, Bless R, Boye P, Gruttke H, Pretscher P (1998) Grundlagen und Bilanzen zur Roten Liste gefährdeter Tiere Deutschlands. In: Bundesamt für Naturschutz (Hrsg) Rote Liste gefährdeter Tiere Deutschlands. Landwirtschaftsverlag, Münster-Hiltrup

Blab J (1993) Grundlagen des Biotopschutzes für Tiere. Schriftenreihe für Landschaftspflege und Naturschutz 24: 1-479

Blab J, Riecken U (1991) Grundlagen und Probleme einer Roten Liste der gefährdeten Biotoptypen. Kilda, Greven

Bodmer W-F, Cavalli-Sforza L-L (1976) Genetics, evolution, and man. Freeman, San Francisco

Boecklen W-J (1997) Nestedness, biogeography theory, and the design of nature reserves. Oecologia 112: 123-142

Boeker E, Grondelle R v (1997) Physik und Umwelt. Vieweg, Braunschweig

Bonnell M-L, Selander R-K (1974) Elephant seals: genetic variation and near extinction. Science 184: 908-909

Braun-Blanquet J (1964) Pflanzensoziologie: Grundlagen der Vegetationskunde. Springer, Wien

Bringmann G, Kühn R (1982) Ergebnisse der Schadwirkung wassergefährdender Stoffe gegen Daphnia magna in einem weiterentwickelten standardisierten Testverfahren. Zeitschrift Wasser Abwasser Forschung 15: 1-6

Bundesamt für Naturschutz (1996) Rote Liste gefährdeter Pflanzen Deutschlands. Schriftenreihe für Vegetationskunde 28: 1-744

Bundesamt für Naturschutz (1997) Erhaltung der biologischen Vielfalt: Wissenschaftliche Analyse deutscher Beiträge. Landwirtschaftsverlag, Münster

Bundesamt für Naturschutz (1998) Rote Liste gefährdeter Tiere Deutschlands. Landwirtschaftsverlag, Münster

Bunzel-Drüke M (1997) Klima oder Übernutzung: Wodurch starben Großtiere am Ende des Eiszeitalters aus? Natur- und Kulturlandschaft 2: 152-193

Calow P (1998) The encyclopedia of ecology and environmental management. Blackwell Science Ltd, Oxford

Charlesworth B, Sniegowski P, Stephan W (1994) The evolutionary dynamics of repetitive DNA in eukaryotes. Nature 371: 215-220

Claridge M-F, Dawah H-A, Wilson M-R (1997) Species: the units of biodiversity. Chapman and Hall, London

Cockburn A (1995) Evolutionsökologie. Gustav Fischer Verlag, Stuttgart

Cody M-L (1975) Towards a theory of continental species diversity. In: Cody M-L, Diamond J-M (Hrsg) Ecology and evolution of communities. Belknap, Cambridge

Collins N-M, Morris M-G (1985) Threatened swallowtail butterflies of the world. IUCN, Cambridge

Colwell R, Coddington J (1994) Estimating terrestrial biodiversity through extrapolation. Philosophical Transactions of the Royal Society of London, Series B 345: 101-118

Courchamp F, Clutton-Brock T, Grenfell B (1999) Inverse density dependence and the Allee effect. Trends in Ecology and Evolution 14: 405-410

Cowling R-M, Rundel P-W, Lamont B-B, Arroyo M-K, Arianoutsou M (1996) Plant diversity in mediterranean-climate regions. Trends in Ecology and Evolution 11: 362-366

Cox C-B, Moore P-D (1999) Biogeography: an ecological and evolutionary approach. Blackwell Science, Oxford

Crandall K-A, Bininda-Emonds O-R-P, Mace G-M, Wayne R-K (2000) Considering evolutionary processes in conservation biology. Trends in Ecology and Evolution 15: 290-295

Crawford T-J (1984) What is a population? In: Shorrocks B (Hrsg) Evolutionary genetics. Blackwell Scientific, Oxford

Darlington P-J (1957) Zoogeography: the geographical distribution of animals. Wiley, New York

De Vries H, Den Boer P-J (1990) Survival of populations of Agonum ericeti Panz. (Col., Carabidae) in relation to fragmentation of habitats. Netherlands Journal of Zoology 40: 484-498

De Vries H-H (1994) Size of habitat and presence of ground beetle species. In: Desender K, Dufrene M, Loreau M, Luff M-L, Maelfait J-P (Hrsg) Carabid beetles: ecology and evolution. Kluwer Academic Press, Dordrecht, S 253-259

Demesure B, Comps B, Petit R-J (1996) Chloroplast DNA phylogeography of the common beech (Fagus sylvatica L.) in Europe. Evolution 50: 2515-2520

Demtröder W (1994) Experimentalphysik. Springer, Berlin

Den Boer P-J (1968) Spreading of risk and the stabilization of animal numbers. Acta Biotheoretica 18: 165-194

Den Boer P-J (1981) On the survival of populations in a heterogenous and variable environment. Oecologia 50: 39-45

Den Boer P-J, Reddingius J (1996) Regulation and stabilization paradigms in population ecology. Chapman and Hall, London

Den Boer P-J, Van Dijk T-S (1994) Carabid beetles in a changing environment. Wageningen Agric. Univ. Papers 94-6: 1-30

Dennis O-T, Eales H-T (1997) Patch occupancy in Coenonympha tullia (Müller, 1764) (Lepidoptera: Satyrinae): habitat quality matters as much as patch size and isolation. Journal of Insect Conservation 1: 167-176

Der Rat der Europäischen Gemeinschaft (1979) Richtlinie 79/409/EWG des Rates vom 2. April über die Erhaltung der wildlebenden Vogelarten. Amtsblatt der Europäischen Gemeinschaft Reihe L 103: 1-6

Der Rat der Europäischen Gemeinschaft (1992) Richtlinie 92/43/EWG des Rates vom 21. Mai zur Erhaltung der natürlichen Lebensräume sowie der wildlebenden Tiere und Pflanzen. Amtsblatt der Europäischen Gemeinschaft Reihe L 206: 7-50

Diamond J-M (1975a) Assembly of species communities. In: Cody M-L, Diamond J-M (Hrsg) Ecology and evolution of communities. Harvard University Press, Cambridge, S 342-444

Diamond J-M (1975b) The island dilemma: lessons of modern biogeographic studies for the design of natural reserves. Biological Conservation 7: 129-146

Dierschke H (1994) Pflanzensoziologie. Ulmer, Stuttgart

Dierßen K (1988) Einführung in die Grundlagen des Naturschutzes. In: Jüdes U, Kloehn E, Nolof G, Ziesemer J (Hrsg) Naturschutz in Schleswig-Holstein. Wachholtz, Neumünster, S 11-20

Dierßen K (1990) Einführung in die Pflanzensoziologie (Vegetationskunde). Wissenschaftliche Buchgesellschaft, Darmstadt

Dierßen K (1996) Vegetation Nordeuropas. Ulmer, Stuttgart

Dierßen K, von Glahn H, Härdtle W, Höper H, Mierwald U, Schautzer J, Wolf A (1988) Rote Liste der Pflanzengesellschaften. Schriftenreihe Landesamt Naturschutz und Landschaftspflege in Schleswig-Holstein 6: 1-157

Drachenfels O v (1994) Kartierschlüssel für Biotoptypen in Niedersachsen. Naturschutz und Landschaftspflege in Niedersachsen A/4: 1-192

Dröschmeister R (1998) Aufbau von bundesweiten Monitoringprogrammen für Naturschutz: welche Basis bietet die Langzeitforschung? Schriftenreihe für Landschaftsplanung und Naturschutz 58: 319-337

Ellenberg H (1996) Vegetation Mitteleuropas mit den Alpen. Ulmer, Stuttgart

Ellenberg H, Weber H-E, Düll R, Wirth V, Werner W, Paulissen D (1992) Zeigerwerte von Pflanzen in Mitteleuropa. Scripta Geobotanica 18: 1-248

Ellenberg H (1989) Eutrophierung, das gravierendste Problem im Naturschutz? NNA-Berichte 2: 4-13

Ellenberg H (1992) Folgen der verbesserten Verfügbarkeit von Stickstoff als Nährstoff für Flora und Fauna in Mitteleuropa. Habilitationsschrift, Universität Hamburg

European Commission DG-XI (Brüssel) Interpretation manual of European Union habitats. Annex I of Council Directive 92/43/EEC on the conservation of natural habitats and of wild fauna and flora. Version 12, April 1995, Doc. Habitats 95/2

Faber TE (1995) Fluid dynamics for physicists. Cambridge University Press, Cambridge

Falke B, Aßmann T (1997) Die Laufkäferfauna unterschiedlich großer Sandtrockenrasen in Niedersachsen (Coleoptera: Carabidae). Mitteilungen der Deutschen Gesellschaft für allgemeine und angewandte Entomologie 11: 115-118

Farnsworth N-R (1992) Die Suche nach neuen Arzneistoffen in der Pflanzenwelt. In: Wilson E-O (Hrsg) Ende der biologischen Vielfalt? Spektrum Akademischer Verlag, Heidelberg, S 104-118

Fiedler P-L, Jain S-K (1992) Conservation biology: the theory and practice of nature conservation preservation and management. Chapman and Hall, New York

Finck A (1991) Pflanzenernährung in Stichworten. Ferdinand Hirt, Kiel

Franklin I-R (1980) Evolutionary change in small populations. In: Soulé, M-E, Wilcox B-A (Hrsg) Conservation biology: an evolutionary-ecological perspective. Sinauer, Sunderland, S 135-149

Fung YC (1990) Biomechanics. Springer, Berlin

Futuyma D-J (1990) Evolutionsbiologie. Birkhäuser, Basel

Ganzhorn J-U (1999) Lemurs as indicators for assessing biodiversity in forest ecosystems of Madagascar: why it does not work. In: Kratochwil A (Hrsg) Biodiversity in ecosystems. Kluwer Academic Publishers, Dordrecht, S 163-174

Giers-Tiedtke E, Schiller W, Hockmann P, Niehues F-J, Weber F (1998) Hinweise auf die Wirksamkeit abiotischer Schlüsselfaktoren in Carabiden-Populationen: Erkenntnisse aus mehr- und vieljährigen Untersuchungen. Schriftenreihe für Landschaftspflege und Naturschutz 58: 229-241

Grant P-R (Hrsg) (1998) Evolution on islands. Oxford University Press, Oxford

Groombridge B (1992) Global biodiversity: status of Earth's living resources. Chapman and Hall, London

Gruttke H (1997) Impact of landscape changes on the ground beetle fauna (Carabidae) of an agricultural countryside. In: Canters K (Hrsg) Habitat fragmentation and infrastructure. NIVO Drukkerij, Delft, S 163-174

Günther J, Aßmann T (2000) The role and benefits of population biological research for nature conservation monitoring. Schriftenreihe für Landschaftspflege und Naturschutz 62: 127-139

Hammer D, Völkl W (1993) Die Problematik der Einbeziehung tierökologischer Kriterien bei der Erstellung einer „Roten Liste Biotope". Schriftenreihe für Landschaftspflege und Naturschutz 38: 117-134

Hanski I-A (1997) Metapopulation dynamics: from concepts and observations to predictive models. In: Hanski I-A, Gilpin M-E (Hrsg) Metapopulation biology: ecology, genetics, and evolution. Academic Press, San Diego

Hanski I-A, Gilpin M-E (1997) Metapopulation biology: ecology, genetics, and evolution. Academic Press, San Diego, S 69-91

Hartl D-L, Clark A-G (1988) Principles of population genetics. Sinauer, Sunderland

Hartl G-B, Pucek Z (1994) Genetic depletion in the European bison (Bison bonasus) and the significance of electrophoretic heterozygosity for conservation. Conservation Biology 8: 167-174

Hering E, Martin R, Stohrer M (1998) Physik für Ingenieure. Springer, Berlin

Hewitt G-M (1996) Some genetic consequences of ice ages, and their role in divergence and speciation. Biological Journal of the Linnean Society 58: 247-276

Hewitt G-M (1999) Post-glacial re-colonization of European biota. Biological Journal of the Linnean Society 68: 87-112

Hobohm C (2000) Biodiversität. Quelle und Meyer, Wiesbaden

Hoelzel A-R, Halley J, Campagna C, Ambon T, LeBoeuf B, O'Brien S-J, Ralls K, Dover G-A (1993) Elephant seal genetic variation and the use of simulation models to investigate historical population bottlenecks. Journal of Heredity 84: 443-449

Hooper AB, Terry KR (1973) Specific inhibitors of ammonia oxidation in Nitrosomonas. J. Bacteriol. 115: 480-485

Huntley B (1993) Species-richness in north-temperate zone forests. Journal of Biogeography 20: 163-180

Ipsen A (1999) Biologie, Ökologie und Systematik von höhlenbewohnenden Käfern der Gattung Choleva (Coleoptera, Cholevidae) in Norddeutschland. Ad fontes, Hamburg

IUCN (1996) The 1996 IUCN Red List of Threatened Animals. IUCN Publications Service Unit, Cambridge

IUCN (1997) The 1997 IUCN Red List of Threatened Plants. IUCN Publications Service Unit, Cambridge

Jarne P, Lagoda P-J-L (1996) Microsatellites, from molecules to populations and back. Trends in Ecology and Evolution 11: 424-429

Johnson K-H, Vogt K-A, Clark H-J, Schmitz O-J, Vogt D-J (1996) Biodiversity and the productivity and stability of ecosystems. Trends in Ecology and Evolution 11: 372-377

Kaule G (1991) Arten- und Biotopschutz. Ulmer, Stuttgart

Kaye BH (1996) Golf balls, boomerangs, and asteroids. VCH Verlagsgesellschaft, Weinheim

Kayser G (1991) Hemmung der Nitrifikation durch Abwasserinhaltsstoffe. Kommunalwirtschaft 9/91: 320-323

Kimura M (1987) Die Neutralitätstheorie der molekularen Evolution. Parey, Berlin

Kleemann M, Meliß M (1993) Regenerative Energiequellen. Springer, Berlin

Knapp H-D, Jeschke L, Succow M (1985) Gefährdete Pflanzengesellschaften auf dem Territorium der DDR. Kulturbund DDR, Berlin

Knisley C-B, Schultz T-D (1997) The biology of tiger beetles and a guide to the species of the south Atlantic states. Virginia Museum of Natural History, Martinsville

Konnert M, Bergmann F (1995) The geographical distribution of genetic variation of silver fir (Abies alba, Pinaceae) in relation to its migration history. Plant Systematics and Evolution 196: 19-30

Korneck D, Schnittler M, Klingenstein F, Ludwig G, Talka M, Bohn U, May R (1998) Warum verarmt unsere Flora? Auswertung der Roten Liste der Farn- und Blütenpflanzen Deutschlands. Schriftenreihe für Vegetationskunde 29: 299-444

Koß V (1997) Umweltchemie. Springer, Berlin

Kratochwil A, Schwabe A (2001) Biozönologie. Ulmer, Stuttgart

Krebs C-J (1994) Ecology. Harper Collins College Publishers, New York

Krieg A, Franz J-M (1989) Lehrbuch der biologischen Schädlingsbekämpfung. Parey, Berlin

Lagercrantz U, Ryman N (1990) Genetic structure of Norway spruce (Picea abies): concordance of morphological and allozymic variation. Evolution 44: 38-53

Lande R (1988) Genetics and demography in biological conservation. Science 241: 1455-1460

Lande R (1996) Statistics and partitioning of species diversity, and similarity among multiple communities. Oikos 76: 5-13

Lang G (1994) Quartäre Vegetationsgeschichte. Fischer, Jena

Lawton J-H, May R-M (1995) Extinction rates. Oxford University Press, Oxford

Leary R-F, Allendorf F-W (1989) Fluctuating asymmetry as an indicator of stress: implications for conservation biology. Trends in Ecology and Evolution 4: 214-217

Leberg P-L (1992) Effects of population bottlenecks on genetic diversity as measured by allozyme electrophoresis. Evolution 46: 477-494

Lees H (1946) Effect of copper-enzyme poisons on soil nitrification. Nature 158: 97

Levins R (1969) Some demographic and genetic consequences of environmental heterogeneity for biological control. Bulletin of the Entomological Society of America 15: 237-240

MacArthur R-H, Wilson E-O (1967) The theory of island biogeography. Princeton University Press, Princeton

Magurran A (1988) Ecological diversity and its measurement. Princeton University Press, Princeton

Malausa J-C, Drescher J (1991) The project to rescue the Italian ground beetle Chrysocarabus olympiae. International Zoo Yearbook 30: 75-79

Martin P-S (1984) Prehistoric overkill: the global model. In: Martin P-S, Klein R-G (Hrsg) Quaternary extinctions. The University of Arizona Press, Tuscon, S 354-403

Maynard Smith J (1998) Evolutionary genetics. Oxford University Press, Oxford

McKenzie J-A, Batterham P (1994) The genetic, molecular and phentotypic consequences of selection for insecticide resistance. Trends in Ecology and Evolution 9: 166-169

McLeese DW (1981) Lethality and Accumulation of Alkylphenols in Aquatic Fauna. Chemosphere 10: 723-730

Minnaert M (1986) De natuurkunde van 't vrije veld. Thieme, Zuphten

Møller A-P, Swaddle J-P (1997) Asymmetry, developmental stability, and evolution. Oxford University Press, Oxford

Moritz C (1994) Defining „evolutionarily significant units" for conservation. Trends in Ecology and Evolution 8: 373-375

Mossakowski D (1970) Das Hochmoor-Ökoareal von Agonum ericeti (Panz.) (Coleoptera, Carabidae) und die Frage der Hochmoorbindung. Faunistisch-Ökologische Mitteilungen 3 (11/12): 378-392

Myers N, Mittermeier R-A, Mittermeier C-G, de Fonseca G-A-B, Kent J (2000) Biodiversity hotspots for conservation priorities. Nature 403: 853-858

Nachtigall W (1997) Vorbild Natur. Springer, Berlin

Nevo E (1978) Genetic variation in natural populations: patterns and theory. Theoretical Population Biology 13: 121-177

New T-R (1995) An introduction to invertebrate conservation biology. Oxford University Press, Oxford

Niehues F-J, Hockmann P, Weber F (1996) Genetics and dynamics of a Carabus auronitens metapopulation in the Westphalian Lowlands (Coleoptera, Carabidae). Annales Zoologici Fennici 33: 85-96

Nunney L, Campbell K-A (1993) Assessing minimum viable population size: demography meets population genetics. Trends in Ecology and Evolution 8: 234-239

Oberdorfer E und Mitarbeiter (1977, 1978, 1983, 1992) Süddeutsche Pflanzengesellschaften. Fischer, Jena

O'Brien S-J, Evermann J-F (1988) Interactive influence of infectiouss disease and genetic diversity in natural populations. Trends in Ecology and Evolution 3: 254-259

O'Brien S-J, Wildt D-E, Bush M (1986) Genetische Gefährdung des Gepards. Spektrum der Wissenschaft 45: 64-72

O'Brien S-J, Wildt D-E, Goldman D, Merril C-R, Bush M (1983) The cheetah is depauperate in genetic variation. Science 221: 459-462

Oke TR (1990) Boundary layer climates. Routledge, London

Ortúzae J d, Willumsen LG (1994) Modelling transport. Wiley, Chichester

Passarge H (1964) Pflanzengesellschaften des nordostdeutschen Flachlandes I. Pflanzensoziologie 13: 1-324

Passarge H, Hoffmann G (1968) Pflanzengesellschaften des nordostdeutschen Flachlandes II. Pflanzensoziologie 16: 1-298

Pearce-Kelly P, Joncs R, Clarke D, Walker C, Atkin P, Cunningham A-A (1998) The captive rearing of threatened Orthoptera: a comparison of the conservation potential and practical considerations of two species' breeding programmes at the Zoological Society of London. Journal of Insect Conservation 2: 201-210

Pedlosky J (1987) Geophysical fluid dynamics. Springer, Berlin

Perner J, Körner G (1998) Veränderungen auf Populations- und Assoziationsniveau bei ausgewählten phytophagen Insektengruppen: Ergebnisse aus Langzeit-Untersuchungen in Magerrasen. Schriftenreihe für Landschaftspflege und Naturschutz 58: 129-160

Peterken G (1993) Woodland conservation and management. Chapman and Hall, London

Pimm S-L, Redfearn A (1988) The variability of population densities. Nature 334: 613-614

Plachter H (1991) Naturschutz. Fischer, Stuttgart

Pott R (1995) Die Pflanzengesellschaften Deutschlands. Ulmer, Stuttgart

Pott R, Pust J, Hagemann B (1998) Methodische Standards bei der vegetationsökologischen Analyse von Stillgewässern - dargestellt am Großen Heiligen Meer in den Untersuchungsjahren 1992-1997. Abhandlungen aus dem Westfälischen Museum für Naturkunde 60 (2): 53-110

Preising E, Vahle H-C, Brandes D, Hofmeister H (1990) Die Pflanzengesellschaften Niedersachsens. Bestandsentwicklung, Gefährdung und Schutzprobleme. Salzpflanzengesellschaften der Meeresküste und des Binnenlandes, Wasser- und Sumpfpflanzengesellschaften des Süßwassers. Naturschutz und Landschaftspflege in Niedersachsen 20: 1-44, 47-161

Preston F-W (1962) The canonical distribution of commonness and rarity. Ecology 43: 185-215, 410-432

Primack R-B (1995) Naturschutzbiologie. Spektrum Akademischer Verlag, Heidelberg

Raiswell RW, Brimblecombe P, Dent DL, Liss PS (1984) Environmental Chemistry. Arnold, London, S 34

Rasplus J-Y, Meusnier S, Mondero G, Piry S, Cornuet J-M (2000) Microsatellite analysis of population structure in an endangered beetle: Carabus solieri (Carabidae). In: Brandmayr P, Lövei G, Brandmayr T-Z, Vigna-Taglianti A (Hrsg) Natural history and applied ecology of carabid beetles. Pensoft Publishers, Sofia, S 17-24

Raybould A-F, Gray A-J, Lawrence M-J, Marshall D-F (1991) The evolution of Spartina anglica C.E. Hubbard (Gramineae): origin and genetic variation. Biological Journal of the Linnean Society 43: 111-126

Ridley M (1996) Evolution. Blackwell Science, Cambridge

Riecken U, Blab J (1989) Biotope der Tiere in Mitteleuropa. Kilda, Greven

Riecken U, Ries U, Ssymank A (1994) Rote Liste der gefährdeten Biotoptypen der Bundesrepublik Deutschland. Schriftenreihe für Landschaftspflege und Naturschutz 41: 1-184

Riecken U, Ssymank A (1993) Rote Liste Biotope: Übersicht über bestehende Ansätze, Ziele, Möglichkeiten und Probleme. Schriftenreihe für Landschaftspflege und Naturschutz 38: 9-23

Room P-M (1990) Ecology of a simple plant-herbivore system: biological control of Salvinia. Trends in Ecology and Evolution 5: 74-79

Rückriehm C, Roscher S, von Beulshausen F, Ersfeld M, Meurs-Schuster S (1999) Empfehlungen zur Umsetzung der Berichtspflicht gemäß Artikel 17 der Fauna-Flora-Habitat-Richtlinie. Angewandte Landschaftsökologie 22: 1-456

Ryder O-A (1986) Species conservation and the dilemma of subspecies. Trends in Ecology and Evolution 1: 9-10

Samways M-J (1994) Insect Conservation Biology. Chapman and Hall, London

Schaefer M (1992) Wörterbücher der Biologie: Ökologie. Fischer, Jena

Schmidt W (1998) Vegetationskundliche Langzeitforschung auf Dauerflächen: Erfahrungen und Perspektiven für den Naturschutz. Schriftenreihe für Landschaftspflege und Naturschutz 58: 353-376

Schnittler M, Ludwig G, Pretscher P, Boye P (1994) Konzeption der Roten Listen der in Deutschland gefährdeten Tier- und Pflanzenarten unter Berücksichtigung der neuen internationalen Kategorien. Natur und Landschaft 69: 451-459

Schonewald-Cox C-M (1983) Guidelines to management: a beginning attempt. In: Schonewald C-M, Chambers S-M, MacBryde B, Thomas L (Hrsg) Genetics and conservation: a reference for managing wild animal and plant populations. Benjamin, Cummings, Manlo Park, S 414-445

Schröder E, Klein M, Riecken U (1998) Möglichkeiten und Grenzen für ein „Biotopmanagement durch Katastrophen". Schriftenreihe für Landschaftspflege und Naturschutz 54: 189-201

Schwedt G (1996) Taschenatlas der Umweltchemie. Thieme, Stuttgart, S 74

Seddon M-B (1998) Red listing for molluscs: a tool for conservation? Journal of Conchology Special Publication 2: 27-44

Sepkoski J-J (1992) Phylogenetic and ecologic patterns in the Phanerozoic history of marine biodiversity. In: Eldridge N (Hrsg) Systematics, ecology, and the biodiversity crisis. Columbia University Press, New York, S 77-100

Shaffer M-L (1981) Minimum population sizes for species conservation. BioScience 31: 131-134

Sievers R (1989) Sand. Spektrum, Weinheim

Smith B, Wilson B (1996) A consumer's guide to evenness indices. Oikos 76: 70-82

Soulé E-E, Wilcox B-A (1980) Conservation biology: an evolutionary-ecological perspective. Sinauer, Sunderland

Southwood T-R-E, Henderson P-A (2000) Ecological methods. Blackwell Science, Oxford

Spellerberg I-A (1996) Conservation biology. Longman, Harlow

Sperlich D (1988) Populationsgenetik. Fischer, Stuttgart

Ssymank A (1994) Neue Anforderungen im europäischen Naturschutz: Das Schutzgebietssystem Natura 2000 und die FFH-Richtlinie der EU. Natur und Landschaft 69: 395-406

Ssymank A, Hauke U, Rückriem C, Schröder E, Messer D (1998) Das europäische Schutzgebietssystem NATURA 2000. Bundesamt für Naturschutz, Bonn

Stackee J, Westerhof N (1993) The physics of heart and circulation. Institute of Physics Publications, Bristol

Stafford J (1971) Heron populations of England and Wales 1928-70. Bird Study 18: 218-221

Stanley Price M-R (1989) Animal re-introduction: the Arabian Oryx in Oman. Cambridge University Press, Cambridge

Stephens P-A, Sutherland W-J (1999) Consequences of the Allee effect for behaviour, ecology and conservation. Trends in Ecology and Evolution 14: 401-405

Storfer A (1996) Quantitative genetics: a promising approach for the assessment of genetic variation in endangered species. Trends in Ecology and Evolution 11: 343-348

Sunnucks P (2000) Efficient genetic markers for population biology. Trends in Ecology and Evolution 15: 199-203

Suzuki D-T, Griffiths A-J-F, Miller J-H, Lewontin R-C (1991) Genetik. VCH Verlagsgesellschaft, Weinheim

Tabert P (1999) Noninvasive genetic sampling: look before you leap. Trends in Ecology and Evolution 14: 323-327

Templeton A-R (1986) Coadaptation and outbreeding depression. In: Soulé M-E (Hrsg) Conservation biology: the science of scarcity and diversity. Sinauer, Sunderland, S 105-116

Terlutter H (1990) An allele gradient of an esterase gene locus as a result of recent gene flow: electrophoretic investigations of Carabus auronitens F. (Col. Carabidae). In: Stork N-E (Hrsg) The role of ground beetles in ecology and environmental studies. Intercept, Andover, Hampshire, S 359-364

The Open University Team (1989) Waves, tides and shallow-water processes. The Open University, Pergamon

Thomas C-D, Jones T-M (1993) Partial recovery of a skipper butterfly (Hesperia comma) from population refuges: lessons for conservation in a fragmented landscape. Journal of Animal Ecology 62: 472-481

Tomlinson TG, Boon AG, Trotman CNA (1981) Inhibition of nitrification in the activated sludge process of sewage disposal. J. Appl. Bact. 29: 266-291

Trapp S, Matthies M (1996) Dynamik von Schadstoffen: Umweltmodellierungen mit CemoS. Springer, Berlin

Trautner J, Müller-Motzfeld G, Bräunicke M (1997) Rote Liste der Sandlaufkäfer und Laufkäfer Deutschlands (Coleoptera: Cicindelidae et Carabidae). Naturschutz und Landschaftsplanung 29: 261-273

Vartanyan S-L, Garutt V-E, Sher A-V (1993) Holocene dwarf mammoths from Wrangel Island in the Siberian Arctic. Nature 362: 337-340

Vermeulen H-J-W (1994) Corridor function of a road verge for dispersal of stenotopic heathland ground beetles (Carabidae). Biological Conservation 69: 339-349

Vogel H (1996) Gerthsen Physik. Springer, Berlin

Vogel S (1994) Life in moving fluids. Princeton University Press, Princeton

Vollenweider RA (1968) Die wissenschaftlichen Grundlagen der Seen- und Fließgewässereutrophierung unter besonderer Berücksichtigung des Phosphors und des Stickstoffs als Eutrophierungsfaktoren. OECD, DAS/CSI/68.27, Paris

Vrijenhoek R-C (1994) Genetic diversity and fitness in small populations. In: Loeschke V, Tomiuk J, Jain S-K (Hrsg) Conservation genetics. Birkhäuser, Basel, S 37-53

Wagner R (1973) Abbaubarkeit und Persistenz. Vom Wasser 40: 335-367

Wagner R (1974) Untersuchungen über das Abbauverhalten organischer Stoffe mit Hilfe der respirometrischen Verdünnungsmethode: I. Einwertige Alkohole. Vom Wasser 42: 271-305

Wagner R (1976a) Untersuchungen über das Abbauverhalten organischer Stoffe mit Hilfe der respirometrischen Verdünnungsmethode: II. Die Abbaukinetik der Testsubstanzen. Vom Wasser 47: 241-265

Wagner R (1976b) Zum biochemischen Abbau chemischer Reinsubstanzen. Naturwiss. 63: 240

Wagner R (1982a) Auswertung von BSB-Verdünnungsreihen: Vorstellung eines Computerprogrammes. Vom Wasser 58: 231-255

Wagner R (1982b) Untersuchung der biochemischen Abbaubarkeit von chemischen Reinsubstanzen, insbesondere der Zusammenhänge zwischen Molekülstruktur und Abbaubarkeit. Forschungsbericht UBA 102 06 202, Stuttgart

Wagner R (1983) Untersuchung der biochemischen Abbaubarkeit von chemischen Reinsubstanzen, insbesondere der Zusammenhänge zwischen Molekülstruktur und Abbaubarkeit. Forschungsbericht UBA 102 06 202, Nachtrag, Stuttgart

Wagner R (1988b) Untersuchung der biochemischen Abbaubarkeit von chemischen Reinsubstanzen zusammen mit häuslichem Abwasser. Forschungsbericht UBA 102 06 213, Stuttgart

Wagner R (Hrsg) (1988a) Methoden zur Prüfung der biochemischen Abbaubarkeit chemischer Substanzen. VCH Verlagsgesellschaft, Weinheim

Wagner R, Jenkins EB (1982) Untersuchung der biochemischen Abbaubarkeit von chemischen Reinsubstanzen, insbesondere der Zusammenhänge zwischen Molekülstruktur und Abbaubarkeit. Zwischenbericht zum BMFT-Forschungsvorhaben, Förderkennzeichen 03 7286, Oktober

Wagner R, Kayser G (1989) Einflüsse von Inhaltsstoffe industrieller und gewerblicher Abwässer auf die Nitrifikation. Forschungsbericht PWAB Förderkennzeichen PA 85005, Stuttgart

Wagner R, Kayser G (1990) Laboruntersuchungen zur Hemmung der Nitrifikation durch spezielle Inhaltsstoffe industrieller und gewerblicher Abwässer. GWF Wasser Abwasser 131: 165-177

Wagner R, Kayser G (1991) Laboruntersuchungen zum Einfluß von mikrobiziden Stoffen in Verbindung mit wasch- und reinigungsmittelrelevanten Substanzen sowie von Tensid-Abbauprodukten auf die Nitrifikation. Forschungsbericht PWAB Förderkennzeichen PA 88068, Stuttgart

Walker J (1977) Der fliegende Zirkus der Physik. Oldenbourg, München

Weber C-A (1901) Über die Erhaltung von Mooren und Heiden Norddeutschlands im Naturzustande, sowie über die Wiederherstellung von Naturwäldern. Abhandlungen des Naturwissenschaftlichen Vereins zu Bremen 40: 263-278

Westhoff V-C, Hobohm C, Schaminee J-H-J (1993) Rote Liste der Pflanzengesellschaften des Naturraumes Wattenmeer unter besonderer Berücksichtigung der ungefährdeten Vegetationseinheiten. Tuexenia 13: 109-140

Wheeler Q-D (1990) Insect diversity and cladistic constraints. Annals of the Entomological Society of America 83: 1031-1047

Wilderer P, Huber I, Döll B (1980) Ökologische Betrachtungsweise zur Konzeption und Interpretation biologischer Testverfahren. Vom Wasser 54: 61-80

Wildt D-E, Bush M, Goordrowe K-L, Packer C, Pusey A-E, Brown L-J, Joslin P, O'Brien S-J (1987) Reproductive and genetic consequences of founding isolated lion populations. Nature 329: 328-331

Willmitzer H (1996) Restaurierung von Trinkwassertalsperren durch Biomanipulation. In: Wasser und Abwasser Praxis 2/96: 16-23

Wilmanns O (1998) Ökologische Pflanzensoziologie. Quelle und Meyer, Wiesbaden

Witt K, Bauer H-G, Berthold P, Boye P, Hüppop O, Knief W (1996) Rote Liste der Brutvögel Deutschlands. Ber. Vogelschutz 34: 11-35

Wright D-H, Patterson B-D, Mikkelson G-M, Cutler A, Atmar W (1998) A comparative analysis of nested subset patterns of species composition. Oecologia 113: 1-20

Wright D-H, Reeves J-H (1992) On the meaning and measurement of nestedness of species assemblages. Oecologia 92: 416-428

Wynhoff I (1998) Lessons from the reintroduction of Maculinea teleius and M. nausithous in the Netherlands. Journal of Insect Conservation 2: 47-58

Young A, Boyle T, Brown T (1996) The population genetic consequences of habitat fragmentation for plants. Trends in Ecology and Evolution 11: 413-418

Zgomba M, Petrovic D, Srdic Z (1986) Mosquito larvicide impact on mayflies (Ephemeroptera) and dragonflies (Odonata) in aquatic biotopes. Odonatologica 16: 221-222

Ziswiler V (1965) Bedrohte und ausgerottete Tiere. Springer, Berlin

Sachverzeichnis